高等学校“十二五”规划教材

概率论与数理统计

主　编　杨立夫

编　者　杨立夫　郭天印　王树勋　田壤　苏晓海

西北工業大學出版社

【内容简介】 本书是作者根据多年来的教学实践经验，结合工科、经管学科各专业对概率论与数理统计课程的基本要求编写而成的。本书主要内容由两部分组成，第一部分为概率论部分，包括随机事件及其概率、随机变量、随机变量的数字特征、大数定律初步和中心极限定理四章内容；第二部分为数理统计部分，包括数理统计的基本概念、参数估计、假设检验、方差分析和回归分析五章内容，最后一章简要介绍了 Matlab 在数理统计中的应用。每章后附有习题，涵盖了研究生入学考试数学一和数学三考试大纲的所有知识点。

本书可作为工科、经管学科各专业的本科生教材，也可供工程技术人员及报考硕士研究生人员参考。

图书在版编目（CIP）数据

概率论与数理统计/杨立夫主编．—1 版．—西安：西北工业大学出版社，2012.8（2018.1 重印）

ISBN 978-7-5612-3423-5

Ⅰ.①概… Ⅱ.①杨… Ⅲ.① 概率论②数理统计 Ⅳ.①O21

中国版本图书馆 CIP 数据核字(2012)第 190342 号

出版发行：西北工业大学出版社
通信地址：西安市友谊西路 127 号　　邮编：710072
电　　话：(029)88493844　88491757
网　　址：www.nwpup.com
印 刷 者：陕西向阳印务有限公司
开　　本：727 mm×960 mm　1/16
印　　张：17.625
字　　数：315 千字
版　　次：2012 年 8 月第 1 版　　2018 年 1 月第 6 次印刷
定　　价：36.00 元

前 言

随着科学技术的发展，数学课程和其他学科一样，都面临着教学思想的转变及内容更新的问题。引入现代数学思想和方法，实现信息技术与学科课程的整合，变单纯的知识传授为知识、能力、素质的提升是摆在我们面前亟待解决的重大课题。

概率论与数理统计是研究大量随机现象的规律性的数学学科，它已被广泛地应用到自然科学、社会科学、工程技术、国防科技和工农业生产中，并与其他数学学科互相渗透和结合。因此，概率论与数理统计已成为本科阶段各专业学生必修的一门基础课。通过本课程的学习，学生能掌握研究随机现象的基本思想和方法，并具备一定的分析和解决问题的能力。

按照国家教育部高等学校工科数学课程教学指导委员会制定的概率论与数理统计课程基本要求，Ⅱ类(概率少，统计多)所规定内容的广度和深度以及概率论与数理统计课程内容本身的特点，结合我们和其他院校的教学实践经验，在试用多年讲义的基础上，编写了本教材。本教材着眼于介绍概率论与数理统计的基本概念、思想和方法，同时注重其直观背景和实际意义，力争体现下述特点。

(1)在保持该课程体系的基础上，分散难点，以应用广的内容为重点，合理安排，力求内容衔接紧凑，过渡自然。

(2)引入基本概念时，注意揭示其直观背景和实际意义，在阐述基本理论和基本方法时注意阐明概率和统计的意义和思想。

(3)削弱了古典概率的计算，突出概率概念的形成和完善过程。

(4)例题的选配注意结合工程技术实际，并注意能引起学生的兴趣，着力使学生理解基本理论和基本方法是怎样解决实际问题的，以培养学生运用概率统计方法解决实际问题的能力。同时，有些习题本身也是正文的补充和扩展，这些习题有助于学生巩固和进一步掌握有关理论内容，激发学生的学习兴趣。

(5)辟专节简述了概率统计在可靠性理论中的应用，使学生了解如何应用概率统计的理论解决实际问题。

(6)介绍了 Matlab 软件在概率论与数理统计中的应用。相关内容的直观演示和利用 Matlab 求解随机问题的案例分析，使学生学会借助于计算机进行随机模拟和数据处理的方法，同时逐步掌握使用 Matlab 进行数据处理的基本方法和技巧，激发学习兴趣。

本书内容由两部分组成，第一部分为概率论部分，包括随机事件及其概率、随机变量、随机变量的数字特征、大数定律初步和中心极限定理；第二部分为数理统计部分，包括数理统计的基本概念、参数估计、假设检验、方差分析和回归分析。

全书由杨立夫副教授任主编，郭天印、王树勋、田壤、苏晓海为编写组成员，其中，杨立夫编写了第2,5,7章及附表，郭天印编写了第8,9,10章，王树勋编写了第6章，田壤编写了绪论及第1章，苏晓海编写了第3、4章并绘制了全部插图，最后由杨立夫、郭天印统一修改定稿。

在本书的编写过程中，参阅了许多兄弟院校的教材及资料，并得到陕西理工学院领导和教务处的大力支持，得到数计学院各位同事的帮助，在此表示衷心的感谢。

由于编者水平所限，书中不足之处，恳请读者、同行专家批评指正。

编　者

2012年6月

目　录

绪 论

0.1 事物的不确定性

在现实社会和工程领域、科学试验中，存在着大量具有不确定性的现象，这些不确定现象可归纳为两类：随机性和模糊性.

一、随机性

随机性是由于客观事物的因果关系不充分所致，表现为因果律的缺陷，造成结果的不可预知性. 例如，汉中明年 10 月 8 日的天气可能晴，可能阴，也可能有雨；同一射手，几次打靶的成绩，可能不同；等等. 它们的结果无法确定，也就是“随机”的. 这种在一定条件下可能发生种种不同结果的现象被称为**随机现象**.

然而，若对一随机现象进行多次重复观察，人们可以发现其出现的结果呈现出规律性. 例如投掷一枚硬币，它出现的结果可能是正面，也可能是反面，但若多次重复投掷硬币，则出现正面的次数约占一半. 像这种在大量重复试验或观察中所呈现出的固有规律性，叫**统计规律性**.

概率论与数理统计就是研究和揭示随机现象统计规律性的一门数学学科.

二、模糊性

与随机性不同，模糊性是指客观事物的差异在中介过渡中所呈现的“亦此亦彼”性，表现为排中律的缺陷，造成事物的边界不清晰(尽管结果已知). 例如在日常生活中，人们谈论年龄老中青、身材的高矮、体型胖瘦、气候冷热等概念，都具有含义不确切、边界不清晰的模糊性. 这种具有模糊性的现象叫**模糊现象**.

对事物模糊性的描述是建立在模糊集合论基础上的**模糊数学**.

三、确定性现象

与不确定性现象相对立的是确定性现象，即在一定条件下必然发生某一结果的现象. 例如，在标准大气压下，纯水加热到 100°C 必然沸腾；向上抛一物体必然下落，等等.

研究确定性现象规律性的数学学科是建立在经典集合论基础上的数学分析、几何学、代数学以及微分方程等.

0.2 概率论与数理统计的应用

随机现象的普遍存在决定了概率统计应用的广泛性,它几乎遍及所有科学技术领域和工农业生产等国民经济的各部门.如:

(1)进行气象、水文、地震预报.

(2)产品的抽样验收及质量控制.

(3)研究新产品,为寻求最佳方案进行的试验设计及数据处理.

(4)在可靠性理论中的应用.近年来应用可靠性理论指导设备的设计、制造和维修,产生了巨大的效益.

第1章　随机事件及其概率

1.1　随机事件

一、随机试验

为研究随机现象，就要对客观事物在相同的条件下进行大量的观察. 这里的观察在概率统计中就称为随机试验. 那么，什么是随机试验呢？若一个试验具备以下特点：

(1)允许在相同条件下重复进行；

(2)每次试验的可能结果不止一个，但试验前可以明确该试验的所有可能结果；

(3)进行每次试验之前不能确定哪一结果会出现.

则称这种试验为**随机试验**，简称**试验**，通常用 E 表示.

例如：E_1：抛一枚硬币，观察正反面出现的情况；

E_2：投掷一颗骰子，观察出现的点数；

E_3：记录车站售票处一天内售出的车票数；

E_4：统计某网站每天的点击次数；

E_5：从一批圆钢中任取一条，测量它的抗拉强度 $f\,(\text{kg/mm}^2)$.

二、样本空间与随机事件

1. 样本空间

对于一个试验 E，尽管在每次试验之前不能预知试验的结果，但试验 E 的所有可能结果却是已知的，从而称试验 E 的所有可能结果组成的集合为 E 的**样本空间**，记为 S. 样本空间的元素，即试验 E 的每个可能的结果称为**样本点**，记为 e.

例如：E_1 的样本空间为：$S_1=\{$正面(H)，反面$(T)\}$；

E_2 的样本空间为：$S_2=\{1,2,3,4,5,6\}$；

E_3 的样本空间为：$S_3=\{0,1,2,3,\cdots,n\}$，这里的 n 表示售票处一天内准备出售的车票数；

E_4 的样本空间为：$S_4 = \{0,1,2,3,\cdots\}$，这里点击次数理论上没有上限；

E_5 的样本空间为：$S_5 = \{f \mid f > 0\}$.

注意样本点 e 是由试验的目的所确定.例如试验 E_2，若试验目的改为观察偶数点出现的情况，则样本空间为 $S_2 = \{2,4,6\}$.可见改变了试验的目的，其样本空间也要改变.

2.随机事件

在每次试验中，有且只有一个结果（样本点）出现.但在实际中，人们不但对试验的单一结果感兴趣，而且常常对试验的某些结果组成的集合更感兴趣.例如，试验 E 表示在一批灯泡中任取一只，测试它的寿命.对该试验 E，若规定这种灯泡的寿命（小时）$t < 500$ 为次品，于是我们关心的是这批灯泡的寿命是否有 $t \geqslant 500$.而满足该条件的结果（样本点）组成样本空间 $S = \{t \mid t \geqslant 0\}$ 的一个子集，即

$$A = \{t \mid t \geqslant 500\}$$

我们称 A 是试验 E 的一个随机事件.

一般地，设试验 E 的样本空间为 S，由 S 中的一些样本点所组成的集合，称为试验 E 的**随机事件**，简称**事件**，随机事件常用大写字母 $A,B,C,\cdots$ 等表示.

值得注意的是，随机事件 A 是样本空间 S 的一个子集，即 $A \subset S$.在一次试验中，当且仅当 A 中的一个样本点出现时，就说在这一次试验中 A 发生了.正因为事件 A 是由 S 中的一部分样本点组成的，所以在一次试验中，该事件可能发生，也可能不发生.

对于一个试验 E，在每次试验中必然发生的事件，称为 E 的**必然事件**；在每次试验中都不发生的事件，称为 E 的**不可能事件**.于是必然事件可以用样本空间 S（是它本身的子集）来表示；不可能事件可用空集 $\varnothing$（是 S 的子集）来表示.

三、事件的关系和运算

在实际问题中，往往不只研究随机试验的一个事件，而要研究很多事件，且这些事件之间又有一定的联系.由于事件是特殊的集合，因此事件间的关系与运算自然可运用集合论的一些术语、记号来描述.下面，给出这些关系和运算在概率论中的意义.假定以下讨论的均为同一试验 E 下的随机事件.

1.事件的包含与相等

设有两个事件 A 与 B，若事件 A 发生时事件 B 必发生，则称事件 B 包含事件 A，或者说 A 含于 B，记为 $A \subset B$.此时也称 A 是 B 的**子事件**.

若 $A \subset B$ 且 $B \subset A$，则称 A,B 两事件**相等**，记为 $A = B$.

例如，掷两颗骰子，记

$A = \{$掷出的点数之和大于 10$\}$，　　$B = \{$至少有一颗掷出的点数为 6$\}$

若 A 发生，易见 B 非发生不可，故 $A \subset B$.

又若 $A=\{$两骰子掷出的点数奇偶不同$\}$，$B=\{$两骰子掷出点数之和为奇数$\}$，这两个事件，只是表示说法不同，其实是一样的，故 $A=B$.

2. 事件的和与积

“事件 A 与事件 B 中至少有一个事件发生”这一事件，称为 A,B 的**和事件**，记为 $A \cup B$. 即

$$A \cup B=\{e \mid e \in A \text{ 或 } e \in B\}$$

“事件 A 与事件 B 同时发生”这一事件，称为 A,B 的**积事件**，记为 $A \cap B$ 或 AB. 即

$$AB=\{e \mid e \in A \text{ 且 } e \in B\}$$

类似地，对有限个事件 $A_1,A_2,\cdots,A_n$，“事件 $A_1,A_2,\cdots,A_n$ 至少有一个发生”这一事件称为 $A_1,A_2,\cdots,A_n$ 的**和事件**，记为 $\bigcup\limits_{i=1}^{n} A_i$；“事件 $A_1,A_2,\cdots,A_n$ 同时发生”这一事件称为事件 $A_1,A_2,\cdots,A_n$ 的**积事件**，记为 $\bigcap\limits_{i=1}^{n} A_i$. 也可以类似地定义可列个事件 $A_1,A_2,\cdots,A_n,\cdots$ 的和事件 $\bigcup\limits_{i=1}^{\infty} A_i$ 与积事件 $\bigcap\limits_{i=1}^{\infty} A_i$.

3. 互不相容事件与对立事件

若事件 A 与 B 不能同时发生，即 $AB=\varnothing$，则称 A 与 B 为**互不相容事件**，亦称**互斥事件**.

例如，掷一颗骰子，“出现2点”和“出现5点”是互斥事件；进行一次试验，“试验成功”与“试验失败”也是互斥事件.

互斥事件的一个特殊情况是对立事件.

设有事件 A，则事件 $B=\{A$ 不发生$\}$ 称为 A 的**对立事件**，记为 $\overline{A}$，即 $B=\overline{A}$.

例如：在掷一颗骰子的试验中，令 $A=\{$掷出偶数点$\}$，$B=\{$掷出奇数点$\}$，即 $A=\{2,4,6\}$，$B=\{1,3,5\}$，故 $B=\overline{A}$；不难有 $A=\overline{B}$. 这说明对立事件是相互的概念. 而且由本例亦可发现：一方面 $AB=\varnothing$，另一方面 $A \cup B=\{1,2,3,4,5,6\}=S$，即 B 包含的试验结果加上 A 包含的试验结果便补全了全部的试验结果，故对立事件亦称为“补事件”. 很明显有：$\overline{\overline{A}}=A$.

一般地，若事件 A,B 互为对立事件，则必须满足 $AB=\varnothing$ 且 $A \cup B=S$.

4. 事件的差

“事件 A 发生，事件 B 不发生”这一事件称为 A 与 B 的**差事件**，记为 $A-B$，即

$$A-B=\{e \mid e \in A \text{ 且 } e \notin B\}$$

由差事件的定义可知

$$A-B=A\overline{B}$$

以上各事件的关系及运算的几何表示如图1.1所示.

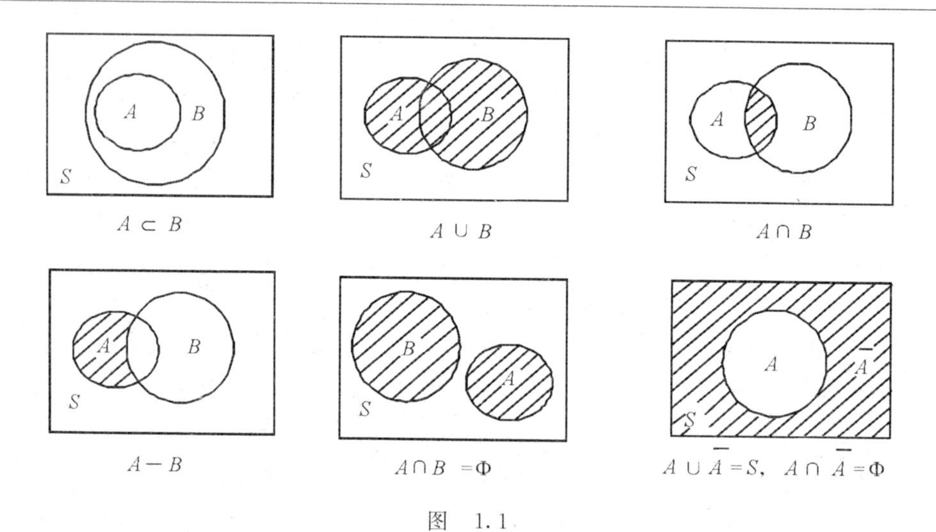

图 1.1

例 1 从一批产品中每次取出一个产品进行检验(每次取出的产品不放回),事件 A_i 表示第 i 次取到合格品($i=1,2,3$).试用事件的运算符号表示下列事件:

(1)三次都取到合格品;

(2)三次中至少有一次取到合格品;

(3)三次中恰有两次取到合格品;

(4)三次中最多有一次取到合格品.

解 因 $A_i=\{$第 i 次取到合格品$\}, i=1,2,3$. 故

(1)三次都取到合格品:$A_1A_2A_3$;

(2)三次中至少有一次取到合格品:$A_1 \cup A_2 \cup A_3$;

(3)三次中恰有两次取到合格品:$A_1A_2\bar{A}_3 \cup A_1\bar{A}_2A_3 \cup \bar{A}_1A_2A_3$;

(4)三次中最多有一次取到合格品:$\bar{A}_1\bar{A}_2 \cup \bar{A}_1\bar{A}_3 \cup \bar{A}_2\bar{A}_3$.

例 2 如图 1.2 所示的电路中有编号为 1,2,3 的 3 个开关,设事件 $A_i=\{$开关 i 闭合$\}(i=1,2,3)$.试用 A_1,A_2,A_3 表示事件 $B=\{$电灯亮$\}$.

解 由图中 3 个开关的联接情况知,要电灯亮必须且只须开关 1,2 中至少有一个闭合且开关 3 闭合,即事件 B 发生相当于事件 A_1,A_2 中至少发生一个且事件 A_3 发生,而事件“A_1,A_2 中至少发生一个”可以表示为

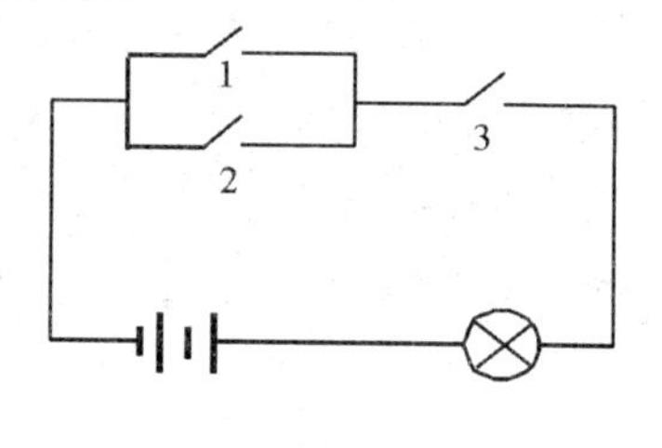

图 1.2

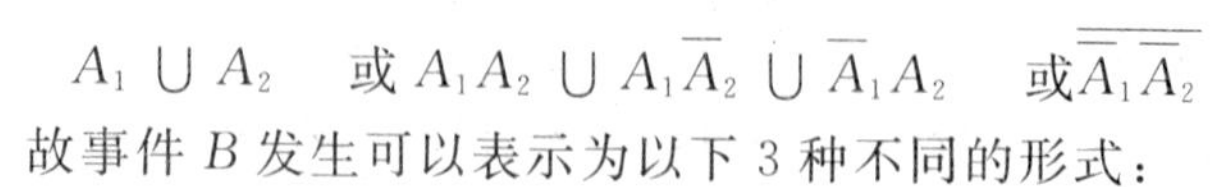

$$A_1 \cup A_2 \quad 或\ A_1A_2 \cup A_1\bar{A}_2 \cup \bar{A}_1A_2 \quad 或\ \overline{\bar{A}_1\bar{A}_2}$$

故事件 B 发生可以表示为以下 3 种不同的形式:

$$B=(A_1 \cup A_2)A_3$$

或

$$B=(A_1A_2 \cup A_1\bar{A}_2 \cup \bar{A}_1A_2)A_3$$

或
$$B=\overline{\overline{A_1}\,\overline{A_2}A_3}$$

5. 事件的运算律

在进行事件的运算时，经常要用到下列运算律：设事件 A,B,C，则有

交换律　$A\cup B=B\cup A,\quad AB=BA$

结合律　$(A\cup B)\cup C=A\cup(B\cup C),\quad (AB)C=A(BC)$

分配律　$(A\cup B)C=(AC)\cup(BC),\quad (AB)\cup C=(A\cup C)(B\cup C)$

对偶律(德・摩根律)　$\overline{A\cup B}=\overline{A}\,\overline{B},\quad \overline{AB}=\overline{A}\cup\overline{B}$

现解释对偶律如下：

$$\overline{A\cup B}=\overline{\{A,B\text{ 中至少有一个发生}\}}=$$
$$\{A,B\text{ 都不发生}\}=\{\overline{A},\overline{B}\text{ 同时发生}\}=\overline{A}\,\overline{B}$$

因为
$$AB=\overline{\overline{A}}\,\overline{\overline{B}}=\overline{\overline{A}\cup\overline{B}}$$

所以
$$\overline{AB}=\overline{\overline{\overline{A}\cup\overline{B}}}=\overline{A}\cup\overline{B}$$

例 3　简化下列各式

(1)　$(A\cup B)-(A-B)$；　(2)　$(A\cup B)(A\cup\overline{B})(\overline{A}\cup B)$.

解　(1)　$(A\cup B)-(A-B)=(A\cup B)(\overline{A-B})=(A\cup B)(\overline{A\overline{B}})=$
$$(A\cup B)(\overline{A}\cup B)=(A\overline{A})\cup B=B.$$

(2)　$(A\cup B)(A\cup\overline{B})(\overline{A}\cup B)=(A\cup(B\overline{B}))(\overline{A}\cup B)=$
$$A(\overline{A}\cup B)=(A\overline{A})\cup(AB)=AB.$$

注意，对事件 A,B，若 $A\subset B$，则有
$$A\cup B=B,\quad AB=A$$

故对任意事件 A，有
$$A\cup S=S,\quad AS=A,\quad A\cup\varnothing=A,\quad A\varnothing=\varnothing$$

还需指出的是，在进行事件运算时，运算的优先顺序是：补，积，和或差；若有括号，则括号内的优先.

1.2　随机事件的概率

随机事件在一次试验中可能发生，也可能不发生. 既然有可能性，就有可能性的大小问题. 概率就是度量事件发生可能性大小的一个数量指标，也就是说，事件 A 发生的可能性大小就是事件 A 的概率. 常用 $P(A)$ 表示.

直观上很容易理解，必然事件发生的可能性是百分之百，故它的概率是 1，即 $P(S)=1$；而不可能事件发生的可能性是 0，故它的概率是 0，即 $P(\varnothing)=0$. 而任一

事件 A 发生的可能性不会小于 0,也不会大于百分之百,所以 A 的概率介于 0 与 1 之间,即

$$0 \leqslant P(A) \leqslant 1$$

那么,怎样获得某事件发生的概率呢?本节就来回答这个问题.

一、古典概型

对一类简单问题,我们可较容易求得事件发生的概率.例如抛掷一枚硬币,这个试验只有两个可能结果:"正面向上"(记为事件 A)或"反面向上"(记为事件 B).若这枚硬币质地均匀,又是对称的,则 $P(A)=P(B)=\frac{1}{2}$,因为我们没有理由认为哪种结果出现的可能性更大,也就是说,事件 A 与 B 出现的机会是均等的——这就是**等可能性**.

上例中的随机试验具有以下两个特点:

(1)试验的可能结果只有有限个,即样本空间只包含有限个样本点,即

$$S=\{e_1,e_2,\cdots,e_n\}$$

(2)每个试验结果在一次试验中出现是等可能的.

一般地,称此类随机试验的概率模型为**古典概型**.它是概率论发展初期的主要研究对象.

定义 1.1 设古典概型试验 E 的所有可能结果为 $\{e_1\},\{e_2\},\{e_3\},\cdots,\{e_n\}$.若事件 A 恰包含其中的 m 个结果,则事件 A 的概率 $P(A)$ 定义为

$$P(A)=\frac{m}{n} \tag{1.1}$$

由于古典概型的两个特征:"有限性"及"等可能性",不难看出式(1.1)的合理性.在一次试验中,每个结果出现的机会同为 $\frac{1}{n}$,现在事件 A 包含了 m 个结果,则在一次试验中,当这 m 个结果之一发生时事件 A 发生.故事件 A 发生的概率应为 $m\cdot\frac{1}{n}=\frac{m}{n}$.注意到式(1.1)中分子分母的含义,该式又可写成

$$P(A)=\frac{A\text{ 所包含的试验结果的个数}(m)}{\text{试验结果的总数}(n)}$$

由式(1.1)算得事件 A 的概率称为**古典概率**.

可见,对于古典概型,只要清楚试验 E 的所有可能结果总数 n 以及事件 A 所包含的试验结果个数 m,就可以求得事件 A 的概率.这样就把求概率问题转化为计数问题,故排列组合是计算古典概率的重要工具.

例 1 袋内装有 5 个白球,3 个黑球.从中任取两个球,计算取出的两个球都

是白球的概率.

解　令 $A=\{$取出的两个球都是白球$\}$. 分析题意知:试验的所有可能结果总数 $n=C_{5+3}^{2}$,事件 A 所包含的试验结果个数 $m=C_{5}^{2}$,由式(1.1)有

$$P(A)=\frac{C_5^2}{C_8^2}\approx 0.357$$

例 2　掷两个均匀骰子,求出现点数之和为 8 的概率.

解　设 X 为第一个骰子掷出的点数,Y 为第二个骰子掷出的点数. 该试验共有 $6\times 6=36$ 个等可能结果,即 $n=36$. 令 $A=\{$两个骰子的点数之和为 8$\}$,即 A 等价于"$X+Y=8$",只有 (2,6),(3,5),(4,4),(5,3),(6,2) 这 5 个结果之一出现时 A 才出现(见图 1.3). 故

$$P(A)=P\{X+Y=8\}=\frac{5}{36}$$

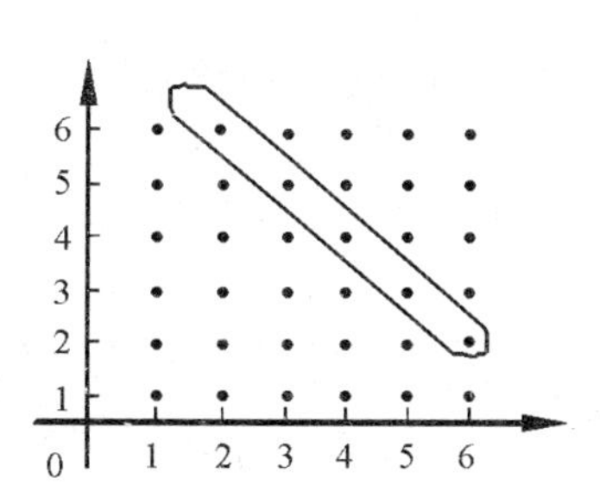

图　1.3

例 3　设有 r 个人($r\leqslant 365$),并且假定每人的生日在一年 365 天中的每一天的可能性是均等的. 问此 r 个人有不同生日的概率是多少?

解　设 $A=\{r$ 个人有不同生日$\}$. 因为 r 个人都以等可能的机会在 365 天中的任一天出生,所以 $n=365^r$. 根据题意,事件 A 包含的试验结果个数为

$$m=365\times 364\times\cdots\times(365-r+1)$$

它恰是 365 个数中任取 r 个数的排列 A_{365}^{r},即

$$m=A_{365}^{r}=\frac{365!}{(365-r)!}$$

因此所求概率为

$$P(A)=\frac{365!}{(365-r)!\ 365^r}=\frac{365\times 364\times\cdots\times(365-r+1)}{365^r}=$$

$$\left(1-\frac{1}{365}\right)\left(1-\frac{2}{365}\right)\cdots\left(1-\frac{r-1}{365}\right).$$

从古典概率的定义(1.1)中可以得到以下性质:

(1)对于任意事件 A,$0\leqslant P(A)\leqslant 1$;

(2)对于必然事件 S,不可能事件 $\varnothing$,有

$$P(S)=1,\quad P(\varnothing)=0$$

(3)对于互斥事件 A,B,即 $AB=\varnothing$,则有

$$P(A\cup B)=P(A)+P(B)\tag{1.2}$$

例 4　从一批由 95 件正品、3 件次品组成的产品中,接连抽取两件产品(第一

件取后不放回)，求取得一件正品和一件次品的概率.

解 设 $A=\{$两件产品为一件正品，一件次品$\}$，

$A_1=\{$第一次取得正品，且第二次取得次品$\}$，

$A_2=\{$第一次取得次品，且第二次取得正品$\}$.

则
$$A_1A_2=\varnothing，且 A=A_1\cup A_2$$

由于
$$P(A_1)=\frac{95\times 3}{98\times 97},\qquad P(A_2)=\frac{3\times 95}{98\times 97}$$

由式(1.2)有

$$P(A)=P(A_1)+P(A_2)=\frac{95\times 3}{98\times 97}+\frac{3\times 95}{98\times 97}=0.06$$

在实际应用中，如果试验的结果有无限多个，则不能按古典概型来计算概率. 然而，在有些场合可用几何的方法来解决概率的计算问题. 下面是一个典型的“会面问题”的例子.

例 5 (会面问题)甲乙两人约定彼此独立地在 0 到 T 时内的任一时刻到达某地见面，先到的人等待 t 时离去. 试求二人能够会面的概率.

解 先写出这一试验的样本空间 S. 一次试验的结果可用两个数 x,y 表示，其中 x,y 分别表示甲、乙到达某地的时刻. 因而 $0<x<T,0<y<T$. 于是一个样本点 (x,y) 是二维平面上的一点，且 S 是二维平面上边长为 T 的矩形

$$S=\{(x,y)\mid 0<x<T,0<y<T\}.$$

设 $A=\{$二人能够会面$\}$，无论谁先到，当且仅当两人到达的时刻前后相差不超过 t 时，才能见着面，即当且仅当 $|x-y|\leqslant t$ 时才能会面. 因此有

$$A=\{(x,y)\mid\ |x-y|\leqslant t\}.$$

S 和 A 的图形如图 1.4 所示.

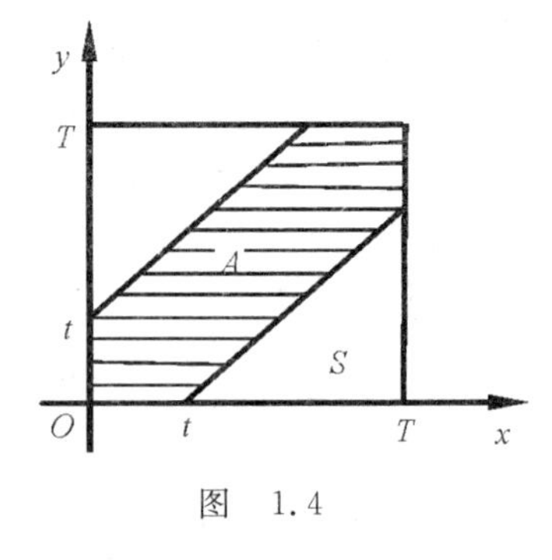

图 1.4

由于 S 中包含无限多个点，故不能用(1.1)式来计算. 于是我们对“等可能性”这个概念按本题特点引申为:正方形内点 (x,y) 落入某子区域中的概率与该子区域的面积成正比而与其位置和形状无关，则按此引申了的“等可能性”的含义，可用几何的方法确定出事件 A 的概率为

$$P(A)=\frac{A\text{ 的面积}}{S\text{ 的面积}}=\frac{T^2-(T-t)^2}{T^2}=1-\left(1-\frac{t}{T}\right)^2$$

容易看出，当 t 很小时，$P(A)$ 也很小；当 $t\approx T$ 时，$P(A)\approx 1$，这和我们的常识是相符的.

利用上述方法计算的概率称为**几何概率**.

二、概率的统计定义

不论是古典概率还是几何概率，它们都要求随机试验的所有可能结果具有“等可能性”，这一限制有很大的局限性. 例如一射手向一目标射击，“中靶”与“不中靶”一般不是等可能的. 那么，如何知道他中靶的概率是多少呢？如何知道他在10次射击中，没有一次中靶的概率是多少？有两次中靶的概率是多少呢？为回答这类问题，下面介绍概率的统计定义.

首先，我们从两个简单的试验开始，揭示随机事件一个极其重要的特性：**频率稳定性**.

引例1　考虑“抛硬币”试验. 历史上有人做过成千上万次抛硬币的试验，得到数据见表1.1.

表　1.1

试验者	抛掷次数 n	出现正面向上的次数 m（即频数）	频率 $=\frac{m}{n}$
德・摩根	2 048	1 061	0.518 1
蒲丰	4 040	2 048	0.506 9
K.皮尔逊	12 000	6 019	0.501 6
	24 000	12 012	0.500 5

从表1.1看出，不管什么人去抛掷，当试验次数逐渐增多时，“正面朝上”的频率越来越明显地稳定并接近于 $\frac{1}{2}$. 这个数能反映出“出现正面”的可能性大小.

引例2　考察新生婴儿的性别. 表1.2为波兰从1927年到1932年间出生的婴儿总数，以及其中的男婴数.

表　1.2

年份	1927	1928	1929	1930	1931	1932	总数或平均数
出生数	958 733	990 993	994 101	1 022 811	964 573	934 663	5 865 874
男婴数	496 544	513 654	514 765	528 072	496 986	482 431	3 032 452
频率	0.518	0.518	0.518	0.516	0.515	0.516	0.517

从表1.2中可以看出，生男婴的频率稳定在0.517附近.

大量试验证明，任何随机事件 A，只要试验是在相同的条件下多次重复进行的，那么事件 A 出现的频率具有稳定性。就是说，当试验次数充分大时，事件 A 出现的频率总在 $[0,1]$ 区间上的某个确定的数字 p 附近摆动，这是随机现象固有的性质，这种性质称为**频率的稳定性**."频率的稳定性"就是我们通常所说的统计规律性.

因为频率总是介于 0 与 1 之间的一个数，这个常数 p 是客观存在的，这也是我们下面定义事件概率的客观基础.

定义 1.2 设有试验 E，若当试验的重复次数 n 充分大时，事件 A 发生的频率稳定地在某常数 p 附近摆动，则称数 p 为事件 A 的概率. 记为

$$P(A) = p$$

概率的这种定义，称为**概率的统计定义**.

由概率的统计定义可推得概率的下列性质：

(1)对任一事件 A，有 $0 \leqslant P(A) \leqslant 1$；

(2) $P(S) = 1, \quad P(\varnothing) = 0$；

(3)若 $AB = \varnothing$，则 $P(A \cup B) = P(A) + P(B)$.

"概率统计定义"的重要性，不在于它提供一种定义概率的方法——它实际上没有提供这种方法，因为你永远不可能依据这个定义确切地定出任何一个事件的概率。其重要性在于两点：一是提供了一种估计概率的方法，这种应用很多. 例如在人口抽样调查中，根据抽样的一小部分人去估计全部人口的文盲比例；在工业生产中，依据抽取的一些产品的检验结果去估计产品的废品率；在医学上依据积累的资料去估计某种疾病的死亡率等. 二是它提供了一种检验某种假设是否成立的准则. 设想根据一定的理论、假定等算出了某种事件 A 的概率为 p，该理论或假定是否与实际相符？我们并无把握. 于是可借助试验，即进行大量重复的试验以观察事件 A 的频率 $\frac{m}{n}$，若与 p 接近，则认为试验结果支持了有关理论；若相去甚远，则认为假设可能有误. 这就是数理统计学的一个重要分支——假设检验，将在本书第七章讨论.

三、概率的公理化定义

以上 3 种概率的定义都有局限性，这些局限性妨碍了概率论自身的发展，为了使概率论有严谨的理论基础，1933 年，苏联数学家柯尔莫哥洛夫首先提出了概率的公理化定义，就是把概率所具备的 3 个基本性质直接规定为 3 条公理，即得概率的公理化定义.

定义 1.3 设 E 是随机试验，S 是它的样本空间，对 E 的每一个事件 A，赋予一个实数，记为 $P(A)$，如果集合函数 $P(\cdot)$ 满足下列条件：

(1)非负性　对任一事件 A,有 $0 \leqslant P(A) \leqslant 1$.

(2)规范性　$P(S)=1$.

(3)可列可加性　若事件 $A_1,A_2,\cdots,A_n,\cdots$ 两两互斥,即 $A_iA_j=\varnothing(i \neq j,\ i,j=1,2,\cdots)$,有

$$P(\bigcup_{i=1}^{\infty} A_i)=\sum_{i=1}^{\infty} P(A_i)$$

则称 $P(\cdot)$ 为概率函数,简称概率,函数值 $P(A)$ 称为事件 A 的概率.

四、概率的性质

由概率的定义可知,概率具有以下三条基本性质:

(1)对任一事件 A,有 $0 \leqslant P(A) \leqslant 1$;

(2) $P(S)=1,\quad P(\varnothing)=0$;

(3)若 $AB=\varnothing$,则 $P(A \cup B)=P(A)+P(B)$.

性质(3)称为概率的**加法定理**.

由概率的三条基本性质,可推导出有关概率的其他许多性质:

(1)若 $A_1,A_2,\cdots,A_n$ 两两互斥,即 $A_iA_j=\varnothing(i \neq j;i,j=1,2,\cdots,n)$,则

$$P(\bigcup_{i=1}^{n} A_i)=\sum_{i=1}^{n} P(A_i) \tag{1.3}$$

该性质称为**概率的有限可加性**.但在建立概率概念时,需要规定概率应具有**完全可加性**(又称**可列可加性**),即若可列个事件 $A_1,A_2,\cdots$ 两两互斥,则有

$$P(\bigcup_{i=1}^{\infty} A_i)=\sum_{i=1}^{\infty} P(A_i) \tag{1.4}$$

(2)对于随机事件 A ,有

$$P(\overline{A})=1-P(A) \tag{1.5}$$

(3)设 A,B 为两个随机事件,且 $A \supset B$,则

$$P(A-B)=P(A)-P(B) \tag{1.6}$$

从而有

$$P(A) \geqslant P(B)$$

(4)设 A,B 为任意两个随机事件,则

$$P(A \cup B)=P(A)+P(B)-P(AB) \tag{1.7}$$

式(1.7)又称为**广义加法公式**.

证明　(此处只证性质4,其余请读者自证)

如图1.5所示,将 $A \cup B$ 分成两两互不相容的3个事件:C_1,C_2,C_3,即有

$$A \cup B=C_1 \cup C_2 \cup C_3,\quad A=C_1 \cup C_2,\quad B=C_2 \cup C_3$$

从而

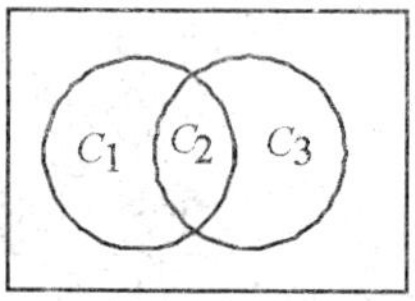

$P(A\cup B)=P(C_1\cup C_2\cup C_3)=P(C_1)+P(C_2)+P(C_3)$

$P(A)=P(C_1\cup C_2)=P(C_1)+P(C_2)$

$P(B)=P(C_2\cup C_3)=P(C_2)+P(C_3)$

则 $$P(A\cup B)=P(A)+P(B)-P(C_2)$$

而 $$C_2=AB$$

故 $$P(A\cup B)=P(A)+P(B)-P(AB)$$

$A\cup B$

图 1.5

广义加法公式不难推广到有限情形：设 $A_1,A_2,\cdots,A_n$ 是任意 n 个事件，则

$$P(\bigcup_{i=1}^{n}A_i)=\sum_{i=1}^{n}P(A_i)-\sum_{1\leqslant i<j\leqslant n}P(A_iA_j)+\sum_{1\leqslant i<j<k\leqslant n}P(A_iA_jA_k)+\cdots+(-1)^{n-1}P(A_1A_2\cdots A_n)$$

例如，当 $n=3$ 时，有

$$P(A\cup B\cup C)=P(A)+P(B)+P(C)-P(AB)-P(AC)-P(BC)+P(ABC)$$

有了概率的以上性质，当事件比较复杂时，可通过事件之间的关系，把复杂事件用简单事件表示，从而化求复杂事件的概率为求简单事件的概率. 请看以下例题.

例 6　10 个灯泡中有 3 个次品. 现从中任取 4 个，求至少有 2 个次品的概率.

解　以 X 表示所取 4 个灯泡中次品的个数. 令

$$A_1=\{X=2\},\quad A_2=\{X=3\},\quad B=\{X\geqslant 2\}$$

易见 $B=A_1\cup A_2$，且 $A_1A_2=\varnothing$，而

$$P(A_1)=\frac{C_3^2C_7^2}{C_{10}^4}=\frac{3}{10},\quad P(A_2)=\frac{C_3^3C_7^1}{C_{10}^4}=\frac{1}{30}$$

由加法定理得 $$P(B)=P(A_1)+P(A_2)=\frac{3}{10}+\frac{1}{30}=\frac{1}{3}$$

例 7　一批同类产品共 100 件，其中有 5 件次品. 现从中任取 5 件，求其中至少有一件次品的概率.

解　设 $A=\{$任取的 5 件中至少有一件次品$\}$.

解法一　令 $A_i=\{$取的 5 件中有 i 件次品$\}(i=1,2,3,4,5)$，则

$$A=A_1\cup A_2\cup A_3\cup A_4\cup A_5$$

而且 A_1,A_2,A_3,A_4,A_5 两两互斥. 有

$$P(A)=\sum_{i=1}^{5}P(A_i)$$

而 $$P(A_1)=\frac{C_5^1C_{95}^4}{C_{100}^5}=\frac{3\ 183\ 545}{15\ 057\ 504},\qquad P(A_2)=\frac{C_5^2C_{95}^3}{C_{100}^5}=\frac{276\ 830}{15\ 057\ 504}$$

$$P(A_3)=\frac{C_5^3C_{95}^2}{C_{100}^5}=\frac{8\ 930}{15\ 057\ 504},\qquad P(A_4)=\frac{C_5^4C_{95}^1}{C_{100}^5}=\frac{95}{15\ 057\ 504}$$

$$P(A_5)=\frac{C_5^5}{C_{100}^5}=\frac{1}{75\ 287\ 520}$$

于是得
$$P(A)=\sum_{i=1}^{5}P(A_i)=\frac{17\ 347\ 001}{75\ 287\ 520}\approx 0.230\ 4$$

解法二　$\overline{A}=\{$取出的 5 件都是正品$\}$，则

$$P(\overline{A})=\frac{C_{95}^5}{C_{100}^5}=\frac{57\ 940\ 519}{75\ 287\ 520}\approx 0.769\ 6$$

从而
$$P(A)=1-P(\overline{A})\approx 0.230\ 4$$

例 8(续例 3)　求此 r 个人中至少有两个人生日相同的概率.

解　由例 3 知，$A=\{r$ 个人有不同生日$\}$，则

$$\overline{A}=\{r\text{ 个人中至少有两个人生日相同}\}$$

故
$$P(\overline{A})=1-P(A)=$$
$$1-\left(1-\frac{1}{365}\right)\left(1-\frac{2}{365}\right)\cdots\left(1-\frac{r-1}{365}\right)$$

经计算可得结果见表 1.3.

表　1.3

r	20	23	30	40	50	64	100
$P(\overline{A})$	0.411	0.507	0.706	0.891	0.970	0.997	0.999 999 7

从上述结果可看出，在仅有 64 人的班级里，“至少有两人生日相同”这一事件的概率与 1 相差无几(全班人生日各不相同的概率仅为 0.003)，因此，如作调查的话，几乎总是会出现的，你不妨一试.

例 9　设事件 A,B 的概率分别为 $\frac{1}{3}$ 与 $\frac{1}{2}$. 求下列 3 种情况下 $P(B\overline{A})$ 的值.

(1) A 与 B 互斥；(2) $A\subset B$；(3) $P(AB)=\frac{1}{8}$.

解　(1)因为 A 与 B 互斥，则 $\overline{A}\supset B$，从而 $B\overline{A}=B$. 故 $P(B\overline{A})=P(B)=\frac{1}{2}$.

(2)当 $A\subset B$ 时，有

$$P(B\overline{A})=P(B-A)=P(B)-P(A)=\frac{1}{2}-\frac{1}{3}=\frac{1}{6}$$

(3)因为 $A\cup B=A\cup B\overline{A}$，而 $A(B\overline{A})=\varnothing$，且

$$P(A \cup B)=P(A)+P(B)-P(AB)$$

$$P(A \cup B\overline{A})=P(A)+P(B\overline{A})$$

所以,得
$$P(B\overline{A})=P(B)-P(AB)=\frac{1}{2}-\frac{1}{8}=\frac{3}{8}$$

例 10 设 A,B,C 为 3 个事件, $P(A)=P(B)=P(C)=\frac{1}{4}$, $P(AB)=P(BC)=0$, $P(AC)=\frac{1}{8}$. 求事件 A,B,C 至少有一个发生的概率.

解 由于 $P(AB)=P(BC)=0$,而 $ABC\subset AB$, 由性质 3 知

$$P(ABC)\leqslant P(AB)=0$$

故
$$P(ABC)=0$$

由广义加法公式的推广,便可得

$$P(A\cup B\cup C)=P(A)+P(B)+P(C)-P(AC)-P(AB)-P(BC)+P(ABC)=\frac{1}{4}+\frac{1}{4}+\frac{1}{4}-\frac{1}{8}-0-0+0=\frac{5}{8}$$

1.3 条件概率 事件的相互独立性

一、条件概率与乘法公式

1. 条件概率

我们知道,每一个随机试验都是在一定条件下进行的,而这里要讨论的条件概率,则是当试验结果的部分信息已知(即在原随机试验的条件下,再加上一些附加信息),求某些事件发生的概率. 请看下例.

例 1 两台车床加工同一种机械零件的情况见表 1.4.

表 1.4

	合格品数	次品数	总计
第一台车床加工的零件数	35	5	40
第二台车床加工的零件数	50	10	60
总　计	85	15	100

现从这 100 个零件中任取一件,用 A 表示"取到合格品", B 表示"取出的零件是第一台车床加工的". 求在 B 发生的条件下, A 发生的概率.

解 从 100 件零件中任取一件,取到合格品的概率为

$$P(A)=\frac{85}{100}=0.85$$

现在已知"B发生了"这一附加信息，由此，不在B中的样本点就不可能出现了.因而该试验所有可能结果组成的集合就是B，即已知所取到的零件是第一台车床加工的条件下，可能出现的结果总数不再是100，而是40，其中导致A发生的结果只有35种.故当B发生的条件下A发生的概率(记为$P(A\mid B)$称为**条件概率**)为

$$P(A\mid B)=\frac{35}{40}=0.875$$

由本例可看出两点：

(1) $P(A\mid B)\neq P(A)$；

(2) 由于$P(B)=\frac{40}{100}$，　$P(AB)=\frac{35}{100}$，从而

$$P(A\mid B)=\frac{35}{40}=\frac{35/100}{40/100}=\frac{P(AB)}{P(B)}$$

大量的实践证明，由(2)得出的关系式是一普遍规律，因此，就可以在形式上给出条件概率的定义.

定义1.4　设A,B为两个事件，且$P(B)>0$，称

$$P(A\mid B)=\frac{P(AB)}{P(B)} \tag{1.8}$$

为在事件B发生的条件下事件A发生的**条件概率**.

例2　掷两颗骰子，以A记事件"两颗骰子点数之和为7"，以B记事件"两颗骰子中有一颗为1点"，求$P(B\mid A)$.

解　样本空间　　$S=\{(1,1),(1,2),\cdots,(1,6),\cdots,(6,1),(6,2),\cdots,(6,6)\}$共36个样本点；

$$A=\{(1,6),(2,5),(3,4),(6,1),(5,2),(4,3)\}$$

共6个样本点；

$$AB=\{(1,6),(6,1)\}$$

共2个样本点.

由式(1.8)有　　$$P(B\mid A)=\frac{P(AB)}{P(A)}=\frac{2/36}{6/36}=\frac{1}{3}$$

我们也可直接按条件概率的含义求$P(B\mid A)$.因为已知事件A已发生，于是试验的所有可能结果组成的集合就是A.A中有6个样本点，其中只有2个样本点(1,6)和(6,1)属于B，故有

$$P(B\mid A)=\frac{2}{6}=\frac{1}{3}$$

例 3 有 10 个同一型号的晶体管继电器，其中有 8 个是一等品. 今从中连续地取三次，每次取一个(不放回). 设 A_1, A_2, A_3 分别表示第一，第二，第三次取到一等品. 求：

(1)第一次取到一等品的概率；

(2)在第一次取到一等品的条件下，第二次取到一等品的概率；

(3)求 $P(A_2)$，并且与(2)的结果比较.

解 (1) $P(A_1)=\frac{8}{10}=0.8.$

(2)求在第一次取到一等品的条件下，第二次取到一等品的概率 $P(A_2 \mid A_1)$. 在第一次取到一等品后，继电器还有 9 个，一等品还余 7 个，所以

$$P(A_2 \mid A_1)=\frac{7}{9}\approx 0.777\ 8$$

亦可按式(1.8)计算如下

$$P(A_1A_2)=\frac{A_8^2}{A_{10}^2}=\frac{8\times 7}{10\times 9},\quad P(A_1)=\frac{8}{10}$$

由式(1.8)知 $$P(A_2 \mid A_1)=\frac{P(A_1A_2)}{P(A_1)}=\frac{8\times 7/10\times 9}{8/10}=\frac{7}{9}$$

(3) $A_2=A_2(A_1\cup\overline{A}_1)=A_1A_2\cup\overline{A}_1A_2$，且 A_1A_2 与 $\overline{A}_1A_2$ 互斥，所以

$$P(A_2)=P(A_1A_2)+P(\overline{A}_1A_2)$$

A_1A_2 是从 10 个继电器中连续(不放回)任取两个，第一个是一等品，第二个也是一等品. 所以

$$P(A_1A_2)=\frac{A_8^2}{A_{10}^2}=\frac{28}{45}$$

类似地可以求得

$$P(\overline{A}_1A_2)=\frac{A_2^1A_8^1}{A_{10}^2}=\frac{8}{45}$$

从而 $$P(A_2)=\frac{28}{45}+\frac{8}{45}=\frac{36}{45}=0.8$$

可见 $$P(A_2)\neq P(A_2 \mid A_1)$$

2.乘法公式

根据条件概率的定义式(1.4)，立即可得下述定理：

定理 1.1 (乘法定理) 设 $P(B)>0$，则

$$P(AB)=P(B)P(A \mid B) \tag{1.9}$$

该公式称为**乘法公式**. 它可以用来求积事件的概率.

乘法定理可以推广到 $n(n>2)$ 个事件的情形：

(1)若 $P(AB)>0$,则

$$P(ABC)=P(A)P(B\mid A)P(C\mid AB) \tag{1.10}$$

(2)对任意 n 个事件 $A_1,A_2,\cdots,A_n$,若 $P(A_1A_2\cdots A_{n-1})>0$,则

$$P(A_1A_2\cdots A_n)=P(A_1)P(A_2\mid A_1)P(A_3\mid A_1A_2)\cdots P(A_n\mid A_1A_2\cdots A_{n-1}) \tag{1.11}$$

例4　有一张电影票,5个人依次抓阄,问第 i 个人得到电影票的概率是多少?

解　设 $A_i=\{$第 i 个人得到电影票$\}$,$i=1,2,3,4,5$. 则

$$P(A_1)=\frac{1}{5},\quad P(\overline{A}_1)=\frac{4}{5}$$

若第2个人抓到票的话,必须第1个人没有抓到票,因此

$$P(A_2)=P(\overline{A}_1A_2)=P(\overline{A}_1)P(A_2\mid\overline{A}_1)=\frac{4}{5}\cdot\frac{1}{4}=\frac{1}{5}$$

其中 $P(A_2\mid\overline{A}_1)=\frac{1}{4}$,这是因为在 $\overline{A}_1$(第1个人没有抓到票)发生的条件下,第2个人在剩下的4个阄中抓到票的概率是 $\frac{1}{4}$.

同理,第3个人要抓到票的话,必须第1,2个人都没有抓到票,因此

$$P(A_3)=P(\overline{A}_1\overline{A}_2A_3)=P(\overline{A}_1\overline{A}_2)P(A_3\mid\overline{A}_1\overline{A}_2)=$$

$$P(\overline{A}_1)P(\overline{A}_2\mid\overline{A}_1)P(A_3\mid\overline{A}_1\overline{A}_2)=\frac{4}{5}\cdot\frac{3}{4}\cdot\frac{1}{3}=\frac{1}{5}$$

继续做下去就会发现,每个人抓到票的概率都是 $\frac{1}{5}$.

例5　某城市有100口水井,其中有14口水井受到严重污染. 今有某环境保护局对这个城市的水井污染情况进行调查,他们从中依次选4口水井来检查. 求挑选的4口水井都受到严重污染的概率.

解　设 $A_i=\{$第 i 次选到严重污染的水井$\}(i=1,2,3,4)$

$B=\{$挑选的4口水井都受到严重污染$\}$

显然,$B=A_1A_2A_3A_4$. 由题意得

$$P(A_1)=\frac{14}{100},\qquad P(A_2\mid A_1)=\frac{13}{99}$$

$$P(A_3\mid A_1A_2)=\frac{12}{98},\qquad P(A_4\mid A_1A_2A_3)=\frac{11}{97}$$

由式(1.9)求得

$$P(B)=P(A_1A_2A_3A_4)=$$

$$P(A_1)P(A_2\mid A_1)P(A_3\mid A_1A_2)P(A_4\mid A_1A_2A_3)=$$

$$\frac{14}{100} \cdot \frac{13}{99} \cdot \frac{12}{98} \cdot \frac{11}{97} = 2.5 \times 10^{-4}$$

二、事件的相互独立性

1. 两个事件的相互独立性

一般说来，对于 A,B 两个事件，$P(A \mid B) \neq P(A)$. 这就是说" B 已发生"这一信息影响了 A 发生的概率. 如果" B 已发生"这一信息不影响 A 发生的概率，即

$$P(A \mid B) = P(A)$$

则称事件 A 对事件 B 是独立的；否则，称之为不独立.

当 $P(A \mid B) = P(A)$ 时，乘法公式就可改写为

$$P(AB) = P(A)P(B)$$

不难看出，如果 $P(A)P(B) > 0$，则 $P(A) = P(A \mid B)$，$P(B) = P(B \mid A)$，$P(AB) = P(A)P(B)$ 是等价的，所以若事件 A 对事件 B 是独立的，则事件 B 对事件 A 也是独立的. 由此引出以下定义：

定义 1.5 设 A,B 是两个事件，若

$$P(AB) = P(A)P(B) \tag{1.12}$$

则称事件 A,B 是**相互独立**的.

由定义可知，零概率事件与任意事件是独立的.

在实际应用中，我们常常不是根据定义来判断事件是否独立，而是根据问题的实际意义来做出判断.

例 6 甲、乙同时向一敌机炮击. 已知甲击中敌机的概率为 0.6，乙击中敌机的概率为 0.5，求敌机被击中的概率.

解 设 $A=\{$甲击中敌机$\}$，$B=\{$乙击中敌机$\}$，$C=\{$敌机被击中$\}$，则

$$C = A \cup B$$

由广义加法公式得

$$P(C) = P(A \cup B) = P(A) + P(B) - P(AB)$$

由题设可知事件 A,B 是相互独立的，因此有

$$P(AB) = P(A)P(B) = 0.6 \times 0.5 = 0.3$$

于是

$$P(C) = 0.6 + 0.5 - 0.3 = 0.8$$

定理 1.2 若 4 对事件 A, B；$A, \overline{B}$；$\overline{A}, B$；$\overline{A}, \overline{B}$ 中有一对是相互独立的，则其余 3 对也是相互独立的.

证明 这里只证明" A,B 独立时，$\overline{A},\overline{B}$ 也相互独立"(其余请读者自证).

因为 A,B 独立，所以 $P(AB) = P(A)P(B)$ ，故

$$P(\overline{A}\,\overline{B}) = P(\overline{A \cup B}) = 1 - P(A \cup B) =$$

$$1-[P(A)+P(B)-P(AB)]=1-P(A)-P(B)+P(A)P(B)=$$
$$[1-P(A)][1-P(B)]=P(\overline{A})P(\overline{B})$$

所以 $\overline{A}$，$\overline{B}$ 也相互独立.

利用上面结果，对例 6 还可以有另一解法.

先求 $P(\overline{C})$，注意到 $\overline{A\cup B}=\overline{A}\,\overline{B}$，且由 A,B 独立可知，$\overline{A}$，$\overline{B}$ 也独立. 所以

$$P(\overline{C})=P(\overline{A\cup B})=P(\overline{A}\,\overline{B})=P(\overline{A})P(\overline{B})$$

故
$$P(C)=1-P(\overline{C})=1-(1-0.6)(1-0.5)=0.8$$

这种解法的特点实质上是利用对偶律 $\overline{A\cup B}=\overline{A}\,\overline{B}$ 把求和事件的概率转化为求积事件的概率，对某些问题特别有效.

2. 多个事件的独立性

事件的独立性概念可以推广到多个事件的情形.

定义 1.6　称 A,B,C 是**相互独立**的，当且仅当

$$\begin{cases} P(AB)=P(A)P(B) \\ P(AC)=P(A)P(C) \\ P(BC)=P(B)(C) \\ P(ABC)=P(A)P(B)P(C) \end{cases} \tag{1.13}$$

定义 1.7　称 A,B,C 为**两两独立**，当且仅当

$$\begin{cases} P(AB)=P(A)P(B) \\ P(AC)=P(A)P(C) \\ P(BC)=P(B)P(C) \end{cases} \tag{1.14}$$

由以上定义知，相互独立必然是两两独立. 反之，两两独立不一定保证它们相互独立. 请看下例.

例 7　设一个口袋中有 4 张形状相同的卡片，在这 4 张卡片上依次标有下列各组数字 110，101，011，000. 从这口袋中任意取出一张卡片，用事件 A_i 表示“取到的卡片第 i 位上的数字为 1”($i=1,2,3$). 求证：A_1,A_2,A_3 为两两独立事件，但不是相互独立事件.

证明　依题意，得

$$P(A_1)=P(A_2)=P(A_3)=\frac{2}{4}=\frac{1}{2}$$

$$P(A_1A_2)=P(A_2A_3)=P(A_3A_1)=\frac{1}{4}$$

$$P(A_1A_2A_3)=0$$

因而
$$P(A_1A_2)=P(A_1)P(A_2)$$
$$P(A_2A_3)=P(A_2)P(A_3)$$

$$P(A_3A_1)=P(A_3)P(A_1)$$

但是
$$P(A_1A_2A_3)\neq P(A_1)P(A_2)P(A_3)$$

故 A_1,A_2,A_3 两两独立,但不相互独立.

一般地,设 n 个事件 $A_1,A_2,\cdots,A_n$,如果对于任意 $k(1<k\leqslant n)$,任意 $1\leqslant i_1<i_2<\cdots<i_k\leqslant n$ 都成立,有

$$P(A_{i_1}A_{i_2}A_{i_3}\cdots A_{i_k})=P(A_{i_1})P(A_{i_2})\cdots P(A_{i_k}) \tag{1.15}$$

则称事件 $A_1,A_2,\cdots,A_n$ **相互独立**.

式(1.15)中包含的等式总数为

$$C_n^2+C_n^3+\cdots+C_n^n=\sum_{k=1}^{n}C_n^k-C_n^1-C_n^0=2^n-n-1$$

此时,我们也有类似定理 1.2 的结论:

一组独立事件 $A_1,A_2,\cdots,A_n$ 中,将任意 k 个事件换为其对立事件,不改变其独立性.

例 8 设有一电路如图 1.6 所示,其中 1,2,3,4 为继电器接点.设各继电器接点导通与否相互独立,且每一继电器接点导通的概率均为 p.求 L 至 R 为通路的概率.

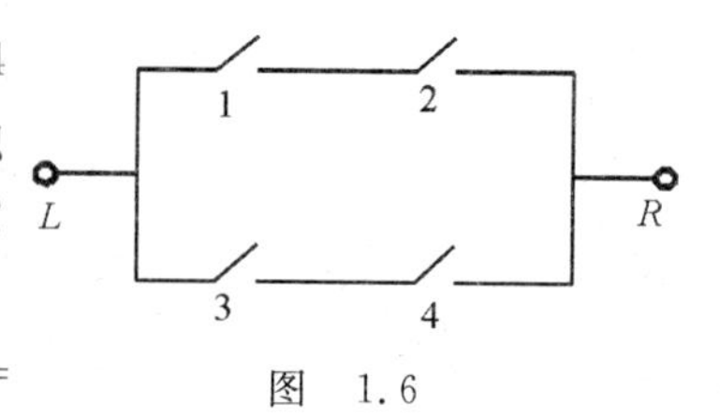

图 1.6

解 设事件 $A_i=\{$第 i 个继电器接点导通$\}(i=1,2,3,4)$.

事件 $A=\{L$ 至 R 为通路$\}$,于是 L 至 R 通路的概率为

$$P(A)=P(A_1A_2\cup A_3A_4)=$$
$$P(A_1A_2)+P(A_3A_4)-P(A_1A_2A_3A_4)$$

因事件 A_1,A_2,A_3,A_4 相互独立,且 $P(A_i)=p\ (i=1,2,3,4)$ 所以

$$P(A)=P(A_1)P(A_2)+P(A_3)P(A_4)-P(A_1)P(A_2)P(A_3)P(A_4)=$$
$$2p^2-p^4$$

例 9 假若每个人血清中含肝炎病毒的概率为 0.4%,混合 100 个人的血清.求此血清中含肝炎病毒的概率.

解 设 $A_i=\{$第 i 个人血清中含有肝炎病毒$\}\quad(i=1,2,\cdots,100)$

$A=\{$混合血清中含肝炎病毒$\}$

则
$$A=A_1\cup A_2\cup A_3\cup\cdots\cup A_{100}$$

由实际经验可知,每个人血清中含肝炎病毒是相互独立的,即 $A_1,A_2,\cdots,A_{100}$ 相互独立.故

$$P(A)=1-P(\overline{A})=1-P(\overline{A_1\cup A_2\cup\cdots\cup A_{100}})=$$

$$1-P(\overline{A}_1\overline{A}_2\overline{A}_3\cdots\overline{A}_{100})=1-\prod_{i=1}^{100}P(\overline{A}_i)=$$

$$1-0.996^{100}\approx 0.33$$

由此结果看到，虽然每个人血清带病毒的概率很小很小，但100个人的血清混合后带病毒的概率却很大.这说明“概率很小的事件(小概率事件)在一次试验中几乎不可能发生，但当不断重复此试验时，该事件迟早要发生”，这就是人们在长期实践中总结出的“**实际推断原理**”.此种效应，应引起我们的重视.

1.4　全概率公式与贝叶斯公式

一、全概率公式

例1　市场上供应的灯泡中，甲厂产品占70%，乙厂占30%，甲厂产品的合格率是95%，乙厂的合格率是80%.若用事件A，$\overline{A}$分别表示甲、乙两厂的产品，B表示产品为合格品.试求市场灯泡的合格率，即$P(B)$.

解　因为$B=AB\cup\overline{A}B$，且AB与$\overline{A}B$互斥.

由加法定理和乘法定理有

$$P(B)=P(AB\cup\overline{A}B)=P(AB)+P(\overline{A}B)=$$

$$P(A)P(B\mid A)+P(\overline{A})P(B\mid\overline{A})$$

依题意有　$P(A)=70\%$，　$P(\overline{A})=30\%$

$$P(B\mid A)=95\%,\quad P(B\mid\overline{A})=80\%$$

从而　$P(B)=70\%\times95\%+30\%\times80\%=0.905$

进一步可以计算买到的合格灯泡是甲厂生产的概率$P(A\mid B)$为

$$P(A\mid B)=\frac{P(AB)}{P(B)}=\frac{P(A)P(B\mid A)}{P(A)P(B\mid A)+P(\overline{A})P(B\mid\overline{A})}\approx 0.735$$

从形式上看事件B是比较复杂的，仅仅使用加法定理和乘法定理无法计算其概率.于是先将复杂的事件B分解为较简单事件AB与$\overline{A}B$，再将加法定理和乘法定理结合起来，计算出需要求的概率.把这一想法一般化，就得到全概率公式.

定理1.3(全概率公式)　如果事件组$B_1,B_2,\cdots,B_n$满足

(1) $B_1,B_2,\cdots,B_n$互斥，且$P(B_i)>0\ (i=1,2,\cdots,n)$；

(2) $\bigcup\limits_{i=1}^{n}B_i=S$(完备性).

则对任一事件A，皆有

$$P(A)=\sum_{i=1}^{n}P(B_i)P(A\mid B_i)\tag{1.16}$$

证明 因为

$$A = AS = A(B_1 \cup B_2 \cup \cdots \cup B_n) = AB_1 \cup AB_2 \cup \cdots \cup AB_n$$

注意该式右边的 n 个事件是互斥的，于是有

$$P(A) = P(AB_1) + P(AB_2) + \cdots + P(AB_n) = P(B_1)P(A \mid B_1) + P(B_2)P(A \mid B_2) + \cdots + P(B_n)P(A \mid B_n) = \sum_{i=1}^{n} P(B_i)P(A \mid B_i)$$

全概率公式的意义在于：在较复杂的情况下，直接求 $P(A)$ 不容易，适当地选取一组事件 $B_1, B_2, \cdots, B_n$，而将求 $P(A)$ 的问题归纳为求 $P(AB_i)(i=1,2,\cdots,n)$ 的问题. 若能容易求出 $P(A \mid B_i)$ 和 $P(B_i)$，从而得到 $P(AB_i)$，由此便得到 $P(A)$.

由式(1.16)的推导过程及例 1 可看出，运用全概率公式的关键往往是寻找满足定理条件(1)，(2)的事件组 $B_1, B_2, \cdots, B_n$（称为**完备事件组**）.

例 2 某建筑工地有一项工程由 3 个不同工种的班组施工，即瓦工班、木工班和打混凝土班. 各个班组以往按期交工的概率分别为 0.89，0.96，0.97. 按照施工组织计划及采取的措施，如果一个班组按期交工，工程按期完工的概率是 0.3. 两个班组按期交工，工程按期完工的概率是 0.85. 求工程按期完工的概率（假定各个班组的工作是相互独立的）.

解 设 $A = \{$整个工程按期完工$\}$ $B_0 = \{$每个班组都没按期完工$\}$

$B_1 = \{$只有一个班组按期完工$\}$ $B_2 = \{$有两个班组按期完工$\}$

$B_3 = \{$3 个班组按期完工$\}$

则 $S = B_0 \cup B_1 \cup B_2 \cup B_3$，且 B_0, B_1, B_2, B_3 互斥

按各班组工作的独立性，可得

$$P(B_0) = 0.11 \times 0.04 \times 0.03 = 0.000\,132$$

$$P(B_1) = 0.89 \times 0.04 \times 0.03 + 0.11 \times 0.96 \times 0.03 + 0.11 \times 0.04 \times 0.97 = 0.008\,5$$

$$P(B_2) = 0.89 \times 0.96 \times 0.03 + 0.89 \times 0.04 \times 0.97 + 0.11 \times 0.96 \times 0.97 = 0.162\,6$$

$$P(B_3) = 0.89 \times 0.96 \times 0.97 = 0.828\,8$$

又由题设知 $P(A \mid B_0) = 0$， $P(A \mid B_1) = 0.3$

$P(A \mid B_2) = 0.85$， $P(A \mid B_3) = 1$

利用全概率公式求得整个工程按期完工的概率为

$$P(A)=\sum_{i=0}^{3}P(B_i)P(A\mid B_i)=$$
$$0.000\,132\times 0+0.008\,5\times 0.3+0.162\,6\times 0.85+0.828\,8\times 1=$$
$$0.969\,6$$

二、贝叶斯公式

在全概率公式的假定下，又设 $P(A)>0$，则由条件概率的定义，有

$$P(B_i\mid A)=\frac{P(AB_i)}{P(A)}=\frac{P(B_i)P(A\mid B_i)}{\sum_{j=1}^{n}P(B_j)P(A\mid B_j)} \quad (i=1,2,\cdots,n) \tag{1.17}$$

式(1.17)就叫**贝叶斯公式**，是概率论中的一个著名的公式. 从形式推导上看，这个公式平淡无奇，它不过是条件概率定义与全概率公式的简单推论. 其所以著名，在其现实以至哲理意义的解释上：先看 $P(B_1),P(B_2),\cdots,P(B_n)$，它是在没有进一步的信息(不知事件 A 是否发生)的情况下，人们对诸事件 $B_1,B_2,\cdots,B_n$ 发生可能性大小的认识，现在有了新的信息(知道 A 发生了)，人们对 $B_1,B_2,\cdots,B_n$ 发生可能性大小有了新的估计. 这种情况在日常生活中也是屡见不鲜的，原以为不甚了解的一种情况，可因某种事件的发生而变得甚为可能，或者相反. 贝叶斯公式从数量上刻画了这种变化.

若我们把事件 A 看成“结果”，把诸事件 $B_1,B_2,\cdots,B_n$ 看成导致这一结果可能的“原因”，则可形象地把全概率公式看做是“由原因推结果”，而贝叶斯公式则恰好相反，其作用在于“由结果推原因”：现在“结果” A 已发生了，在众多可能的“原因”中，究竟是哪一个导致了这个结果？这是一个在日常生活和科学技术中常要问到的问题. 贝叶斯公式表明，各原因可能性大小与 $P(B_i\mid A)$ 成比例. 例如，某地区发生了一起刑事案件，按平常掌握的资料，嫌疑犯有张三、李四等人，在不知道案情细节(事件 A)之前，人们对上述诸人作案的可能性有个估计(相当于 $P(B_1)$，$P(B_2)$，…)那是基于他们过去的作案记录. 但在知道案情细节以后，这个估计就有了变化. 比方说，原来以为不大可能的张三，现在成了重点嫌疑犯.

例 3　一项血液化验使 95% 患某种疾病的人显阳性，但这种化验用于健康人也会有 10% 的人显阳性，这种疾病的患者仅占人口的 0.1%. 若在这种疾病的普查中，某人化验结果为阳性，问此人确实患有这种疾病的概率是多少？

解　设 $A=\{$此人确实患这种疾病$\}$，　$B=\{$化验结果为阳性$\}$. 则

$$\overline{A}=\{\text{此人未患这种疾病}\}$$

由题意知

$$P(A)=0.001; \qquad P(\overline{A})=0.999$$

$$P(B \mid A)=0.95; \qquad P(B \mid \overline{A})=0.1$$

本题欲求 $P(A \mid B)$，由贝叶斯公式，得

$$P(A \mid B)=\frac{P(A)P(B \mid A)}{P(A)P(B \mid A)+P(\overline{A})P(B \mid \overline{A})}=$$

$$\frac{0.001\times 0.95}{0.001\times 0.95+0.999\times 0.1}=0.0094$$

这个结论是令人吃惊的，因为化验显阳性的人中有该种疾病的还不到 1%. 这是因为患该种疾病的人比例很小，只有 0.1%. 若有 n 个人去验血，确诊者与误诊者的比例为(0.1%×0.95%)n:(99.9%×10%) n，大约等于 1∶105. 因此，对于发病率不高的疾病，不能仅从一项化验呈阳性(即使化验的准确性较高)就认为他患有这种疾病的可能性大. 该例再次表明了贝叶斯公式在实际推断中的作用，同时，也可看到培养人们利用概率思维去正确观察事物的必要性.

例 4 有朋自远方来，他乘火车，乘船，乘汽车，乘飞机的概率分别是 0.3，0.2，0.1，0.4. 而他乘火车、船、汽车、飞机迟到的概率分别是 0.25，0.3，0.1，0. 实际上他迟到了，推测他乘坐何种交通工具来的可能性大.

解 设 $B_1=\{$乘火车$\}$，$B_2=\{$乘船$\}$，$B_3=\{$乘汽车$\}$，$B_4=\{$乘飞机$\}$，$A=\{$他迟到了$\}$.

根据题设，有

$$P(B_1)=0.3, \quad P(B_2)=0.2, \quad P(B_3)=0.1, \quad P(B_4)=0.4$$

$$P(A \mid B_1)=0.25, \quad P(A \mid B_2)=0.3, \quad P(A \mid B_3)=0.1, \quad P(A \mid B_4)=0$$

由贝叶斯公式分别求得

$$P(B_1 \mid A)=\frac{P(B_1)P(A \mid B_1)}{\sum_{j=1}^{4}P(B_j)P(A \mid B_j)}=\frac{0.3\times 0.25}{0.145}\approx 0.517$$

$$P(B_2 \mid A)=\frac{P(B_2)P(A \mid B_2)}{\sum_{j=1}^{4}P(B_j)P(A \mid B_j)}=\frac{0.2\times 0.3}{0.145}\approx 0.414$$

$$P(B_3 \mid A)=\frac{P(B_3)P(A \mid B_3)}{\sum_{j=1}^{4}P(B_j)P(A \mid B_j)}=\frac{0.1\times 0.1}{0.145}\approx 0.069$$

$$P(B_4 \mid A)=\frac{P(B_4)P(A \mid B_4)}{\sum_{j=1}^{4}P(B_j)P(A \mid B_j)}=\frac{0.4\times 0}{0.145}=0$$

比较以上 4 个概率，可以推测他乘火车、船的可能性大，而乘坐汽车的可能性

很小,几乎不可能是乘飞机来的.

附录 排列与组合

一、基本计数原理

设有 k 件事情 $A_1, A_2, \cdots, A_k$ 有待完成,而完成 A_1 有 n_1 种不同的方法,完成 A_2 有 n_2 种不同的方法,……,完成 A_k 有 n_k 种不同的方法,那么依次完成这 k 件事情就有 $(n_1 \times n_2 \times \cdots \times n_k)$ 种不同的方法.

二、排列

1.选排列与全排列

从 n 个不同元素 $a_1, a_2, \cdots, a_n$ 中任取 $k(k \leqslant n)$ 个元素,按照一定的顺序排成一列,称为从 n 个不同的元素中取 k 个的**排列**.若 $k < n$,称为**选排列**.若 $k = n$,称为**全排列**.

选排列总数记为 $A_n^k = n(n-1)\cdots(n-k+1)$.

全排列总数记为 $A_n^n = n!$.

2.有重复的排列

从 n 个不同元素 $a_1, a_2, \cdots, a_n$ 中任取 $k(k \leqslant n)$ 个排成一列,每个元素可以重复出现,这种排列称为**有重复的排列**,具排列总数为

$$\underbrace{n \times n \times n \times \cdots \times n}_{k} = n^k (\text{个})$$

三、组合

从 n 个不同元素 $a_1, a_2, \cdots, a_n$ 中任取 k 个为一组(两组元素有不同时才看成不同的组,即不考虑顺序),所能得出的全部不同的组数,称为从 n 个元素中取 k 个的组合,记作 C_n^k.

四、常用的公式

(1) $C_n^k = \dfrac{A_n^k}{A_k^k} = \dfrac{n!}{k!\,(n-k)!}$.　　(2) $C_n^k = C_n^{n-k}$.

(3) $C_{n+1}^k = C_n^k + C_n^{k-1}$.

规定 $0! = 1$,当 $k > n$ 时,$C_n^k = 0$.

习　题　1

1. 写出下列随机试验的样本空间.

(1)同时掷 3 颗骰子，记录 3 颗骰子的点数之和.

(2) 10 只产品中有 3 只次品，每次从中取一只(不放回抽样)直到将 3 只次品都取出，记录抽取的次数.

(3)甲、乙二人下棋一局，观察棋赛结果.

(4)将一尺之棰折成 3 段，观察各段的长度.

2. 一批产品中有正品也有次品，从中随机地抽取 3 件，设 A_i ="抽出的第 i 件是正品"($i=1,2,3$). 试用 A_1,A_2,A_3 表示下列各事件：

(1)第一、二件是正品而第 3 件是次品；　　(2)至少有一件是正品；

(3)至少有两件是正品；　　(4)恰好有一件是正品；

(5)恰好有两件是正品；　　(6)没有一件正品.

3. 箱子里装有 50 只铁钉，已知有 40 只是合格品，其余 10 只是次品，从箱中任取 10 只铁钉. 试求：(1)没有一只是次品的概率；(2)恰有两只是次品的概率.

4. 用汽车运载甲、乙两厂生产的同类产品 50 件，其中甲厂的产品有 30 件，途中损坏 2 件. 求被损坏的 2 件恰好是甲、乙两厂各 1 件的概率.

5. 长为 L 的电话线 OB ，在某一点 C 被切断，求"点 C 与点 O 的距离不小于 l "的概率.

6. 把长度为 a 的线段在任意两点折断成 3 条线段，求它们可构成一个三角形的概率.

7. 甲、乙两艘船驶向一个不能同时停泊两艘轮船的码头停泊，它们在一昼夜内到达的时刻是等可能的. 如果甲船的停泊时间是一小时，乙船的停泊时间是两小时，求它们中任何一艘都不需要等候码头空出的概率.

8. 某射手射击一次，击中 10 环的概率为 0.28，击中 9 环的概率为 0.24，击中 8 环的概率为 0.19. (1)求这射手一次射击至少击中 9 环的概率；(2)求这射手一次射击至少击中 8 环的概率.

9. 某织布机厂的织布机由于下列原因而停机的概率为：由于拉断经线而停机的概率为 0.22；由于拉断纬线而停机的概率为 0.31；由于换班而停机的概率为 0.27；由于投梭棒而停机的概率为 0.03. 求由于其他原因而停机的概率.

10. 甲、乙两人同时独立地做同一性质的工作，他们完成任务的概率分别是 0.8，0.5. 求至少有一人完成任务的概率.

11. 一个工人看管 3 台车床，在一小时内车床不需要工人照管的概率为：第一台为0.9,第二台为0.8,第三台为0.7.求在一小时内:(1)3台车床中没有一台车床需要照看的概率;(2)3台车床中至少有一台车床不需要照看的概率;(3)3台车床中最多有一台需要工人照管的概率.

12.证明:若3个事件A,B,C相互独立,则$A\cup B,AB$及$A-B$都与C相互独立.

13.电灯泡耐用时间在1 000h以上的概率为0.2.求3只灯泡在使用了1 000 h以后最多只有一只坏的概率.

14.设某人每次射击的命中率为0.2.问他至少要进行多少次独立射击,才能使至少击中一次的概率不小于0.9?

15.设$0<P(A)<1,0<P(B)<1,P(A\mid B)+P(\overline{A}\mid\overline{B})=1$.问$A$与$B$是否独立?

16.在一定条件下,一个元件能正常工作的概率称为该元件的可靠度;由元件组成的系统正常工作的概率称为系统的可靠度.设构成系统的每个元件的可靠度为$p(0<p<1)$,且各元件能否正常工作是相互独立的.试求:(1)由n个元件组成的串联系统(如图1.7(a)所示)的可靠度;(2)由n个元件组成的并联系统(如图1.7(b)所示)的可靠度.

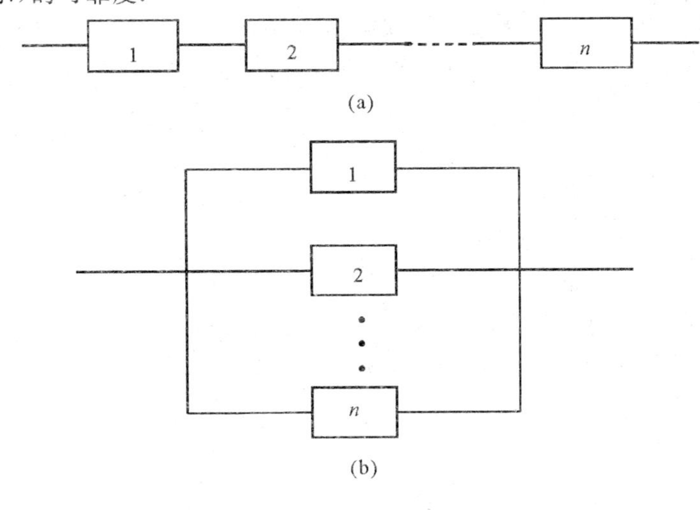

图　1.7

17.如果一危险情况C发生时,一电路闭合并发出警报.我们可以借用两个或多个开关并联以改善可靠性.在C发生时这些开关每一个都应闭合,且若至少一个开关闭合了,警报就发出.如果两个这样的开关并联联接,它们每个具有0.96的可靠性(即在情况C发生时闭合的概率).设各开关闭合与否都是相互独立的.

试求：

(1)系统的可靠性(即电路闭合的概率)是多少?

(2)如果需要有一个可靠性至少为0.999 9的系统,则至少需要用多少只开关并联?

18.设市场上的某种商品由甲、乙、丙3个工厂生产,其供应量和质量情况如下:甲厂供40%,其中一级品占80%,二级品占20%;乙厂供30%,其中一级品占70%,二级品占30%;丙厂供30%,其中一级品占60%,二级品占40%.现从市场上随意买一件该种商品,求买得一级品的概率.

19.制造某产品需经两道工序.设经第一道工序加工后制成的半成品的质量有上,中,下三种可能,它们的概率分别为0.7,0.2,0.1;这3种质量的半成品经第二道工序加工而制成合格品的概率分别为0.8,0.7,0.1.求经过两道工序的加工而得到合格品的概率.

20.两台车床加工同样的零件,第一台车床的废品率为0.03,第二台的废品率为0.02.现把加工出来的零件放在一起,且已知第一台加工的零件比第二台加工的零件多一倍.求:

(1)从产品中任取一件是合格品的概率;

(2)如果任意取出的零件是废品,求它是由第二台车床所加工的概率.

21.发报机分别以0.7和0.3的概率发出信号"·"和"—".由于受到干扰,当发出"·"时,收报机收到"·"的概率是0.9,误收为"—"的概率是0.1;又当发出"—"时,收报机收到"—"的概率是0.95,误收为"·"的概率是0.05.求:(1)收报机收到信号"·"的概率;(2)收报机收到信号"—"的概率;(3)收报机收到信号"·"时,发报机确系发出信号"·"的概率.

22.根据以往的临床记录,某种诊断癌症的试验具有如下的效果:若以A表示试验反应为阳性的事件,以C表示被诊断者患有癌症的事件,则$P(A \mid C)=0.95$,$P(\overline{A} \mid \overline{C})=0.95$.现在对一大批人进行癌症普查,设被试验的人中患有癌症的比率为0.005,即$P(C)=0.005$,求$P(C \mid A)$.

第2章 随机变量

在第1章中,我们只是孤立地研究随机试验的一个或几个事件及其概率.为了全面地描述随机现象,我们将引进概率论中另一个重要概念——随机变量.本章将介绍随机变量的一些基本知识.

2.1 一维随机变量及其分布

一、随机变量的概念

从第一章看到,在很大一部分问题中,随机试验(或随机现象)的结果与数值有着密切的联系.例如,在产品验收问题中,我们所关心的是抽样中出现的废品数;在电话问题中关心的是某段时间内的服务量,它与呼叫的次数及各次呼叫占用交换设备的时间长短有关;在计算机管理中,常关心在一定时间周期内所发生的故障次数、故障的时间间隔、排除故障所花费的时间以及每次访问终端、维修所需的时间等.此外如计算误差、测量误差,某地雨季的总降雨量,某种时令商品的销售量,某商场的日营业额等也都与数值直接有关.

有些现象,如掷硬币的问题,某产品合格与不合格等问题,初看起来似乎与数值无关,然而,我们可人为地给它们建立一个对应关系.例如,掷硬币的问题中,每次可能出现的结果为:正面或反面,与数值无直接关系,但若出现正面时记为“1”,而出现反面时记为“0”,这样也就与数值建立起了联系.此时若要计算 n 次投掷中出现正面的次数,就只要计算其中“1”的个数.

从以上例子可看出,无论随机试验的结果本身与数量有无联系,我们都能把随机试验的每一结果与实数对应起来,即将随机试验结果数量化.由于这样的数量依赖试验的结果,而对随机试验来说,在每次试验之前无法断言会出现何种结果,因而也就无法确定它会取得什么值,即它的取值具有随机性.我们称这样的变量为随机变量.事实上,随机变量就是**随试验结果不同而变化的量**,即随机变量是试验结果的函数.

一般地,有以下定义:

定义 2.1 设 E 是随机试验，它的样本空间 $S=\{e\}$，如果对于每一个 $e\in S$，有一个实数 $X(e)$ 与之对应，这样就得到定义在 S 上的单值实函数 $X=X(e)$，称为**随机变量**. 常用大写字母 $X,Y,Z,\cdots$ 等来表示.

在实际问题中广泛存在着随机变量，如以上各例，甚至在工业生产中任一产品的质量指标（如强度，光洁度，黏合力……）也可看做是随机变量，读者应学会把随机变量的概念与实际问题联系起来.

引入随机变量，随机事件就可用随机变量来表示. 例如，抛硬币试验中，事件“出现正面”可用 $\{X=1\}$ 来表示. 这样就可以把对事件的研究转化为对随机变量的研究. 由于随机变量取实数值，从而我们可以利用微积分的方法来研究随机试验.

按照随机变量所可能取值的特点，可以把它们分为两类：**离散型随机变量**和**非离散型随机变量**. 若随机变量 X 的所有可能取值能被一一列举出来也就是所取的值是有限个或可列无穷多个，这类随机变量称为**离散型随机变量**. 例如，一批产品中的次品数，电话总机单位时间内接到呼唤次数等. 若 X 所可能取的值不能被一一列举出来，这类随机变量称为**非离散型随机变量**. 非离散型随机变量的应用范围也很广，而其中最重要也最常见的是所谓**连续型随机变量**，它所取的值充满于某区间内. 例如，测量误差，候车时间，降雨量，等等.

由于随机变量是试验结果的函数，而试验的各个结果在一次试验中发生有一定的概率，因而随机变量取各个值也有一定的概率. 故对一个随机变量不仅要了解它取哪些值，而且要了解取各个值的概率. 通常把随机变量 X 取值的规律称为随机变量 X 的分布.

二、离散型随机变量

设离散型随机变量 X 所可能取的值为 $x_1,x_2,\cdots,x_k,\cdots$，$X$ 取各个可能值的概率，即事件 $\{X=x_k\}$ 发生的概率为

$$p_k=P\{X=x_k\},\quad k=1,2,\cdots \tag{2.1}$$

则称式(2.1)为 X 的**概率分布律**，简称**分布律**.

X 的分布律还可写成表 2.1 的形式：

表 2.1

X	x_1	x_2	$\cdots$	x_k	$\cdots$
p_k	p_1	p_2	$\cdots$	p_k	$\cdots$

(2.2)

其中 p_k 满足：(1) $p_k\geqslant 0,k=1,2,3,\cdots$，(2) $\sum\limits_{k=1}^{\infty}p_k=1$.

例1　在句子"IT IS TOO GOOD TO BE TRUE"中随机取一个单词，以 X 表示取出的单词中包含的字母数，求 X 的分布律.

解　试验的样本空间 S 以及 X 的取值情况见表2.2：

表　2.2

样本点	IT	IS	TOO	GOOD	TO	BE	TRUE
X	2	2	3	4	2	2	4

X 所有可能的取值为2,3,4.取这些值的概率分别为

$$P\{X=2\}=\frac{4}{7},\quad P\{X=3\}=\frac{1}{7},\quad P\{X=4\}=\frac{2}{7}$$

即 X 的分布律见表2.3

表　2.3

X	2	3	4
p_k	$\frac{4}{7}$	$\frac{1}{7}$	$\frac{2}{7}$

现在介绍几个常见的离散型随机变量的例子.

1.二项分布

若试验 E 只有两个可能结果：$A,\overline{A}$，且 $P(A)=p,P(\overline{A})=1-p\ (0<p<1)$.现把 E 独立地重复进行 n 次(称这一串独立重复试验为一个 n **重 Bernoulli 试验**).设 X 表示在这 n 次试验中事件 A 发生的次数，则 X 的所有可能值为 $0,1,2,\cdots,n$.现在求 $P\{X=k\},k=0,1,\cdots,n$.

因为试验 E 中的"重复"是指每一次试验中 $P(A)=p$ 保持不变，"独立"是指每次试验 A 发生与否与其他各次试验的结果无关，所以事件 A 在指定的 k 次试验中发生而在其他 $n-k$ 次试验中不发生的概率为 $p^k(1-p)^{n-k}$.又由于这种指定的方式有 C_n^k 种，且它们是两两互斥的，故在 n 次试验中 A 恰发生 k 次的概率为

$$P\{X=k\}=C_n^k p^k(1-p)^{n-k},\ k=0,1,\cdots,n$$

由于 $C_n^k p^k(1-p)^{n-k}>0,\quad \sum_{k=0}^{n} C_n^k p^k(1-p)^{n-k}=[p+(1-p)]^n=1$.从而有以下定义：

设随机变量 X 具有分布律

$$P\{X=k\}=C_n^k p^k(1-p)^{n-k},\ k=0,1,2,\cdots,n \tag{2.3}$$

其中 $0<p<1$ 为常数，则称 X 服从以 n,p 为参数的**二项分布**，记为 $X\sim B(n,p)$.

二项分布是专门用来描述只有“成功”和“失败”两种结果的数学模型，具有广泛的应用. 例如，n 次有放回的抽样检验中，抽得某类产品的次数；n 次独立射击中，击中目标的次数，等等，都是服从二项分布的.

特别地，当 $n=1$ 时，式(2.3)成为

$$P\{X=k\}=p^k(1-p)^{1-k},\ k=0,1 \qquad 其中\ 0<p<1 \tag{2.4}$$

或写成表 2.4 的形式

表 2.4

X	0	1
$P\{X=k\}$	$1-p$	p

$(0<p<1)$

此时称 X 服从以 p 为参数的**(0—1)分布或两点分布**.

两点分布虽然很简单，但很有用. 例如 可作为描述射手射击“中靶”(此时令随机变量 X 的值取“1”)与“不中靶”(令 X 取值“0”)的概率分布情况的数学模型，也可看做掷硬币时出现“正面”与“反面”的数学模型，还可作为从一批产品中任取一件得到的是“正品”或“次品”的模型. 总之，在一次试验中只有两个可能结果的随机现象，都可以用服从两点分布的随机变量来描述.

例 2 某车间有 10 台机床，每台机床因各种原因时常需要停车，设各台机床的停车或开车是相互独立的. 若每台机床在任一时刻处于停车状态的概率为 $\frac{1}{3}$. 求在任一时刻车间里有 3 台机床处于停车状态的概率.

解 令 $A=\{$任一时刻机床处于停车状态$\}$，以 X 表示任一时刻 10 台机床中处于停车状态的机床台数.

若把任一时刻对一台机床的观察当做一次试验，则试验结果只有 A 发生与 A 不发生两种可能. 已知 $p=P(A)=\frac{1}{3}$，而且机床的停车与否是相互独立的. 故对 10 台机床的观察相当于进行 10 次独立重复试验. 于是 $X\sim B(10,\frac{1}{3})$，有

$$P\{X=3\}=C_{10}^3(\frac{1}{3})^3(1-\frac{1}{3})^7\approx 0.260$$

2. 泊松分布

设随机变量 X 的分布律为

$$P\{X=k\}=\frac{\lambda^k}{k!}e^{-\lambda},\ k=0,1,2,\cdots \tag{2.5}$$

其中 $\lambda>0$. 则称 X 服从**泊松分布**，记为 $X\sim P(\lambda)$.

例 3 某种商品由过去的销售记录表明，该商品每月的销售件数可以用参数

$\lambda=5$ 的泊松分布来描述. 为了以 0.999 以上的把握保证不脱销,问该商店在月底至少应进多少件这种商品(假定上月无存货)?

解 设该商店每月销售这种商品 X 件,月底应进货 N 件,则当 $X\leqslant N$ 时,才不会脱销. 因为 $X\sim P(5)$,故

$$P\{X\leqslant N\}=1-P\{X>N\}=1-\sum_{k=N+1}^{+\infty}\frac{5^k}{k!}e^{-5}$$

依题意,要使 $P\{X\leqslant N\}>0.999$,即

$$\sum_{k=N+1}^{+\infty}\frac{5^k}{k!}e^{-5}<0.001$$

查泊松分布表,得满足上述不等式的最小值 $N+1=14$,即 $N=13$.

因而,这家商店只要在月底进 13 件这种商品,就可以有 99.9%以上的把握,保证这种商品在下个月不会脱销.

泊松分布也是概率论中的一种重要的分布,一方面是因为具有泊松分布的随机变量在实际应用中是很多的,例如电话交换台在一天内收到的电话呼唤次数;纺纱车间大量纱锭在一个时间间隔内断头的个数;在一个时间间隔里放射性物质发出的经过计数器的粒子数;落在显微镜片上某区域中的血球或微生物的数目等都是服从泊松分布的. 另一方面,它又是以 n,p 为参数的二项分布,当 $n\to\infty$(或 $np\to\lambda$) 时的极限分布,关于这方面有下面的定理 .

泊松定理: 设随机变量 $X_n(n=1,2,\cdots)$ 服从二项分布,其分布律为

$$P\{X_n=k\}=C_n^k p_n^k(1-p_n)^{n-k},\quad k=0,1,2,\cdots,n$$

(这里概率 p_n 是与 n 有关的数),又设 $np_n=\lambda>0,n=1,2,\cdots$, 是常数,则有

$$\lim_{n\to\infty}P\{X_n=k\}=\frac{\lambda^k}{k!}e^{-\lambda}\tag{2.6}$$

证明: 由 $p_n=\dfrac{\lambda}{n}$,有

$$P\{X_n=k\}=\frac{n(n-1)\cdots(n-k+1)}{k!}\left(\frac{\lambda}{n}\right)^k\left(1-\frac{\lambda}{n}\right)^{n-k}=$$

$$\frac{\lambda^k}{k!}\left[1\cdot\left(1-\frac{1}{n}\right)\left(1-\frac{2}{n}\right)\cdots\left(1-\frac{k-1}{n}\right)\right]\left(1-\frac{\lambda}{n}\right)^n\left(1-\frac{\lambda}{n}\right)^{-k}$$

对于固定的 k ,当 $n\to\infty$ 时

$$\left[1\cdot\left(1-\frac{1}{n}\right)\left(1-\frac{2}{n}\right)\cdots\left(1-\frac{k-1}{n}\right)\right]\to 1$$

$$\left(1-\frac{\lambda}{n}\right)^n\to e^{-\lambda},\quad\left(1-\frac{\lambda}{n}\right)^{-k}\to 1$$

故有

$$\lim_{n\to\infty}P\{X_n=k\}=\frac{\lambda^k}{k!}e^{-\lambda}$$

显然,定理的条件 $np_n=\lambda$(λ 为常数)意味着当 n 很大时,p_n 必然很小.据此,上述定理表明当 n 很大,p 很小时(一般 $n \geqslant 10, p \leqslant 0.1$)有以下近似公式:

$$C_n^k p^k (1-p)^{n-k} \approx \frac{\lambda^k}{k!} e^{-\lambda}, \quad 其中 \lambda = np$$

而 $\frac{\lambda^k}{k!} e^{-\lambda}$ 的值可查泊松分布表.

例 4 对上海某公共汽车站的客流量进行调查,统计了某天上午 10:30 至 11:47左右每隔 20s 来到的乘客批数(每批可能有数人同时来到),共得 230 个记录.我们分别计算了来到 0 批,1 批,2 批,3 批,4 批及 4 批以上乘客的时间区间的频数,结果见表 2.5,其相应的频率与 $\lambda=0.87$ 的泊松分布符合得很好.

表 2.5

来到的乘客批数 k	0	1	2	3	$\geqslant 4$	总数
频数	100	81	34	9	6	230
频率	0.43	0.35	0.15	0.04	0.03	
$P\{X=k\}=\frac{\lambda^k}{k!}e^{-\lambda}$ $\lambda=0.87$	0.42	0.36	0.16	0.05	0.01	

例 5 某人进行射击,每次射击的命中率为 0.02,独立射击 400 次,试求至少命中两次的概率.

解 将每次射击看成是一次试验,设命中的次数为 X,则 $X \sim B(400, 0.02)$,其分布律为

$$P\{X=k\} = C_{400}^k (0.02)^k (1-0.02)^{400-k}, k=0,1,2,\cdots,400$$

于是所求的概率为

$$P\{X \geqslant 2\} = 1 - [P\{X=0\} + P\{X=1\}] =$$
$$1 - [(0.98)^{400} + 400 \times 0.02 \times (0.98)^{399}]$$

显然,直接计算上式是很麻烦的,我们利用泊松分布来近似地计算所求的概率.因为 $n=400$ 很大,$p=0.02$ 很小,而 $np=\lambda=400\times0.02=8$,因此,$X$ 近似地服从参数 $\lambda=8$ 的泊松分布.于是由

$$P\{X=k\} \approx \frac{\lambda^k}{k!} e^{-\lambda}, \quad \lambda = np = 8$$

得
$$P\{X=0\} \approx e^{-8}, \quad P\{X=1\} \approx 8e^{-8}$$

因此
$$P\{X \geqslant 2\} \approx 1 - e^{-8} - 8e^{-8} = 1 - 9e^{-8} = 1 - 0.003 = 0.997$$

三、连续型随机变量

前面提到连续型随机变量所可能取的值充满某个区间,因而不能一一列举出来,因此需要知道 X 取值于任一区间上的概率 $P\{a<X\leqslant b\}$(a,b 为任意实数),才能掌握它取值的概率分布情况.

定义 2.2 对于随机变量 X,若存在非负可积函数 $f(x)$ $(-\infty<x<+\infty)$,使对于任意 $a,b(a<b)$,有

$$P\{a<X\leqslant b\}=\int_a^b f(x)\mathrm{d}x \tag{2.7}$$

则称 X 为**连续型随机变量**,$f(x)$ 称为 X 的**概率密度函数**,简称**概率密度**.

由定义可知,**概率密度有下列性质**:

(1) $f(x)\geqslant 0$, $-\infty<x<+\infty$;

(2) $\int_{-\infty}^{+\infty} f(x)\mathrm{d}x=P\{-\infty<X<+\infty\}=1$.

概率密度的图形通常称为**分布曲线**,性质(1)表示分布曲线位于 x 轴的上方,性质(2)表示介于分布曲线与 x 轴之间的平面图形的面积等于1.

若 x 是 $f(x)$ 的连续点,对 $\Delta x>0$,则有

$$\lim_{\Delta x\to 0}\frac{P\{x<X\leqslant x+\Delta x\}}{\Delta x}=\lim_{\Delta x\to 0}\frac{\int_x^{x+\Delta x} f(x)\mathrm{d}x}{\Delta x}=f(x)$$

故 X 的概率密度 $f(x)$ 在 x 这一点的值,恰好是 X 落在区间 $(x,x+\Delta x]$ 上的概率与区间长度 Δx 之比的极限.若把概率理解为质量,则 $f(x)$ 正好是物体(直线)的质量密度,这正是称它为密度的缘由.

在式(2.7)中,令 $a=b$,得

$$P\{X=a\}=0$$

这表示连续型随机变量 X 取任一个别值 a 的概率均为0.因此,若 X 为连续型随机变量,则有

$$P\{a\leqslant X\leqslant b\}=P\{a<X<b\}=P\{a<X\leqslant b\}=$$

$$P\{a\leqslant X<b\}=\int_a^b f(x)\mathrm{d}x$$

此外,上述结果表明,一个事件的概率等于零,这个事件并不一定是不可能事件,同样地,一个事件的概率等于1,这个事件也不一定是必然事件.

几种常见的连续型随机变量:

1.均匀分布

如果随机变量 X 的概率密度为

$$f(x)=\begin{cases}\dfrac{1}{b-a}, & a\leqslant x\leqslant b\\ 0, & 其他\end{cases}$$

则称 X 服从 $[a,b]$ 上的**均匀分布**,记为 $X\sim U[a,b]$.

均匀分布于 $[a,b]$ 上的 X 的概率密度的图形如图 2.1 所示.

如果 X 在 $[a,b]$ 上服从均匀分布,则对于任意满足 $a\leqslant c<d\leqslant b$ 的 c,d,有

$$P\{c<X\leqslant d\}=\int_c^d f(x)\mathrm{d}x=\frac{d-c}{b-a}$$

上式表明,X 取值于 $[a,b]$ 中任一小区间的概率与该小区间的长度成正比,而与该小区间的具体位置无关,这就是均匀分布的概率意义。粗略地讲,就是 X 在 $[a,b]$ 中任取一单位长度的小区间的可能性相同.

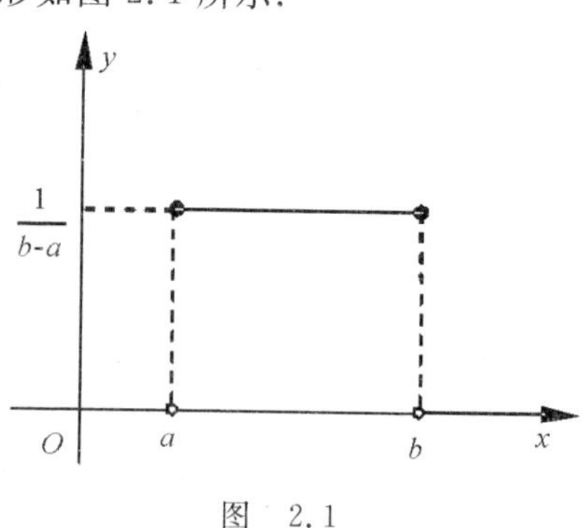

图 2.1

例 6 某公共汽车站从上午 7:00 起每 15min 来一班车.若乘客在 7:00 到 7:30间任一时刻到达此站是等可能的.试求他候车时间不到 5 分钟的概率.

解 设乘客 7:00 过 Xmin 到达此站,则

$$X\sim U[0,30]$$

当且仅当他在时间间隔 (7:10,7:15) 或 (7:25,7:30) 到达车站时,候车时间不到 5min.其概率为

$$P\{(10<X<15)\cup(25<X<30)\}=P\{10<X<15\}+P\{25<X<30\}=\int_{10}^{15}\frac{1}{30}\mathrm{d}x+\int_{25}^{30}\frac{1}{30}\mathrm{d}x=\frac{1}{3}$$

2. 正态分布

(1)正态分布

如果随机变量 X 的概率密度为

$$f(x)=\frac{1}{\sqrt{2\pi}\sigma}\mathrm{e}^{-\frac{(x-\mu)^2}{2\sigma^2}},\quad -\infty<x<+\infty,其中\ \mu,\sigma\ 为常数,\sigma>0$$

则称 X 服从**正态分布**,记为 $X\sim N(\mu,\sigma^2)$.

正态分布又称**高斯(Gauss)分布**,它是应用极为广泛的一种连续型分布.

$f(x)$ 在直角坐标系内的图形如图 2.2 所示,通过对 $f(x)$ 分析不难看出:$f(x)$ 在 $x=\mu$ 处达

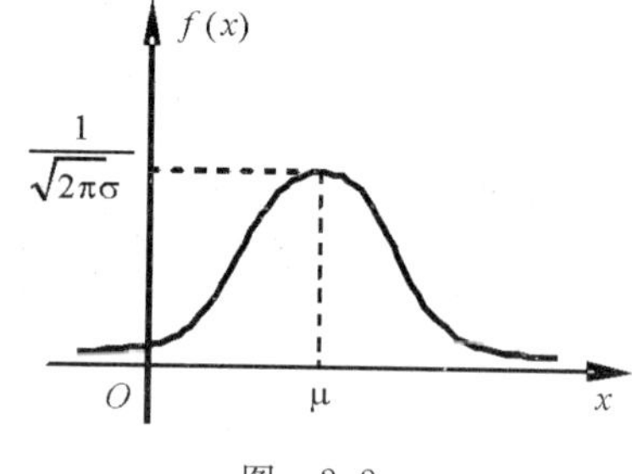

图 2.2

到最大值 $\dfrac{1}{\sqrt{2\pi}\,\sigma}$,其图形对称于直线 $x=\mu$,且以 x 轴为渐近线,当 σ 不同时, $f(x)$ 的形状不同, σ 越小时图形变得越陡峭,分布越集中在 $x=\mu$ 附近;当 σ 越大,分布就越平坦,取值分散程度就越大.

正态分布概率密度曲线的这种"中间高,两头低"的特点反映了在正常状态下一般事物所遵循的客观规律.例如一大群人的身高,特别高大和特别矮小者占少数,而处于中间状态者居多.各种职业的人的合法收入;某一课程的考试成绩;测量的误差,等等,都程度不同地符合正态分布.正态分布在概率统计的理论与应用中具有特别重要的地位.

(2)标准正态分布

当 $\mu=0,\sigma^2=1$ 时,得到的正态分布 $N(0,1)$ 称为**标准正态分布**,其概率密度为

$$\varphi(x)=\frac{1}{\sqrt{2\pi}}\mathrm{e}^{-\frac{x^2}{2}},\quad -\infty<x<+\infty$$

通常记为 $X\sim N(0,1)$.

对标准正态分布,通常用 $\varphi(x)$ 表示概率密度,用 $\Phi(x)$ 表示 X 落在区间 $(-\infty,x)$ 内的概率(也称为 X 的分布函数,见后面的讨论),即

$$\Phi(x)=\int_{-\infty}^{x}\frac{1}{\sqrt{2\pi}}\mathrm{e}^{-\frac{x^2}{2}}\mathrm{d}x,\quad -\infty<x<+\infty$$

其图形如图 2.3 所示.

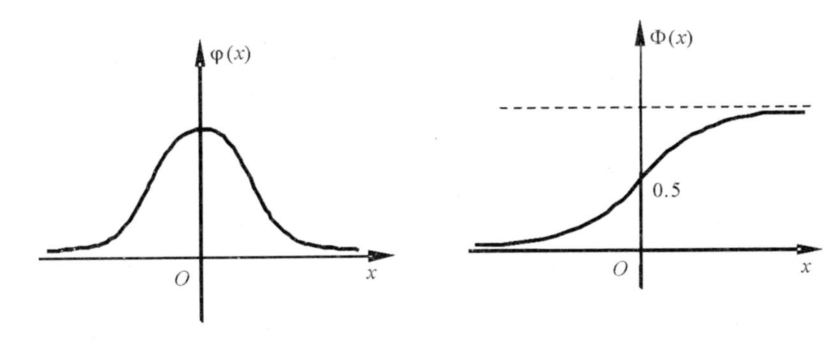

图　2.3

$\Phi(x)$ 的函数值可由附表查出.对于非负的 x 值, $\Phi(x)$ 的值在附表中给出,对于负的 x 值,可由

$$\Phi(-x)=1-\Phi(x)$$

得到(证明留给读者).

例 7　设 $X\sim N(0,1)$,求以下概率:

(1) $P\{X < 1.5\}$；　　(2) $P\{X > 2\}$；

(3) $P\{-1 < X \leqslant 3\}$；　　(4) $P\{|X| \leqslant 2\}$.

解 (1) $P\{X < 1.5\} = \int_{-\infty}^{1.5} \varphi(x)\mathrm{d}x = \Phi(1.5) = 0.9332$.

(2) $P\{X > 2\} = 1 - P\{X \leqslant 2\} = 1 - \Phi(2) = 1 - 0.9773 = 0.0227$.

(3) $P\{-1 < x \leqslant 3\} = P\{X \leqslant 3\} - P\{X \leqslant -1\} = \Phi(3) - \Phi(-1) = \Phi(3) - [1 - \Phi(1)] = 0.9987 - (1 - 0.8413) = 0.8354$

(4) $P\{|X| \leqslant 2\} = P\{-2 \leqslant X \leqslant 2\} = \Phi(2) - \Phi(-2) = \Phi(2) - [1 - \Phi(2)] = 2\Phi(2) - 1 = 0.9545$.

(3)正态分布转化为标准正态分布。标准正态分布的重要性在于，任何一般的正态分布都可以通过线性变换转化为标准正态分布，这是因为有下述定理：

定理 2.1 设 $X \sim N(\mu,\sigma^2)$，则 $Z = \dfrac{X-\mu}{\sigma} \sim N(0,1)$.

证明 因为

$$P\{Z \leqslant x\} = P\{\frac{X-\mu}{\sigma} \leqslant x\} = P\{X \leqslant \mu + \sigma x\} = \frac{1}{\sqrt{2\pi}\sigma}\int_{-\infty}^{\mu+\sigma x} \mathrm{e}^{-\frac{(t-\mu)^2}{2\sigma^2}} \mathrm{d}t$$

令 $s = \dfrac{t-\mu}{\sigma}$，则

$$P\{Z \leqslant x\} = \frac{1}{\sqrt{2\pi}}\int_{-\infty}^{x} \mathrm{e}^{-\frac{s^2}{2}} \mathrm{d}s = \Phi(x)$$

由此可见

$$Z \sim N(0,1)$$

例 8 设 $X \sim N(5,3^2)$，求以下概率

(1) $P\{X \leqslant 10\}$；　　(2) $P\{2 < X < 10\}$.

解 根据定理 1.1，由 $X \sim N(5,3^2)$，即知 $\dfrac{X-5}{3} \sim N(0,1)$.

(1) $P\{X \leqslant 10\} = P\{\dfrac{X-5}{3} \leqslant \dfrac{10-5}{3}\} = P\{\dfrac{X-5}{3} \leqslant 1.67\} = \Phi(1.67) = 0.9525$.

(2) $P\{2 < X < 10\} = P\{\dfrac{2-5}{3} < \dfrac{X-5}{3} < \dfrac{10-5}{3}\} = P\{-1 < \dfrac{X-5}{3} < 1.67\} = \Phi(1.67) - \Phi(-1) = 0.9525 - [1 - \Phi(1)] = 0.7938$.

例 9 设 $X \sim N(\mu,\sigma^2)$，求 $P\{\mu - k\sigma < X < \mu + k\sigma\}, k = 1,2,3$.

解 由定理2.1，$X \sim N(\mu,\sigma^2)$，则$\dfrac{X-\mu}{\sigma} \sim N(0,1)$.

当$k=1$时，有

$$P\{\mu-\sigma < X < \mu+\sigma\} = P\{-1 < \frac{X-\mu}{\sigma} < 1\} =$$

$$\Phi(1)-\Phi(-1)=2\Phi(1)-1=0.6826$$

当$k=2$时，有

$$P\{\mu-2\sigma < X < \mu+2\sigma\} = P\{-2 < \frac{X-\mu}{\sigma} < 2\} =$$

$$\Phi(2)-\Phi(-2)=2\Phi(2)-1=0.9544$$

当$k=3$时，有

$$P\{\mu-3\sigma < X < \mu+3\sigma\} = P\{-3 < \frac{X-\mu}{\sigma} < 3\} =$$

$$\Phi(3)-\Phi(-3)=2\Phi(3)-1=0.9973$$

由此得出，服从正态分布$N(\mu,\sigma^2)$的随机变量X落在区间$(\mu-3\sigma,\mu+3\sigma)$内的概率是很大的，这在统计学上称为“**$3\sigma$准则**”. 下面举一例说明它的应用：已知测量值$X \sim N(0.2,0.05^2)$，由$3\sigma$准则知道，测量值应在$0.2-0.05\times 3$与$0.2+0.05\times 3$之间，即0.05与0.35之间. 今发现十次测量中有一个数据是0.367，问是否认为异常而予以剔除？由于$0.367>0.35$，故应剔除这个数据.

例10 公共汽车门的高度是按男子与车门顶碰头的机会在0.01以下来设计的. 设男子身高X（单位：cm）服从正态分布$N(170,6^2)$. 试确定车门的高度.

解 设车门的高度为h（cm）. 依题意有

$$P\{X>h\}=1-P\{X\leqslant h\}<0.01，即 P\{X\leqslant h\}>0.99$$

因为$X \sim N(170,6^2)$，所以$\dfrac{X-170}{6} \sim N(0,1)$.

从而
$$P\{X\leqslant h\}=P\{\frac{X-170}{6}\leqslant\frac{h-170}{6}\}=\Phi(\frac{h-170}{6})$$

查标准正态分布表，得$\Phi(2.33)=0.9901>0.99$. 所以取$\dfrac{X-170}{6}=2.33$，即

$$h\approx 184(\text{cm})$$

故车门的设计高度至少应为184cm，方可使男子与车门顶碰头的机会在0.01以下.

(4)标准正态分布的上α分位点。设$X \sim N(0,1)$，若u_α满足条件

$$P\{X>u_\alpha\}=\alpha, \quad (0<\alpha<1)$$

则称点u_α为**标准正态分布的上α分位点**(见图2.4).

由标准状态分布的对称性，有$u_{1-\alpha}=-u_\alpha$

例如，由查表可知 $u_{0.05}=1.645$，$u_{0.005}=2.57$，$u_{0.001}=3.10$，$u_{0.95}=-u_{0.05}=-1.645$.

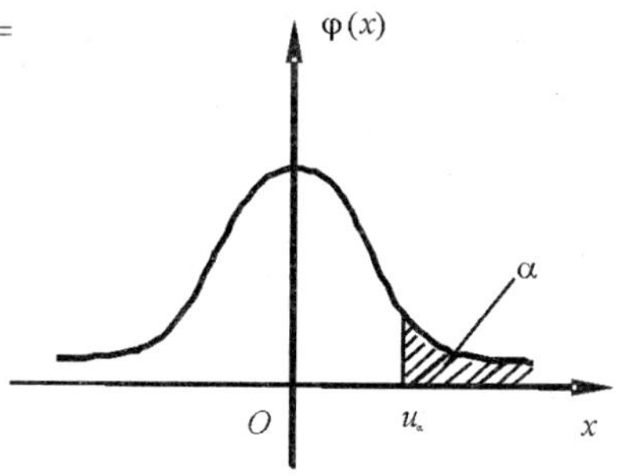

图 2.4

3. Γ—分布

如果随机变量 X 的概率密度为

$$f(x)=\begin{cases}\dfrac{\beta^{\alpha}}{\Gamma(\alpha)}x^{\alpha-1}e^{-\beta x}, & x>0;\\ 0, & x\leqslant 0.\end{cases}\quad(\alpha>0,\beta>0)$$

其中 $\Gamma(\alpha)$ 为 Γ 函数，即

$$\Gamma(\alpha)=\int_0^{+\infty}x^{\alpha-1}e^{-x}dx=2\int_0^{+\infty}y^{2\alpha-1}e^{-y^2}dy$$

则称 X 服从**Γ— 分布**，简记为 $X\sim\Gamma(\alpha,\beta)$.

Γ 函数有下列公式：

$$\Gamma(\alpha)=(\alpha-1)\Gamma(\alpha-1)$$

$$\Gamma(1)=1,\qquad \Gamma(\frac{1}{2})=\sqrt{\pi}$$

Γ 分布在推导数理统计中占有重要地位的 χ^2—分布，t—分布，F—分布时很有用，又在水文统计、最大风速、最大风压的概率计算中经常用到. 它是一种重要的非正态分布.

当 $\alpha=1$ 时，Γ—分布的概率密度为

$$f(x)=\begin{cases}\beta e^{-\beta x}, & x>0\\ 0, & x\leqslant 0\end{cases},\quad(\beta>0)$$

此时称随机变量 X 服从参数为 β 的**指数分布**.

指数分布常用来描述系统和组件的寿命，当然，亦可用来描述元件的寿命. 此外，指数分布和泊松分布有如下的密切关系：如在固定的时间间隔内事件的发生数服从参数为 λ 的泊松分布，那么事件之间的时间间隔则服从同一参数 λ 的指数分布.

四、分布函数及其性质

在许多情况下，我们感兴趣的是随机变量 X 取值于某个区间 $(a,b]$（a 可以是 $-\infty$，b 可以是 $+\infty$）的概率，由于 $\{a<X\leqslant b\}=\{X\leqslant b\}-\{X\leqslant a\}$，所以讨论 $P\{X\leqslant x\}$ 是有意义的. 另外，为了理论研究的方便，必须给出一个描述离散型、连续型或混合型等随机变量的概率分布情况的一个统一方法.

1. 随机变量的分布函数及其性质

定义 2.3 设 X 是随机变量（连续型，离散型，甚至更一般的随机变量）. 称

$$F(x)=P\{X\leqslant x\},\quad -\infty<x<+\infty \tag{2.8}$$

为 X 的**分布函数**.有时将 X 的分布函数记作 $F_X(x)$.

例 11　某种型号电子管的寿命 X (单位:h)是一个随机变量,其分布函数为

$$F(x)=\begin{cases}1-\dfrac{1\,000}{x}, & x \geqslant 1\,000 \\ 0, & \text{其他}\end{cases}$$

求:(1)管子的寿命大于 1 500h 的概率;(2)管子的寿命在 1 500～2 000h 的概率.

解　(1) $P\{X>1\,500\}=1-P\{X \leqslant 1\,500\}=1-F(1\,500)=\dfrac{2}{3}$.

(2) $P\{1\,500<X \leqslant 2\,000\}=F(2\,000)-F(1\,500)=\dfrac{1}{6}$.

分布函数的基本性质:

(1) $F(x)$ 是个不减的函数,即对任意的 $x_1<x_2$,有 $F(x_1) \leqslant F(x_2)$;事实上,$\forall x_1<x_2$

$$F(x_2)-F(x_1)=P\{X \leqslant x_2\}-P\{X \leqslant x_1\}=P\{x_1<X \leqslant x_2\} \geqslant 0$$

(2) $0 \leqslant F(x) \leqslant 1$,且

$$F(-\infty)=\lim_{x \rightarrow-\infty} F(x)=0,\ F(+\infty)=\lim_{x \rightarrow+\infty} F(x)=1$$

(3) $F(x+0)=F(x)$,即 $F(x)$ 是右连续的.(证略)

例 12　设连续型随机变量 X 的分布函数为

$$F(x)=\begin{cases}A+B\mathrm{e}^{-\lambda x}, & x>0 \\ 0, & x \leqslant 0\end{cases}$$

其中,$\lambda>0$ 为常数,求常数 A,B 的值 .

解　由分布函数的性质(2)得 $F(+\infty)=A=1$.
又由性质(3)有 $F(0)=A+B=0$. 由此得 $B=-1$,于是有

$$F(x)=\begin{cases}1-\mathrm{e}^{-\lambda x}, & x>0 \\ 0, & x \leqslant 0\end{cases}$$

2.离散型随机变量的分布函数

设 X 的分布律见表 2.6.

表　2.6

X	x_1	x_2	$\cdots$	x_k	$\cdots$
$P\{X=x_k\}$	p_1	p_2	$\cdots$	p_k	$\cdots$

则 X 的分布函数为

$$F(x)=P\{X \leqslant x\}=\sum_{x_k \leqslant x} P\{X=x_k\}=\sum_{x_k \leqslant x} p_k$$

例 13　设随机变量 X 的分布律见表 2.7.

表 2.7

X	0	1	2
$P\{X=k\}$	$\frac{1}{3}$	$\frac{1}{6}$	$\frac{1}{2}$

求 X 的分布函数，并求 $P\{X\leqslant\frac{1}{2}\}$，$P\{1<X\leqslant\frac{5}{2}\}$，$P\{1\leqslant X\leqslant\frac{5}{2}\}$.

解 由概率的有限可加性得

当 $x<0$ 时，$\{X\leqslant x\}$ 为不可能事件，所以 $F(x)=0$.

当 $0\leqslant x<1$ 时，$\{X\leqslant x\}$ 就是 $\{X=0\}$，所以 $F(x)=\frac{1}{3}$；

当 $1\leqslant x<2$ 时，$\{X\leqslant x\}$ 就是 $\{X=0$ 或 $X=1\}$，所以

$$F(x)=\frac{1}{3}+\frac{1}{6}=\frac{1}{2}$$

当 $x\geqslant 2$ 时，$\{X\leqslant x\}$ 就是必然事件，所以 $F(x)=1$.

即

$$F(x)=\begin{cases}0, & x<0\\ \frac{1}{3}, & 0\leqslant x<1\\ \frac{1}{2}, & 1\leqslant x<2\\ 1, & x\geqslant 2\end{cases}$$

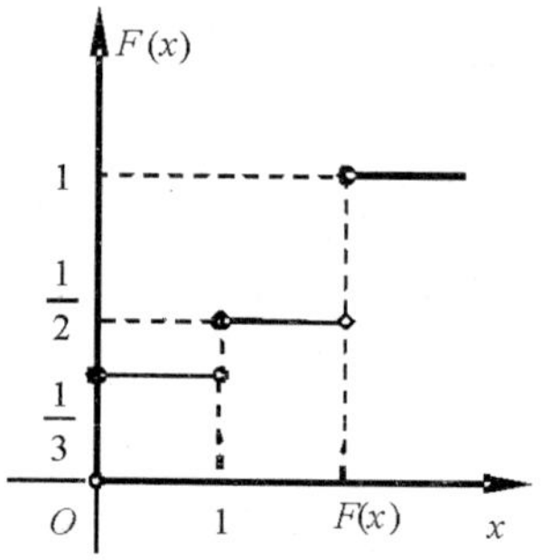

图 2.5

$F(x)$ 的图形如图 2.5 所示.它是一条阶梯形的不连续的曲线.所以有

$$P\{X\leqslant\frac{1}{2}\}=F\left(\frac{1}{2}\right)=\frac{1}{3}$$

$$P\{1<X\leqslant\frac{5}{2}\}=P\{X\leqslant\frac{5}{2}\}-P\{X\leqslant 1\}=F\left(\frac{5}{2}\right)-F(1)=1-\frac{1}{2}=\frac{1}{2}$$

$$P\{1\leqslant X\leqslant\frac{5}{2}\}=P\{X\leqslant\frac{5}{2}\}-P\{X\leqslant 1\}+P\{X=1\}=F\left(\frac{5}{2}\right)-F(1)+P\{X=1\}=1-\frac{1}{2}+\frac{1}{6}=\frac{2}{3}$$

3. 连续型随机变量的分布函数

若 X 是连续型的随机变量，其概率密度为 $f(x)$，则 X 的分布函数为

$$F(x)=P\{X\leqslant x\}=\int_{-\infty}^{x}f(t)\mathrm{d}t \tag{2.9}$$

由此可知，$F(x)$ 是概率密度 $f(x)$ 的变上限积分，因而 $F(x)$ 在整个实轴上是 x 的连续函数，而且当 $f(x)$ 在 x 处连续时，$F'(x)=f(x)$．这说明连续型随机变量的分布函数是连续函数，并且也给出了分布函数与概率密度的关系.

由式(2.9)可得如下结论：

(1)若随机变量 X 服从均匀分布，即 $X\sim U[a,b]$，则得 X 的分布函数为

$$F(x)=\begin{cases}0, & x<a\\ \dfrac{x-a}{b-a}, & a\leqslant x<b\\ 1, & x\geqslant b\end{cases}$$

(2)若随机变量 X 服从参数为 β 的指数分布，则 X 的分布函数为

$$F(x)=\begin{cases}1-\mathrm{e}^{-\beta x}, & x>0\\ 0, & \text{其他}\end{cases}$$

(3)若随机变量 $X\sim N(\mu,\sigma^2)$，则 X 的分布函数为

$$F(x)=\frac{1}{\sqrt{2\pi}\sigma}\int_{-\infty}^{x}\mathrm{e}^{-\frac{(x-\mu)^2}{2\sigma^2}}\mathrm{d}x,\quad -\infty<x<+\infty$$

特别地，标准正态分布 $N(0,1)$ 的随机变量 X 分布函数为

$$\Phi(x)=\frac{1}{\sqrt{2\pi}}\int_{-\infty}^{x}\mathrm{e}^{-\frac{x^2}{2}}\mathrm{d}x,\quad -\infty<x<+\infty$$

且
$$\Phi(-x)=1-\Phi(x)$$

例 14 设随机变量 X 具有概率密度

$$f(x)=\frac{k}{1+x^2},-\infty<x<+\infty.$$

(1)确定系数 k；(2)求分布函数 $F(x)$；(3)求 $P\{-1<X<1\}$.

解 (1) 由 $\int_{-\infty}^{+\infty}f(x)\mathrm{d}x=\int_{-\infty}^{+\infty}\dfrac{k}{1+x^2}\mathrm{d}x=1$，即 $k\arctan x\,\big|_{-\infty}^{+\infty}=1$，得

$$k=\frac{1}{\pi}$$

(2) $$F(x)=\int_{-\infty}^{x}\frac{1}{\pi(1+t^2)}\mathrm{d}t=\frac{1}{\pi}\arctan x+\frac{1}{2}$$

(3) $$P\{-1<X<1\}=\int_{-1}^{1}\frac{1}{\pi(1+t^2)}\mathrm{d}t=\frac{1}{2}$$

或
$$P\{-1<X<1\}=F(1)-F(-1)=\frac{1}{\pi}[\arctan 1-\arctan(-1)]=\frac{1}{2}$$

2.2 多维随机变量及其分布

一、二维随机变量及其分布函数

在生产实际与理论研究中，常常需要用几个随机变量才能较好地描述某一随机现象.例如打靶时弹着点就由两个随机变量——弹着点的横坐标 X 和纵坐标 Y 所构成，又如测量一个人的身高、体重和肺活量，就有身高值 X、体重 Y 和肺活量 Z，这里就需要用三个随机变量来描述，类似的例子还很多.这些随机变量之间一般说来又有某种联系，因而需要把这些随机变量作为一个整体(即向量)来研究.

定义 2.4 n 个随机变量 $X_1,X_2,\cdots,X_n$ 的整体 $(X_1,X_2,\cdots,X_n)$ 称为 n **维随机变量**(或 n **维随机向量**).

从几何图形上来看，一维随机变量就是直线上的随机点，二维随机变量可看做平面上(二维空间)的随机点，三维随机变量可以看做是空间(三维空间)的随机点.

由于二维与 $n(n\geqslant 3)$ 维随机变量的研究方法和所得的结果没有什么原则的区别，故为简单及容易理解起见，下面着重讨论二维的情形.

定义 2.5 设 (X,Y) 为二维随机变量，令

$$F(x,y)=P\{X\leqslant x,Y\leqslant y\},\quad x,y\text{ 为任意实数}\tag{2.10}$$

称 $F(x,y)$ 为随机变量 X,Y 的**联合分布函数**，或称为 (X,Y) 的**分布函数**.

如果将二维随机变量 (X,Y) 看做是平面上随机点的坐标，那么，分布函数 $F(x,y)$ 在 (x,y) 处的值就是随机点 (X,Y) 落在 (x,y) 点左下方无穷矩形域内的概率，如图 2.6 所示.仿照上述解释，借助图 2.7 容易算出随机点 (X,Y) 落在矩形

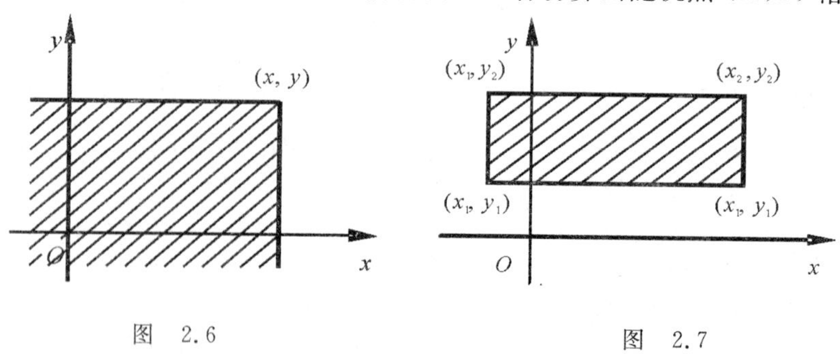

图 2.6　　图 2.7

域 $[x_1<x\leqslant x_2,y_1<y\leqslant y_2]$ 内的概率

$$P\{x_1<X\leqslant x_2,y_1<Y\leqslant y_2\}=P\{X\leqslant x_2,Y\leqslant y_2\}-$$
$$P\{X\leqslant x_1,Y\leqslant y_2\}-P\{X\leqslant x_2,Y\leqslant y_1\}+$$

$$P\{X \leqslant x_1, Y \leqslant y_1\} =$$
$$F(x_2, y_2) - F(x_1, y_2) - F(x_2, y_1) + F(x_1, y_1) \tag{2.11}$$

分布函数 $F(x,y)$ 具有以下性质：

(1) $0 \leqslant F(x,y) \leqslant 1$；

(2) $F(x,y)$ 分别对 x,y 是单调非减函数；

(3) $F(-\infty, y) = 0, F(x, -\infty) = 0, F(-\infty, -\infty) = 0, F(+\infty, +\infty) = 1$；

(4) $F(x,y)$ 对每个变量是右连续的；

(5) 对任意四个数 $x_1 \leqslant x_2, y_1 \leqslant y_2$，下述不等式成立：

$$F(x_2, y_2) - F(x_1, y_2) - F(x_2, y_1) + F(x_1, y_1) \geqslant 0$$

这些性质类似于一维情形的几何说明，此处不重述. 须要指出的是，二元函数若满足性质(2)～(5)，那么它必是某二维随机变量 (X,Y) 的分布函数(证明略).

若给定二维随机变量 (X,Y) 的分布函数 $F(x,y)$，则它的两个分量 X,Y（都是一维随机变量)的分布函数(分别记为 $F_X(x), F_Y(y)$）也随之确定，这是因为：

$$F_X(x) = P\{X \leqslant x\} = P\{X \leqslant x, Y < +\infty\} =$$
$$\lim_{y \to +\infty} P\{X \leqslant x, Y \leqslant y\} =$$
$$\lim_{y \to +\infty} F(x,y) = F(x, +\infty)$$

即
$$F_X(x) = F(x, +\infty) \tag{2.12}$$

同理
$$F_Y(y) = F(+\infty, y) \tag{2.13}$$

$F_X(x), F_Y(y)$ 分别称为二维随机变量 (X,Y) 关于 X，关于 Y 的**边缘分布函数**.

须要注意的是：给定 $F(x,y)$，可唯一确定 $F_X(x)$ 及 $F_Y(y)$，但反之不一定成立.

与一维情形一样，二维情形也有常用的两大类型.

二、二维离散型随机变量

定义 2.6　如果二维随机变量 (X,Y) 可能取的值只有有限对或可列无穷多对，则 (X,Y) 为**二维离散型随机变量**.

设 X 可能取的值是 $x_1, x_2, \cdots$（有限个或可列个)，Y 可能取的值是 $y_1, y_2, \cdots$（有限个或可列个)，那么 (X,Y) 可能取的值是

$$(x_1, y_1), (x_2, y_2), \cdots, (x_i, y_i), \cdots$$

且设 $P\{X = x_i, Y = y_j\} = p_{ij}$，于是 (X,Y) 的分布律见表 2.8.

表 2.8

$X \backslash Y$	y_1	y_2	$\cdots$	y_j	$\cdots$
x_1	p_{11}	p_{12}	$\cdots$	p_{1j}	$\cdots$
x_2	p_{21}	p_{22}	$\cdots$	p_{2j}	$\cdots$
$\vdots$	$\vdots$	$\vdots$		$\vdots$	$\vdots$
x_i	p_{i1}	p_{i2}	$\cdots$	p_{ij}	$\cdots$
$\vdots$	$\vdots$	$\vdots$		$\vdots$	$\vdots$

其中 $p_{ij} \geqslant 0\ (i=1,2,\cdots,j=1,2,\cdots)$， $\sum_{i=1}^{\infty}\sum_{j=1}^{\infty} p_{ij} = 1$.

例 1 一口袋中有三个球，它们依次标有数字 1,2,2，从这袋中任取一球后，不放回；再从袋中任取一球. 设每次取球时袋中每个球被取到的可能性相同，以 X,Y 分别记第一次，第二次取得的球上标有的数字，求 (X,Y) 的分布律.

解 X 所可能取得值为 1,2； Y 所可能取得值为 1,2.

按题意 (X,Y) 可能取得值为 (1,2),(2,1),(2,2) 且

$$P\{X=1\}=\frac{1}{3},\quad P\{X=2\}=\frac{2}{3},\quad P\{Y=2 \mid X=1\}=1$$

$$P\{Y=1 \mid X=2\}=\frac{1}{2},\quad P\{Y=2 \mid X=2\}=\frac{1}{2}$$

因此，按乘法定理有

$$P\{X=1,Y=2\}=\frac{1}{3}\cdot 1=\frac{1}{3}$$

$$P\{X=2,Y=1\}=\frac{2}{3}\cdot\frac{1}{2}=\frac{1}{3}$$

$$P\{X=2,Y=2\}=\frac{2}{3}\cdot\frac{1}{2}=\frac{1}{3}$$

于是 (X,Y) 的分布律见表 2.9.

表 2.9

$X \backslash Y$	1	2
1	0	1/3
2	1/3	1/3

从二维离散型随机变量 (X,Y) 的分布律出发，可求得 (X,Y) 关于 X,Y 的边缘分布律.

$$P\{X=x_i\}=P\{X=x_i,Y<+\infty\}=$$

$$P\{X=x_i,Y=y_1\}+P\{X=x_i,Y=y_2\}+\cdots=$$

$$\sum_{j=1}^{+\infty}P\{X=x_i,Y=y_j\}=\sum_{j=1}^{+\infty}p_{ij},\quad i=1,2,\cdots$$

若记
$$p_{i\cdot}=\sum_{j=1}^{+\infty}p_{ij},\quad i=1,2,\cdots \tag{2.14}$$

则称 $p_{i\cdot}(i=1,2,\cdots)$ 为 (X,Y) 关于 X 的**边缘分布律**.

同理,有
$$P\{Y=y_j\}=\sum_{i=1}^{+\infty}p_{ij},\quad j=1,2,\cdots$$

若记
$$p_{\cdot j}=\sum_{i=1}^{+\infty}p_{ij},\quad j=1,2,\cdots \tag{2.15}$$

则称 $p_{\cdot j}(j=1,2,\cdots)$ 为 (X,Y) 关于 Y 的**边缘分布律**.

例 2 设二维随机变量 (X,Y) 的分布律见表 2.10.

表 2.10

X \ Y	-1	1	2	$P\{X=x_i\}=p_{i\cdot}$
0	1/12	0	3/12	1/3
3/2	2/12	1/12	1/12	1/3
2	3/12	1/12	0	1/3
$p_{\cdot j}=P\{Y=y_j\}$	3/6	1/6	2/6	1

求关于 X 及关于 Y 的边缘分布律.

解 按公式 $P\{X=x_i\}=p_{i\cdot}=p_{i1}+p_{i2}+\cdots+p_{ij}+\cdots$,知

$$P\{X=0\}=1/12+0+3/12=1/3$$

$$P\{X=3/2\}=2/12+1/12+1/12=1/3$$

$$P\{X=2\}=3/12+1/12+0=1/3$$

同理可求出 $P\{Y=-1\}=3/6$, $P\{Y=1\}=1/6$, $P\{Y=2\}=2/6$. 于是关于 X 的边缘分布律见表 2.11.

表 2.11

X	0	3/2	2
$p_{i\cdot}$	1/3	1/3	1/3

关于 Y 的边缘分布律见表 2.12.

表 2.12

Y	-1	1	2
$p_{\cdot j}$	3/6	1/6	2/6

把相应的概率放在联合分布律表上的右方和下方如上表所示.由表中可看出,中间部分是 (X,Y) 的分布律,而边缘部分是关于 X 及 Y 的边缘分布律,它们是由联合分布律经同一行或同一列的概率相加而得出来的,“边缘”二字即由上面双行表的外貌而来.

三、二维连续型随机变量

定义 2.7 对于二维随机变量 (X,Y),如果存在非负函数 $f(x,y)$,使对任意实数 x,y,二元函数 $F(x,y)$ 能表示成

$$F(x,y)=\int_{-\infty}^{y}\int_{-\infty}^{x}f(u,v)\mathrm{d}u\mathrm{d}v \tag{2.16}$$

则称 (X,Y) 为**二维连续型随机变量**,$f(x,y)$ 称为随机变量 X 和 Y 的**联合概率密度**,或称为二维随机变量 (X,Y) 的**概率密度**.

概率密度有以下性质:

(1) $f(x,y)\geqslant 0,-\infty<x<+\infty,-\infty<y<+\infty$;

(2) $\int_{-\infty}^{+\infty}\int_{-\infty}^{+\infty}f(x,y)\mathrm{d}x\mathrm{d}y=F(+\infty,+\infty)=1$;

(3) 若 $f(x,y)$ 在 (x,y) 点连续,则有 $\dfrac{\partial^2 F(x,y)}{\partial x\partial y}=f(x,y)$;

(4) 设 D 为 xOy 平面上任一区域,则

$$P\{(X,Y)\in D\}=\iint_D f(x,y)\mathrm{d}x\mathrm{d}y$$

证明略.

二维概率密度的图形描绘成曲面 $z=f(x,y)$ 叫做**分布曲面**.性质(1)说明分布曲面总位于 xOy 平面的上方;性质(2)说明分布曲面与 xoy 平面所围成的空间区域的体积等于1;性质(4)说明 (X,Y) 落在平面上任一区域 D 上的概率的计算可转化为一个二重积分的计算,在数值上等于以曲面 $z=f(x,y)$ 为顶,平面区域 D 为底的曲顶柱体的体积.有了性质(3)可以了解 (X,Y) 的分布函数与概率密度的关系.

例 3 设二维随机变量 (X,Y) 的概率密度为

$$f(x,y)=\begin{cases}\mathrm{e}^{-(x+y)}, & 0<x<+\infty,0<y<+\infty\\ 0, & \text{其他}\end{cases}$$

(1)求分布函数 $F(x,y)$;

(2)求 (X,Y) 落在如图 2.8 所示的三角形区域 D 内的概率.

解 (1) $F(x,y)-\int_{-\infty}^{y}\int_{-\infty}^{x}f(u,v)\mathrm{d}u\mathrm{d}v=$

$$\begin{cases}\int_0^y\int_0^x e^{-(u+v)}\mathrm{d}u\mathrm{d}v, & 0<x<+\infty,0<y<+\infty\\ 0, & \text{其他}\end{cases}=$$

$$\begin{cases}(1-e^{-x})(1-e^{-y}), & 0<x<+\infty,0<y<+\infty\\ 0, & \text{其他}\end{cases}$$

(2) $$P\{(X,Y)\in D\}=\iint_D f(x,y)\mathrm{d}x\mathrm{d}y=$$

$$\int_0^1\left[\int_0^{1-y}e^{-y}e^{-x}\mathrm{d}x\right]\mathrm{d}y=$$

$$1-2e^{-1}=0.264\ 2$$

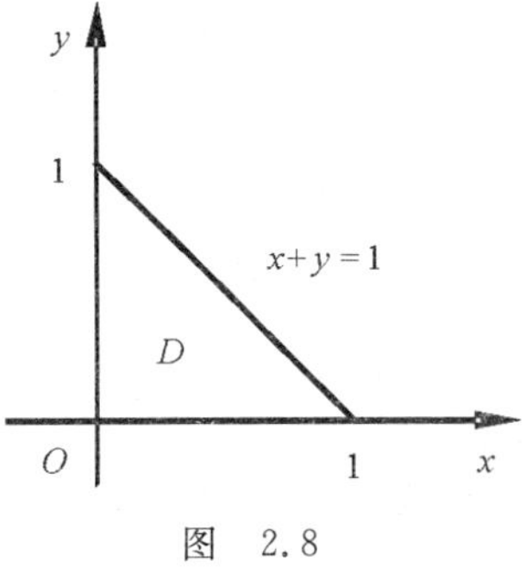

图 2.8

例 4 设 (X,Y) 的概率密度为

$$f(x,y)=\begin{cases}Axy, & \text{当 } 0<x<1,0<y<1 \text{ 时}\\ 0, & \text{其他}\end{cases}$$

求:(1)常数 A;(2) $P\{X<\frac{1}{2},Y<\frac{1}{3}\}$.

解 (1) 由概率密度的性质(2)有

$$1=\int_{-\infty}^{+\infty}\int_{-\infty}^{+\infty}f(x,y)\mathrm{d}x\mathrm{d}y=A\int_0^1\int_0^1 xy\mathrm{d}x\mathrm{d}y=$$

$$A\int_0^1 x\mathrm{d}x\int_0^1 y\mathrm{d}y=\frac{A}{4}$$

则 $$A=4$$

(2) $$P\{X<\frac{1}{2},Y<\frac{1}{3}\}=\iint\limits_{x<\frac{1}{2},y<\frac{1}{3}}f(x,y)\mathrm{d}x\mathrm{d}y=$$

$$4\int_0^{\frac{1}{2}}x\mathrm{d}x\int_0^{\frac{1}{3}}y\mathrm{d}y=4\cdot\frac{x^2}{2}\Big|_0^{\frac{1}{2}}\cdot\frac{y^2}{2}\Big|_0^{\frac{1}{3}}=\frac{1}{36}$$

当给定二维连续型随机变量 (X,Y) 的概率密度 $f(x,y)$,于是它关于 X,Y 的边缘分布函数为

$$F_X(x)=F(x,+\infty)=\int_{-\infty}^{x}\left[\int_{-\infty}^{+\infty}f(x,y)\mathrm{d}y\right]\mathrm{d}x$$

$$F_Y(y)=F(+\infty,y)=\int_{-\infty}^{y}\left[\int_{-\infty}^{+\infty}f(x,y)\mathrm{d}x\right]\mathrm{d}y$$

从而知 X,Y 为一维连续型随机变量,且其概率密度为

$$f_X(x)=\int_{-\infty}^{+\infty}f(x,y)\mathrm{d}y \tag{2.17}$$

$$f_Y(y)=\int_{-\infty}^{+\infty}f(x,y)\mathrm{d}x \tag{2.18}$$

式(2.17)与式(2.18)分别称为 (X,Y) 关于 X,Y 的**边缘概率密度**.

例 5 (二维均匀分布)设 (X,Y) 服从区域 A 上的均匀分布,即它的概率密度为:

$$f(x,y)=\begin{cases}\dfrac{1}{S(A)}, & (x,y)\in A\\ 0, & \text{其他}\end{cases}$$

其中 $S(A)$ 为区域 A 的面积, $0<S(A)<+\infty$,如果 A 是由 x 轴, y 轴及直线 $x+\dfrac{y}{2}=1$ 所围成的三角形区域(见图 2.9).求关于 X 及 Y 的边缘概率密度.

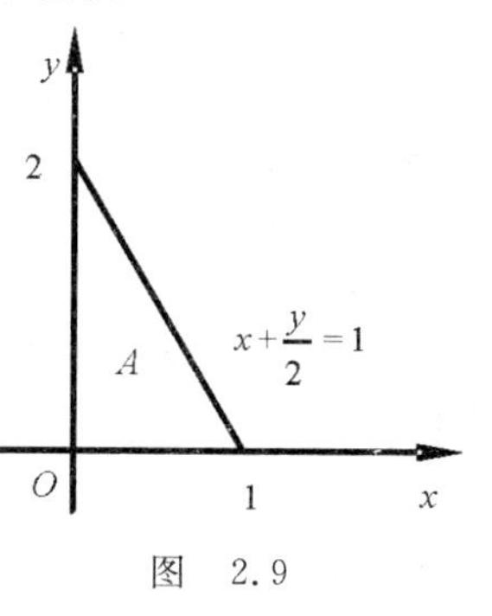

图 2.9

解 因为这个三角形区域 A 的面积 $S(A)=1$, 所以

$$f(x,y)=\begin{cases}1, & (x,y)\in A\\ 0, & \text{其他}\end{cases}$$

于是

$$f_X(x)=\int_{-\infty}^{+\infty}f(x,y)\mathrm{d}y=\begin{cases}\displaystyle\int_0^{2(1-x)}1\mathrm{d}y=2(1-x), & 0<x<1\\ 0, & \text{其他}\end{cases}$$

$$f_Y(y)=\int_{-\infty}^{+\infty}f(x,y)\mathrm{d}x=\begin{cases}\displaystyle\int_0^{1-y/2}1\mathrm{d}x=1-\frac{y}{2}, & 0<y<2\\ 0, & \text{其他}\end{cases}$$

四、随机变量的独立性

我们在研究随机现象时,经常碰到这样的一些随机现象:其中一些变量的取值对其余随机变量没有什么影响.例如,两个人分别向一个靶子射击,各自命中的环数为 X,Y 就属于这种情形.为了描述这类现象,引进以下定义.

定义 2.8 设 X,Y 是两个随机变量,如果对任意实数 x,y ,事件 $\{X\leqslant x\}$ 与 $\{Y\leqslant y\}$ 是相互独立的.即

$$P\{X\leqslant x,Y\leqslant y\}=P\{X\leqslant x\}P\{Y\leqslant y\} \tag{2.19}$$

或

$$F(x,y)=F_X(x)F_Y(y) \tag{2.20}$$

则称 X,Y 是**相互独立的**.

若 (X,Y) 是二维离散型随机变量,则 X,Y 相互独立的充要条件是

$$P\{X=x_i,Y=y_j\}=P\{X=x_i\}P\{Y=y_j\}, \quad i,j=1,2,\cdots$$

即

$$p_{ij}=p_{i\cdot}\,p_{\cdot j}, \quad i,j=1,2,\cdots \tag{2.21}$$

由相互独立的定义便可推得上式.

若 (X,Y) 是二维连续型随机变量，其概率密度为 $f(x,y)$，则 X,Y 相互独立的充要条件是

$$f(x,y)=f_X(x)f_Y(y) \tag{2.22}$$

在 $f(x,y),f_X(x),f_Y(y)$ 的一切连续点处成立.

证明 若 X,Y 相互独立，则 $F(x,y)=F_X(x)F_Y(y)$，等式两端对 x,y 求二阶混合偏导数，就有在 $f(x,y),f_X(x),f_Y(y)$ 的连续点处，$f(x,y)=f_X(x)f_Y(y)$.

反之，如果上式成立，两边对 x 和 y 求积分便有

$$\int_{-\infty}^{x}\int_{-\infty}^{y}f(x,y)\mathrm{d}x\mathrm{d}y=\left(\int_{-\infty}^{x}f_X(x)\mathrm{d}x\right)\left(\int_{-\infty}^{y}f_Y(y)\mathrm{d}y\right)$$

即前面已讲过：已知二维随机变量的概率密度便可求出边缘概率密度. 现在的结论说明，当 X,Y 独立时，由边缘概率密度，亦可求得二维随机变量 (X,Y) 的概率密度.

例 6 例 2 中的 X 和 Y 是否相互独立?

解 因为

$$P\{X=0,Y=1\}=0$$

而

$$P\{X=0\}=\frac{1}{3}, \quad P\{Y=1\}=\frac{1}{6}$$

所以

$$P\{X=0,Y=1\}\neq P\{X=0\}P\{Y=1\}$$

也就是 X,Y 不满足 $p_{ij}=p_{i\cdot}p_{\cdot j}(i,j=1,2,3)$，故 X,Y 不相互独立.

例 7 设 (X,Y) 的概率密度为

$$f(x,y)=\begin{cases}\frac{1}{2}x\mathrm{e}^{-y}, & 0<x<2,y>0\\ 0, & \text{其他}\end{cases}$$

问 X,Y 是否相互独立?

解 关于 X 的边缘概率密度为

$$f_X(x)=\int_{-\infty}^{+\infty}f(x,y)\mathrm{d}y=\begin{cases}\int_0^{+\infty}\frac{1}{2}x\mathrm{e}^{-y}\mathrm{d}y=\frac{1}{2}x, & 0<x<2\\ 0, & \text{其他}\end{cases}$$

关于 Y 的边缘概率密度为

$$f_Y(y)=\int_{-\infty}^{+\infty}f(x,y)\mathrm{d}x=\begin{cases}\int_0^{2}\frac{1}{2}x\mathrm{e}^{-y}\mathrm{d}x=\mathrm{e}^{-y}, & y>0\\ 0, & \text{其他}\end{cases}$$

由于对于所有的 x,y，均有

$$f_X(x)f_Y(y)=\frac{1}{2}x\mathrm{e}^{-y}=f(x,y)$$

故 X,Y 相互独立.

例 8 (**二维正态分布**)设 (X,Y) 的概率密度为

$$f(x,y)=\frac{1}{2\pi\sigma_1\sigma_2\sqrt{1-\rho^2}}e^{-\frac{1}{2(1-\rho^2)}\left[\left(\frac{x-\mu_1}{\sigma_1}\right)^2-2\rho\frac{(x-\mu_1)(y-\mu_2)}{\sigma_1\sigma_2}+\left(\frac{y-\mu_2}{\sigma_2}\right)^2\right]}$$

其中 $\mu_1,\mu_2,\sigma_1>0,\sigma_2>0,|\rho|<1$ 是5个参数,则称 (X,Y) 服从**二维正态分布**,记为 $(X,Y)\sim N(\mu_1,\mu_2,\sigma_1^2,\sigma_2^2,\rho)$. $f(x,y)$ 称为**二维正态概率密度**.

试证:X,Y 相互独立的充要条件是 $\rho=0$.

证明 先求关于 X 和关于 Y 的边缘概率密度.

$$f_X(x)=\int_{-\infty}^{+\infty}f(x,y)\mathrm{d}y$$

$$=\frac{1}{2\pi\sigma_1\sigma_2\sqrt{1-\rho^2}}e^{-\frac{1}{2(1-\rho^2)}\left(\frac{x-\mu_1}{\sigma_1}\right)^2}\int_{-\infty}^{+\infty}e^{-\frac{1}{2(1-\rho^2)}\left[\left(\frac{y-\mu_2}{\sigma_2}\right)^2-2\rho\frac{(x-\mu_1)(y-\mu_2)}{\sigma_1\sigma_2}\right]}\mathrm{d}y$$

由于 $$\left(\frac{y-\mu_2}{\sigma_2}\right)^2-2\rho\frac{(x-\mu_1)(y-\mu_2)}{\sigma_1\sigma_2}=\left[\frac{y-\mu_2}{\sigma_2}-\rho\frac{x-\mu_1}{\sigma_1}\right]^2-\rho^2\frac{(x-\mu_1)^2}{\sigma_1^2}$$

于是 $$f_X(x)=\frac{1}{2\pi\sigma_1\sigma_2\sqrt{1-\rho^2}}e^{-\frac{(x-\mu_1)^2}{2\sigma_1^2}}\int_{-\infty}^{+\infty}e^{-\frac{1}{2(1-\rho^2)}\left[\frac{y-\mu_2}{\sigma_2}-\rho\frac{x-\mu_1}{\sigma_1}\right]^2}\mathrm{d}y$$

令 $t=\frac{1}{\sqrt{1-\rho^2}}\left[\frac{y-\mu_2}{\sigma_2}-\rho\frac{x-\mu_1}{\sigma_1}\right]$,则有

$$f_X(x)=\frac{1}{\sqrt{2\pi}\sigma_1}e^{-\frac{(x-\mu_1)^2}{2\sigma_1^2}},\qquad -\infty<x<+\infty$$

同样可求得 $$f_Y(y)=\frac{1}{\sqrt{2\pi}\sigma_2}e^{-\frac{(y-\mu_2)^2}{2\sigma_2^2}},\qquad -\infty<y<+\infty$$

现在证明 X,Y 独立的充要条件是 $\rho=0$.

若 $\rho=0$,这时有

$$f(x,y)=\frac{1}{2\pi\sigma_1\sigma_2}e^{-\frac{1}{2}\left[\left(\frac{x-\mu_1}{\sigma_1}\right)^2+\left(\frac{y-\mu_2}{\sigma_2}\right)^2\right]}=$$

$$\frac{1}{\sqrt{2\pi}\sigma_1}e^{-\frac{(x-\mu_1)^2}{2\sigma_1^2}}\frac{1}{\sqrt{2\pi}\sigma_2}e^{-\frac{(y-\mu_2)^2}{2\sigma_2^2}}=f_X(x)f_Y(y)$$

故 X 与 Y 相互独立.

反之,若 X 与 Y 相互独立,即

$$\frac{1}{2\pi\sigma_1\sigma_2\sqrt{1-\rho^2}}e^{-\frac{1}{2(1-\rho^2)}\left[\left(\frac{x-\mu_1}{\sigma_1}\right)^2-2\rho\frac{(x-\mu_1)(y-\mu_2)}{\sigma_1\sigma_2}+\left(\frac{y-\mu_2}{\sigma_2}\right)^2\right]}=$$

$$\frac{1}{\sqrt{2\pi}\sigma_1}e^{-\frac{(x-\mu_1)^2}{2\sigma_1^2}}\frac{1}{\sqrt{2\pi}\sigma_2}e^{-\frac{(y-\mu_2)^2}{2\sigma_2^2}}$$

特别地，令 $x=\mu_1, y=\mu_2$，这时等式变成

$$\frac{1}{2\pi\sigma_1\sigma_2\sqrt{1-\rho^2}}=\frac{1}{2\pi\sigma_1\sigma_2}$$

从而得 $\rho=0$，于是得证.

五、条件分布

对于二维随机变量 (X,Y)，我们可以考虑在其中一个随机变量取得固定值的条件下另一个随机变量的概率分布，这时得到的分布叫做**条件分布**. 现在以事件的条件概率为基础来定义随机变量的条件分布.

设 (X,Y) 为二维离散型随机变量，其分布律为

$$p_{ij}=P\{X=x_i,Y=y_j\},\quad i,j=1,2,\cdots$$

其边缘分布律分别为

$$p_{i\cdot}=P\{X=x_i\}=\sum_j p_{ij},\quad i=1,2,\cdots$$

$$p_{\cdot j}=P\{Y=y_j\}=\sum_i p_{ij},\quad j=1,2,\cdots$$

设 $p_{i\cdot}>0,\quad p_{\cdot j}>0$，则在 $\{Y=y_j\}$ 已发生的条件下 $\{X=x_i\}$ 发生的概率为

$$P\{X=x_i \mid Y=y_j\}=\frac{P\{X=x_i,Y=y_j\}}{P\{Y=y_j\}}=\frac{p_{ij}}{p_{\cdot j}},\quad i=1,2,\cdots \qquad (2.23)$$

类似地，有

$$P\{Y=y_j \mid X=x_i\}=\frac{P\{X=x_i,Y=y_j\}}{P\{X=x_i\}}=\frac{p_{ij}}{p_{i\cdot}},\quad j=1,2,\cdots \qquad (2.24)$$

称式(2.23)为在 $Y=y_j$（对固定的 j）的条件下随机变量 X 的**条件分布律**. 式(2.24)为在 $X=x_i$（对固定的 i）的条件下随机变量 Y 的**条件分布律**.

例 9 某计算站一天中死机（因机器故障而中止运行）的次数 X 与操作员出错次数 Y 的联合分布律见表 2.13.

表 2.13

X \ Y	0	1	2
0	0.40	0.15	0.02
1	0.30	0.05	0.01
2	0.04	0.03	0

求在一天中死机的次数 $X=1$ 的条件下，操作员出错次数 Y 的条件分布律.

解 依题意即求 $P\{Y=k \mid X=1\},\quad k=0,1,2.$

因为

$$P\{Y=k \mid X=1\}=\frac{P\{X=1,Y=k\}}{P\{X=1\}}$$

而

$$P\{X=1\}=\sum_{k=0}^{2}P\{X=1,Y=k\}=0.30+0.05+0.01=0.36$$

故得在 $X=1$ 的条件下 Y 的条件分布律为

$$P\{Y=0 \mid X=1\}=\frac{0.30}{0.36}$$

$$P\{Y=1 \mid X=1\}=\frac{0.05}{0.36}$$

$$P\{Y=2 \mid X=1\}=\frac{0.01}{0.36}$$

或写成表 2.14 的形式

表　2.14

Y	0	1	2
$P\{Y=k \mid X=1\}$	$\frac{30}{36}$	$\frac{5}{36}$	$\frac{1}{36}$

设 (X,Y) 为二维连续型随机变量，它的概率密度为 $f(x,y)$．由以上得出如下启示：

规定在条件 $\{Y=y\}$ 下 X 的条件分布为一个连续型分布，其**条件概率密度** $f_{X|Y}(x \mid y)$ 为

$$f_{X|Y}(x \mid y)=\frac{f(x,y)}{\int_{-\infty}^{+\infty}f(x,y)\mathrm{d}x}=\frac{f(x,y)}{f_Y(y)} \tag{2.25}$$

这里 $f_Y(y)$ 表示 (X,Y) 关于 Y 的边缘概率密度（仅考虑能使分母为正的 y 的值）．称 $F_{X|Y}(x \mid y)=P\{X\leqslant x \mid Y=y\}=\int_{-\infty}^{x}\frac{f(x,y)}{f_Y(y)}\mathrm{d}x$ 为 (X,Y) 在条件 $\{Y=y\}$ 下 X 的条件分布函数．

类似地，规定在条件 $\{X=x\}$ 下 Y 的条件分布为一个连续型分布，它的**条件概率密度**为

$$f_{Y|X}(y \mid x)=\frac{f(x,y)}{f_X(x)}$$

条件分布函数为 $F_{Y|X}(y \mid x)=P\{Y\leqslant y \mid X=x\}=\int_{-\infty}^{y}\frac{f(x,y)}{f_X(x)}\mathrm{d}y$．这里 $f_X(x)$ 表示 (X,Y) 关于 X 的边缘概率密度（仅考虑能使分母为正的 x 的值）．

例 10　设二维随机变量 (X,Y) 在圆域 $x^2+y^2\leqslant 1$ 上服从均匀分布，求条件概率密度 $f_{X|Y}(x \mid y)$．

解　由题设知 (X,Y) 的概率密度为

$$f(x,y)=\begin{cases}\dfrac{1}{\pi}, & x^2+y^2\leqslant 1\\ 0, & \text{其他}\end{cases}$$

又
$$f_Y(y)=\int_{-\infty}^{+\infty}f(x,y)\mathrm{d}x=\begin{cases}\dfrac{2\sqrt{1-y^2}}{\pi}, & -1\leqslant y\leqslant 1\\ 0, & \text{其他}\end{cases}$$

于是,当 $-1<y<1$ 时,有

$$f_{X|Y}(x\mid y)=\begin{cases}\dfrac{1}{2\sqrt{1-y^2}}, & -\sqrt{1-y^2}\leqslant x\leqslant\sqrt{1-y^2}\\ 0, & \text{其他}\end{cases}$$

例 11 设数 X 在区间 $(0,1)$ 上随机取值,当观察到 $X=x(0<x<1)$ 时,数 Y 在区间 $(x,1)$ 上随机取值.求 Y 的概率密度 $f_Y(y)$.

解 按题意 X 具有概率密度

$$f_X(x)=\begin{cases}1, & 0<x<1\\ 0, & \text{其他}\end{cases}$$

类似地,对于任意给定的值 $x(0<x<1)$,在 $X=x$ 的条件下,Y 的条件概率密度为

$$f_{Y|X}(y\mid x)=\begin{cases}\dfrac{1}{1-x}, & x<y<1\\ 0, & \text{其他}\end{cases}$$

于是得 X 和 Y 的联合概率密度为

$$f(x,y)=f_{Y|X}(y\mid x)f_X(x)=\begin{cases}\dfrac{1}{1-x}, & 0<x<y<1\\ 0, & \text{其他}\end{cases}$$

从而得关于 Y 的边缘概率密度为

$$f_Y(y)=\int_{-\infty}^{+\infty}f(x,y)\mathrm{d}x=\begin{cases}\displaystyle\int_0^y\frac{\mathrm{d}x}{1-x}=-\ln(1-y), & 0<y<1\\ 0, & \text{其他}\end{cases}$$

2.3 随机变量的函数及其分布

在许多实际问题中需要计算随机变量的函数的分布.例如,在统计物理中,已知分子速度 X 的分布,需求其动能 $Y=\dfrac{1}{2}mX^2$ 的分布.又如射击靶子上的点目标时,实际击中点的坐标 (X,Y) 是二维随机变量,若已知 (X,Y) 的分布,需求 $(X,$

Y）到目标设为(0,0)的距离 $Z=\sqrt{X^2+Y^2}$ 的分布. 这种随机变量的函数分布问题在数理统计中很重要. 本节仅通过一些具体例子来讨论处理这类问题的基本方法

一、一维随机变量的函数的分布

设 X 为一维随机变量，$g(x)$ 为一元连续函数，那么，$Y=g(X)$ 也是随机变量，现在要根据 X 的分布找出 Y 的分布.

例 1 设 X 为离散型随机变量，其分布律见表 2.15.

表 2.15

X	-1	0	1	2	5/2
p_k	2/10	1/10	1/10	3/10	3/10

求：(1) $X-1$； (2) X^2 的分布律.

解 由 X 的分布律可列出如表 2.16 的表格

表 2.16

p_k	2/10	1/10	1/10	3/10	3/10
X	-1	0	1	2	5/2
$X-1$	-2	-1	0	1	3/2
X^2	1	0	1	4	25/4

这就是说
$$P\{X-1=-2\}=P\{X=-1\}=\frac{2}{10}$$

$$P\{X^2=1\}=P\{X=-1\}+P\{X=1\}=\frac{2}{10}+\frac{1}{10}=\frac{3}{10}$$

等等，因此由上表可以定出：

(1) $X-1$ 的分布律见表 2.17.

表 2.17

$X-1$	-2	-1	0	1	3/2
p_k	2/10	1/10	1/10	3/10	3/10

(2) X^2 的分布律见表 2.18.

表 2.18

X^2	0	1	4	25/4
p_k	1/10	3/10	3/10	3/10

例 2 设 $X \sim N(0,1)$，求 $Y = X^2$ 的概率密度.

解 $F_Y(y) = P\{Y \leqslant y\} = P\{X^2 \leqslant y\}$

当 $y < 0$ 时，$\{X^2 \leqslant y\}$ 为不可能事件，$P\{X^2 \leqslant y\} = 0$ 即 $F_Y(y) = 0$，此时

$$f_Y(y) = 0$$

当 $y \geqslant 0$ 时，“$X^2 \leqslant y$”等价于“$-\sqrt{y} \leqslant X \leqslant \sqrt{y}$”，有

$$F_Y(y) = \frac{1}{\sqrt{2\pi}}\int_{-\sqrt{y}}^{\sqrt{y}} e^{-t^2/2}\,dt = \frac{2}{\sqrt{2\pi}}\int_0^{\sqrt{y}} e^{-\frac{t^2}{2}}\,dt$$

所以当 $y \neq 0$ 时， $f_Y(y) = F'_Y(y) = \dfrac{2}{\sqrt{2\pi}} e^{-\frac{(\sqrt{y})^2}{2}} \dfrac{1}{2\sqrt{y}} = \dfrac{1}{\sqrt{2\pi}} y^{-\frac{1}{2}} e^{-\frac{y}{2}}$

故
$$f_Y(y) = \begin{cases} \dfrac{1}{\sqrt{2\pi}} y^{-\frac{1}{2}} e^{-\frac{y}{2}}, & y > 0 \\ 0, & y \leqslant 0 \end{cases}$$

一般地，求 $Y = g(X)$ 的概率密度的步骤是：(1)求出 Y 的分布函数 $F_Y(y)$；(2)求 $F_Y(y)$ 的导数 $F'_Y(y)$；(3)令 $f_Y(y) = F'_Y(y)$，并在 $F_Y(y)$ 不可导点处规定 $f_Y(y) = 0$. 于是 $f_Y(y)$ 就是 Y 的概率密度. 以上方法亦可应用于求多维随机变量的函数的分布问题.

二、二维随机变量的函数的分布

现在就几个具体的函数来讨论两个随机变量的函数的分布.

1. $Z = X + Y$ 的分布

设 (X,Y) 的概率密度为 $f(x,y)$，则 $Z = X + Y$ 的分布函数为(见图 2.10)

$$F_Z(z) = P\{Z \leqslant z\} = \iint\limits_{x+y\leqslant z} F(x,y)\,dx\,dy = \int_{-\infty}^{+\infty}\left[\int_{-\infty}^{z-y} f(x,y)\,dx\right]dy$$

将上式关于 z 求导数(这时设求导数运算和积分运算可以交换次序)，得

$$f_Z(z) = \int_{-\infty}^{+\infty} f(z-y,y)\,dy$$

同理可得 $\quad f_Z(z) = \int_{-\infty}^{+\infty} f(x,z-x)\,dx$

即为两个随机变量的和的概率密度的一般公式.

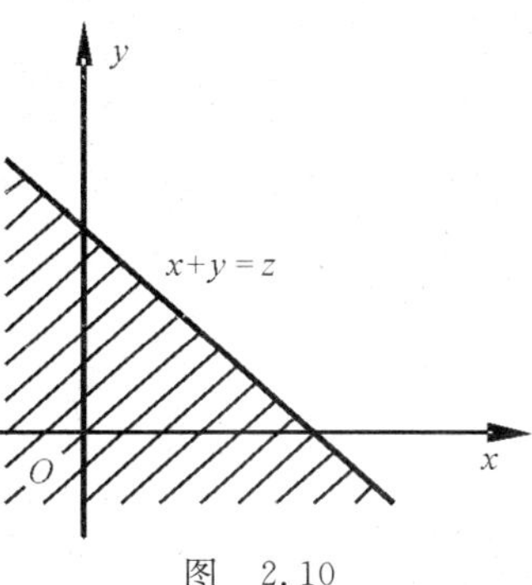

图 2.10

特别地，当 X 和 Y 独立时，即对于所有的 (x,y)，有 $f(x,y) = f_X(x) f_Y(y)$，此时有

$$f_Z(z) = \int_{-\infty}^{+\infty} f_X(z-y) f_Y(y)\,dy$$

或
$$f_Z(z)=\int_{-\infty}^{+\infty}f_X(x)f_Y(z-x)\mathrm{d}x$$

例 3 设 X 和 Y 是两个独立的随机变量，它们都服从 $N(0,1)$ 分布，即

$$f_X(x)=\frac{1}{\sqrt{2\pi}}\mathrm{e}^{-\frac{x^2}{2}},-\infty<x<+\infty$$

$$f_Y(y)=\frac{1}{\sqrt{2\pi}}\mathrm{e}^{-\frac{y^2}{2}},-\infty<y<+\infty$$

求 $Z=X+Y$ 的概率密度.

解 由已知 X 与 Y 独立，于是

$$f_Z(z)=\int_{-\infty}^{+\infty}f_X(x)f_Y(z-x)\mathrm{d}x=\frac{1}{2\pi}\int_{-\infty}^{+\infty}\mathrm{e}^{-\frac{x^2}{2}}\mathrm{e}^{-\frac{(z-x)^2}{2}}\mathrm{d}x=$$
$$\frac{1}{2\pi}\mathrm{e}^{-\frac{z^2}{4}}\int_{-\infty}^{+\infty}\mathrm{e}^{-(x-z/2)^2}\mathrm{d}x$$

令 $t=x-\dfrac{z}{2}$，得

$$f_Z(z)=\frac{1}{2\pi}\mathrm{e}^{-\frac{z^2}{4}}\int_{-\infty}^{+\infty}\mathrm{e}^{-t^2}\mathrm{d}t=\frac{1}{2\pi}\mathrm{e}^{-\frac{z^2}{4}}\cdot\sqrt{\pi}=\frac{1}{2\sqrt{\pi}}\mathrm{e}^{-\frac{z^2}{4}}$$

即
$$Z\sim N(0,2)$$

一般地，若 X,Y 相互独立，且 $X\sim N(\mu_1,\sigma_1^2)$，$Y\sim N(\mu_2,\sigma_2^2)$，则

$$Z=X+Y\sim N(\mu_1+\mu_2,\sigma_1^2+\sigma_2^2)$$

若 n 个相互独立的随机变量 $X_k\sim N(\mu_k,\sigma_k^2)$，$(k=1,2,3,\cdots,n)$，则有

$$Z=\sum_{k=1}^{n}X_k\sim N(\sum_{k=1}^{N}\mu_k,\sum_{k=1}^{N}\sigma_k^2)$$

2. $Z=X/Y$ 的分布

设 (X,Y) 的概率密度为 $f(x,y)$，则

$$F_Z(z)=P\{Z\leqslant z\}=\iint_{G_1}f(x,y)\mathrm{d}x\mathrm{d}y+\iint_{G_2}f(x,y)\mathrm{d}x\mathrm{d}y$$

其中 G_1,G_2 是如图 2.11 所示的阴影部分，而

$$\iint_{G_1}f(x,y)\mathrm{d}x\mathrm{d}x=\int_0^{+\infty}\int_{-\infty}^{yz}f(x,y)\mathrm{d}x\mathrm{d}y\xlongequal[\text{固定 }z,y]{u=x/y}$$
$$\int_0^{+\infty}\left[\int_{-\infty}^{z}yf(yu,y)\mathrm{d}u\right]\mathrm{d}y=$$
$$\int_{-\infty}^{z}\int_0^{+\infty}yf(yu,y)\mathrm{d}y\mathrm{d}u$$

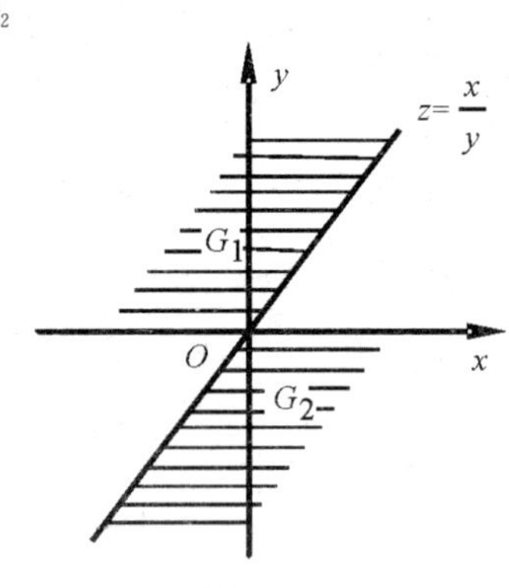

图 2.11

类似可得

$$\iint_{G_2} f(x,y)\mathrm{d}x\mathrm{d}y = \int_{-\infty}^{0}\int_{yz}^{+\infty} f(x,y)\mathrm{d}x\mathrm{d}y \xlongequal{u=x/y}$$

$$\int_{-\infty}^{0}\left[\int_{z}^{-\infty} yf(yu,y)\mathrm{d}u\right]\mathrm{d}y =$$

$$-\int_{-\infty}^{z}\int_{-\infty}^{0} yf(yu,y)\mathrm{d}y\mathrm{d}u$$

故
$$F_Z(z) = \int_{-\infty}^{z}\left[\int_{0}^{+\infty} yf(yu,y)\mathrm{d}y - \int_{-\infty}^{0} yf(yu,y)\mathrm{d}y\right]\mathrm{d}u$$

$$f_Z(z) = \int_{0}^{+\infty} yf(yz,y)\mathrm{d}y - \int_{-\infty}^{0} yf(yz,y)\mathrm{d}y =$$

$$\int_{-\infty}^{+\infty} |y| f(yz,y)\mathrm{d}y$$

特别地，当 X,Y 独立时，$f_Z(z) = \int_{-\infty}^{+\infty} |y| f_X(yz)f_Y(y)\mathrm{d}y$

3. $M=\max(X,Y)$ 及 $N=\min(X,Y)$ 的分布

设 X,Y 是两个相互独立的随机变量，它们的分布函数分别是 $F_X(x)$ 和 $F_Y(y)$，则

$$P_M\{M \leqslant z\} = P\{X \leqslant z, Y \leqslant z\}$$

又由于 X 和 Y 相互独立，于是

$$F_M(z) = P\{X \leqslant z, Y \leqslant z\} = P\{X \leqslant z\}P\{Y \leqslant z\} = F_X(z)F_Y(z)$$

类似地

$$F_N(z) = P\{N \leqslant z\} = 1 - P\{N > z\} = 1 - P\{X > z, Y > z\} =$$
$$1 - P\{X > z\}P\{Y > z\}$$

即
$$F_N(z) = 1 - [1 - F_X(z)][1 - F_Y(z)]$$

以上的结果容易推广到 n 个相互独立的随机变量的情况，设 $X_1, X_2, ,\cdots, X_n$ 相互独立，其分布函数分别为 $F_{X_i}(x_i)(i=1,2,\cdots,n)$，则 $M=\max\{X_1, X_2, \cdots, X_n\}$，$N=\min\{X_1, X_2, \cdots, X_n\}$ 的分布函数分别为

$$F_{\max}(z) = F_{X_1}(z)F_{X_2}(z)\cdots F_{X_n}(z)$$
$$F_{\min}(z) = 1 - [1 - F_{X_1}(z)][1 - F_{X_2}(z)]\cdots[1 - F_{X_n}(z)]$$

例 4 设系统 L 由两个相互独立的子系统 L_1, L_2 联接而成，联接的方式分别为(1)串联；(2)并联；(3)备用(即当系统 L_1 损坏时，系统 L_2 开始工作)，如图 2.12 所示. 已知 L_1, L_2 的寿命分别为 X 和 Y，概率密度分别为

$$f_X(x) = \begin{cases} \alpha\mathrm{e}^{-\alpha x}, & x > 0 \\ 0, & x \leqslant 0 \end{cases}, \qquad f_Y(y) = \begin{cases} \beta\mathrm{e}^{-\beta y}, & y > 0 \\ 0, & y \leqslant 0 \end{cases}$$

其中 $\alpha > 0, \beta > 0$，且 $\alpha \neq \beta$，试分别就以上 3 种联接方式求出系统 L 的寿命 Z 的概率密度.

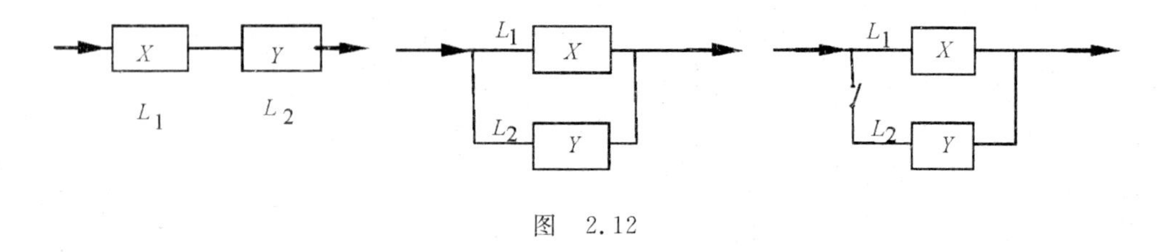

图 2.12

解 (1)在串联的情况下,由于L_1,L_2中有一个损坏时,系统L就停止工作,所以L的寿命为$Z=\min(X,Y)$.

而
$$F_X(x)=\int_{-\infty}^{x} f_X(x)\mathrm{d}x=\begin{cases}1-\mathrm{e}^{-\alpha x}, & x>0\\ 0, & x\leqslant 0\end{cases}$$

$$F_Y(y)=\int_{-\infty}^{y} f_Y(y)\mathrm{d}y=\begin{cases}1-\mathrm{e}^{-\beta y}, & y>0\\ 0, & y\leqslant 0\end{cases}$$

于是z的分布函数为

$$F_Z(z)=1-[1-F_X(z)][1-F_Y(z)]=\begin{cases}1-\mathrm{e}^{-(\alpha+\beta)z}, & z>0\\ 0, & z\leqslant 0\end{cases}$$

从而Z的概率密度为

$$f_{\min}(z)=\begin{cases}(\alpha+\beta)\mathrm{e}^{-(\alpha+\beta)z}, & z>0\\ 0, & z\leqslant 0\end{cases}$$

(2)在并联的情况下,当且仅当L_1,L_2全坏时,系统L才停止工作,所以L的寿命Z为$Z=\max(X,Y)$.

于是Z的分布函数为

$$F_{\max}(z)=F_X(z)F_Y(z)=\begin{cases}(1-\mathrm{e}^{-\alpha z})(1-\mathrm{e}^{-\beta z}), & z>0\\ 0, & z\leqslant 0\end{cases}$$

从而Z的概率密度为

$$f_{\max}(z)=\begin{cases}\alpha\mathrm{e}^{-\alpha z}+\beta\mathrm{e}^{-\beta z}-(\alpha+\beta)\mathrm{e}^{-(\alpha+\beta)z}, & z>0\\ 0, & z\leqslant 0\end{cases}$$

(3)在备用的情况下,由于这时当系统L_1损坏时,系统L_2才开始工作,故系统L的寿命Z为:$Z=X+Y$.当$z>0$时,有

$$f_Z(z)=\int_{-\infty}^{+\infty} f_X(z-y)f_Y(y)\mathrm{d}y=$$

$$\int_0^z \alpha\mathrm{e}^{-\alpha(z-y)}\beta\mathrm{e}^{-\beta y}\mathrm{d}y=\alpha\beta\mathrm{e}^{-\alpha z}\int_0^z \mathrm{e}^{-(\beta-\alpha)y}\mathrm{d}y=\frac{\alpha\beta}{\beta-\alpha}[\mathrm{e}^{-\alpha z}-\mathrm{e}^{-\beta z}]$$

当$z<0$时,$f(z)=0$.于是$Z=X+Y$的概率密度为

$$f(z)=\begin{cases}\dfrac{\alpha\beta}{\beta-\alpha}[e^{-\alpha z}-e^{-\beta z}], & z>0\\ 0, & z\leqslant 0\end{cases}$$

现在再通过一个例子介绍离散型二维随机变量的函数的分布.

例 5　设随机变量 (X,Y) 的分布律见表 2.19.

表　2.19

X \ Y	−1	1	2
−1	5/20	2/20	6/20
2	3/20	3/20	1/20

求:(1) $X+Y$;(2) XY;(3) X^2+Y^2 的概率分布.

解　由 (X,Y) 的分布律得如表 2.20 所示的表格.

表　2.18

p	5/20	2/20	6/20	3/20	3/20	1/20
(X,Y)	(−1,−1)	(−1,1)	(−1,2)	(2,−1)	(2,1)	(2,2)
$X+Y$	−2	0	1	1	3	4
XY	1	−1	−2	−2	2	4
X^2+Y^2	2	2	5	5	5	8

于是,由表 2.20 得

(1)　$X+Y$ 的分布律见表 2.21 所示.

表　2.21

$X+Y$	−2	0	1	3	4
p_k	5/20	2/20	9/20	3/20	1/20

(2)　XY 的分布律见表 2.22.

表　2.22

XY	−2	−1	1	2	4
p_k	9/20	2/20	5/20	3/20	1/20

(3)　X^2+Y^2 的分布律见表 2.23.

表　2.23

X^2+Y^2	2	5	8
p_k	7/20	12/20	1/20

2.4 理论分布在可靠性问题中的应用

随着经济建设事业的蓬勃发展，提高系统或设备的可靠性成为生产单位或用户普遍关心的问题。提高可靠性是一项复杂的工作，必须由有关工程技术人员、物理、化学等工作者共同合作。对许多定量问题，还需要进行深入的数学分析和计算，而概率论和数理统计正是不可缺少的工具。本节简单介绍可靠性问题中的几个基本概念以及理论分布在可靠性问题中的若干应用。

一、可靠性问题中的几个基本概念

1. 寿命

一个元件或一台设备从它开始使用到发生故障停用这段时间叫做这个元件或设备的**寿命**，记作 τ. 进一步讲，对于不可修复的元件而言，寿命是指它失效前或故障前的存储时间或工作时间；对于可修复的元件而言，寿命是指它两次相邻故障间的工作时间，为了区别起见，特称这种寿命为**工作寿命**。

每一种元件的寿命 τ，通常是一个连续型随机变量。例如某种灯泡的寿命可能取 0 到 5 000h 之间的任何值，而且取其平均寿命附近的值的可能性较大，开始就坏或接近 5 000h 还不坏的可能性都较小。

2. 故障率 $\lambda(t)$

元件或设备在 0 到 t 时间内不发生故障的条件下，若 t 以后任一时刻发生故障的可能性都等于 t 时刻发生故障的可能性，则下一个单位时间内发生故障的概率为 $\lambda(t)$. 用数学方法表达就是：$P\{t<\tau\leqslant t+\Delta t \mid t<\tau\}$，表示元件或设备在 0 到 t 时间内不发生故障的条件下，在 t 到 $t+\Delta t$ 时间内发生故障的概率，若 $\Delta t\to 0$ 时极限

$$\lim_{\Delta t\to 0}\frac{P\{t<\tau\leqslant t+\Delta t \mid t<\tau\}}{\Delta t}$$

存在，则称此极限为元件或设备在时刻 t 的故障率，记作 $\lambda(t)$，即

$$\lambda(t)=\lim_{\Delta t\to 0}\frac{P\{t<\tau\leqslant t+\Delta t \mid t<\tau\}}{\Delta t} \tag{2.26}$$

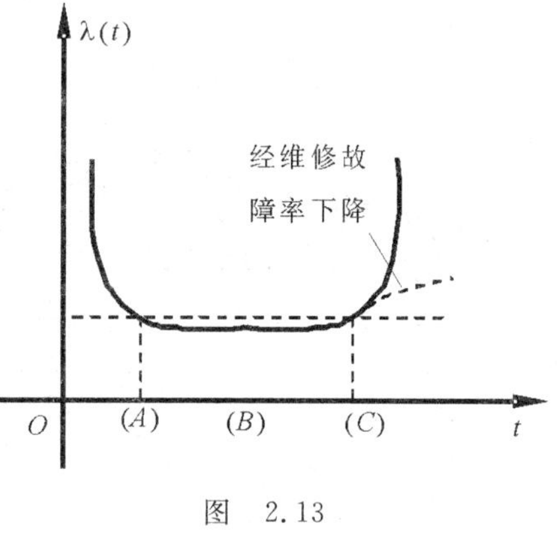

图 2.13

由多数元件构成的设备，其故障率 $\lambda(t)$ 随时间变换的图形如图 2.13 所示。它的形状像浴盆，故称为浴盆曲线。一般按曲线的

形状把故障率分为三个时期：

早期故障期 这个时期故障率随着时间的增加而减小。故障的发生原因是由于设备中的某些部分寿命短，设计上的疏忽以及生产工艺的质量欠佳引起的。这个时期相当于图 2.13 中的 (A) 段。

偶然故障期 这个时期的故障率近似一个常数。故障的产生原因是随机因素引起的。这个时期相当于图 2.13 的 (B) 段，故障率最低。

损耗故障期 这个时期相当于图 2.13 中的 (C) 段。这时，构成设备的许多元件已经老化耗损，因而故障率上升。若能预先知道耗损的开始时间，事先进行维修就能把故障率拉下来，图 2.13(C) 段的虚线所示。

3. 不可靠度 $F(t)$

在 0 到 t 时间内元件发生故障的概率称为该元件的**不可靠度**，记作 $F(t)$.

事件"在 0 到 t 事件内元件发生故障"就是事件 $\{0 < \tau \leqslant t\}$，则

$$F(t) = P\{0 < \tau \leqslant t\} = P\{\tau \leqslant t\} \tag{2.27}$$

即为元件的不可靠度，$F(t)$ 是寿命 τ 的分布函数，τ 的概率密度为

$$f(t) = F'(t) \tag{2.28}$$

$f(t)$ 的意义是：若保持 t 时刻的 $f(t)$ 不变，则在 t 附近单位时间内发生故障的概率等于 $f(t)$.

4. 可靠度 $R(t)$

在 0 到 t 时间内元件不发生故障的概率称为元件的**可靠度**，记作 $R(t)$. 事件"在 0 到 t 时间内元件不发生故障"就是事件 $\{t < \tau < +\infty\}$，则

$$R(t) = P\{t < \tau < +\infty\} \tag{2.29}$$

于是

$$F(t) + R(t) = 1 \tag{2.30}$$

$$R(t) = 1 - F(t) = 1 - \int_0^t f(t)\,\mathrm{d}t \tag{2.31}$$

$$R'(t) = -F'(t) = -f(t) \tag{2.32}$$

例 1 有一台发电机，假定：(1)发电机的故障率为 λ，λ 为常数；(2) 在不重叠的区间上，发电机发生故障与否是相互独立的；(3) 当 $\Delta t > 0$ 很小时，发电机在长为 Δt 的时间间隔内发生多于一次故障的概率可以忽略不计，因而可以认为在长为 Δt 的时间间隔内发电机只有发生一次故障和不发生故障两种可能；(4) 发电机在任何长为 Δt 的时间间隔内发生一次故障的概率为 $\lambda\Delta t + 0(\Delta t)$，其中 $0(\Delta t)$ 表示当 $\Delta t \to 0$ 时比 Δt 高阶的无穷小量. 试求：

(1)在长为 t 的时间间隔内发电机发生故障的次数 X 的分布律.

(2)发电机的可靠度 $R(t)$ 和不可靠度 $F(t)$.

解 (1)只须求 $P\{X=k\}$ 即可，$k=0,1,\cdots$

这里要求发电机坏了立即修好或立即换一台同一型号的好发电机，否则停一段时间就不符合本题的要求了.当然这是一种理想的情况.

为了计算 $P\{X=k\}$，把 0 到 t 时间间隔 n 等分，每一段时间的长为 $\Delta t=t/n$. 由假定(4)，忽略高阶无穷小，在每一段时间间隔发生故障的概率为 $\lambda\Delta t=\frac{\lambda t}{n}$，不发生故瘴的概率为 $1-\frac{\lambda t}{n}$. 由假定(2)，在各个小段时间内发生一次故障还是不发生故障是相互独立的，观察 n 个小段时间内发生故障与否相当于作 n 重 Bernoulli 试验.于是由二项分布知

$$P\{X=k\}\approx P\{\text{在 } n \text{ 小段时间内恰有 } k \text{ 小段时间内发生一次故障}\}=$$

$$C_n^k\left(\frac{\lambda t}{n}\right)^k\left(1-\frac{\lambda t}{n}\right)^{n-k}$$

而

$$P\{X=k\}=\lim_{n\to\infty}C_n^k\left(\frac{\lambda t}{n}\right)^k\left(1-\frac{\lambda t}{n}\right)^{n-k}=\frac{(\lambda t)^k}{k!}\mathrm{e}^{-\lambda t}$$

即

$$P\{X=k\}=\frac{(\lambda t)^k}{k!}\mathrm{e}^{-\lambda t},\quad k=0,1,2,\cdots \tag{2.33}$$

故

$$X\sim P(\lambda t)$$

(2)求发电机的可靠度 $R(t)$. 由于 $R(t)$ 表示发电机在 0 到 t 的时间间隔内不发生故障的概率，所以

$$R(t)=P\{X=0\}=\frac{(\lambda t)^0}{0!}\mathrm{e}^{-\lambda t}=\mathrm{e}^{-\lambda t}$$

再由式(2.30)立即得发电机的不可靠度为

$$F(t)=1-R(t)=1-\mathrm{e}^{-\lambda t}$$

当元件的故障率 $\lambda(t)=\lambda$ 为常数时，用例 1 的方法可以求得该元件的可靠度 $R(t)$ 为

$$R(t)=\mathrm{e}^{-\lambda t} \tag{2.34}$$

不可靠度为

$$F(t)=1-\mathrm{e}^{-\lambda t},\quad t\geqslant 0 \tag{2.35}$$

从而

$$f(t)=\lambda\mathrm{e}^{-\lambda t},\quad t\geqslant 0 \tag{2.36}$$

$$F(t)=\int_0^t f(t)\mathrm{d}t,\quad t\geqslant 0 \tag{2.37}$$

由此可见，当元件运行到它的偶然故障期时，它的寿命服从参数为 λ 的指数分布

$$f(t)=\begin{cases}\lambda e^{-\lambda t}, & t\geqslant 0\\ 0, & t<0\end{cases}$$

一般也用式(2.36)表示寿命 τ 的分布.

注意:所谓 τ 服从指数分布是指 τ 的概率密度为式(2.36),而不是元件的可靠度为式(2.34),但对于一个故障率为 λ 的元件,可由式(2.34)、式(2.35)、式(2.36)中的任意一式推出其他二式.

5.指数分布"无记忆性"的实际意义

当元件的寿命 τ 服从指数分布时,下式

$$P\{\tau>s+t\mid\tau>s\}=P\{\tau>t\}$$

表明指数分布具有"无记忆性",其实际意义是:如果已知元件工作到 s 时还完好,则它再工作 t(单位)实际不发生故障的概率等于从投入运行至工作 t(单位)实际不发生故障的概率,它与 s 无关,即具有不衰老的特性.这是由于故障率 $\lambda(t)=\lambda$ 为常数,不随 t 而变换的缘故.

二、$R(t)$,$f(t)$ 和 $R'(t)$ 之间的关系

(1) $\lambda(t)=\dfrac{f(t)}{R(t)}=-\dfrac{R'(t)}{R(t)}$　　(2.38)

证明　为证式(2.38)只需证明

$$f(t)=\lambda(t)R(t) \tag{2.39}$$

实际上,当 $\Delta t>0$ 时,有

$$\begin{aligned}F(t+\Delta t)-F(t)=&P\{t<\tau\leqslant t+\Delta t\}=P\{(t<\tau<+\infty)(t<\tau\leqslant t+\Delta t)\}=\\&P\{t<\tau<+\infty\}P\{t<\tau\leqslant t+\Delta t\mid t<\tau\}\end{aligned}$$

利用式(2.26)和式(2.29)有

$$\begin{aligned}F'(x)=&\lim_{\Delta t\to 0}\frac{F(t+\Delta t)-F(t)}{\Delta t}=\lim_{\Delta t\to 0}\frac{1}{\Delta t}P\{t<\tau\}P\{t<\tau\leqslant t+\Delta t\mid t<\tau\}=\\&R(t)\lim_{\Delta t\to 0}\frac{P\{t<\tau\leqslant t+\Delta t\mid t<\tau\}}{\Delta t}=R(t)\lambda(t)\end{aligned}$$

即
$$f(t)=R(t)\lambda(t)$$

(2) $R(t)=e^{-\int_0^t\lambda(t)dt}$,　$R(0)=1$　　(2.40)

证明　由于　$\lambda(t)=-\dfrac{R'(t)}{R(t)}=-[\ln R(t)]'$

上式两边积分得

$$\begin{aligned}\int_0^t\lambda(t)dt=-\int_0^t[\ln R(t)]'dt=-\ln R(t)\big|_0^t=\\-[\ln R(t)-\ln R(0)]=-\ln\frac{R(t)}{R(0)}\end{aligned}$$

得
$$R(t)=R(0)\mathrm{e}^{-\int_0^t \lambda(t)\mathrm{d}t}$$

因为,一般当 $t=0$ 时元件一定好,故有 $R(0)=1$, 所以

$$R(t)=\mathrm{e}^{-\int_0^t \lambda(t)\mathrm{d}t}$$

当已知元件的故障率 $\lambda(t)$ 时,利用式(2.40)可以求得 $R(t)$,再利用式(2.30)可以求得 $F(t)$,以及由式(2.28)可求得 $f(t)$.

(3)当且仅当 $\lambda(t)=\lambda$ 为常数时,式(2.34)、式(2.35)和式(2.36)成立.

证明 只要证明了式(2.34),由式(2.30)和式(2.28)便可得到其他二式.

当 $\lambda(t)=\lambda$ 常数时, $\int_0^t \lambda(t)\mathrm{d}t=\lambda t$,从而

$$R(t)=\mathrm{e}^{-\int_0^t \lambda(t)\mathrm{d}t}=\mathrm{e}^{-\lambda t}$$

反之,当式(2.24)成立时,则由式(2.38)得

$$\lambda(t)=\frac{R'(t)}{R(t)}=-\frac{-\lambda\mathrm{e}^{-\lambda t}}{\mathrm{e}^{-\lambda t}}=\lambda$$

为常数.

由此可见,当元件运行到它的偶然故障期时,它的 $R(t)$,$F(t)$ 和 $f(t)$ 分别由式(2.34)、式(2.35)和式(2.36)表示.

注意:在这一段中和今后常常把“元件”和“设备”统称为“元件”.

三、τ 不服从指数分布时元件可靠性指标的求法

例 2 若 τ 表示某种元件的寿命,在损耗故障期,近似地 $\tau\sim N(\mu,\sigma^2)$. 试求元件的可靠性指标.

解 不可靠度为
$$F(t)=\frac{1}{\sigma\sqrt{2\pi}}\int_0^t \mathrm{e}^{-\frac{(x-\mu)^2}{2\sigma^2}}\mathrm{d}x$$

当 $\mu\geqslant 3\sigma$ 时
$$F(t)\approx\frac{1}{\sigma\sqrt{2\pi}}\int_{-\infty}^t \mathrm{e}^{-\frac{(x-\mu)^2}{2\sigma^2}}\mathrm{d}x \tag{2.41}$$

可靠度为
$$R(t)=1-\frac{1}{\sigma\sqrt{2\pi}}\int_0^t \mathrm{e}^{-\frac{(x-\mu)^2}{2\sigma^2}}\mathrm{d}x$$

当 $\mu\geqslant 3\sigma$ 时
$$R(t)\approx\frac{1}{\sigma\sqrt{2\pi}}\int_t^{+\infty} \mathrm{e}^{-\frac{(x-\mu)^2}{2\sigma^2}}\mathrm{d}x \tag{2.42}$$

故障率为
$$\lambda(t)=\frac{\dfrac{1}{\sigma\sqrt{2\pi}}\mathrm{e}^{-\frac{(t-\mu)^2}{2\sigma^2}}}{1-\dfrac{1}{\sigma\sqrt{2\pi}}\displaystyle\int_0^t \mathrm{e}^{-\frac{(x-\mu)^2}{2\sigma^2}}\mathrm{d}x}$$

当 $\mu \geqslant 3\sigma$ 时
$$\lambda(t) \approx \frac{\frac{1}{\sigma\sqrt{2\pi}} e^{-\frac{(t-\mu)^2}{2\sigma^2}}}{\frac{1}{\sigma\sqrt{2\pi}} \int_t^{+\infty} e^{-\frac{(x-\mu)^2}{2\sigma^2}} dx} \tag{2.43}$$

$\mu \geqslant 3\sigma$ 时的概率密度的图形如图 2.14所示

$R(t)$ 和(t) 图形分别如图 2.15 和图 2.16 所示.

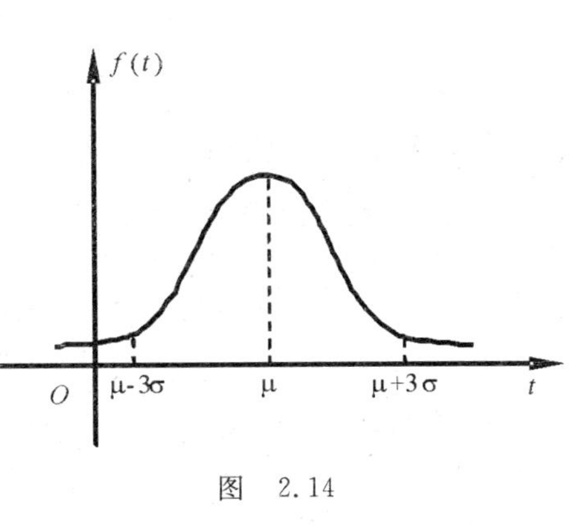

图 2.14

例 3 设随机变量 τ 为元件的寿命，且服从威布尔分布，即 τ 的概率密度为

$$f(t)=\begin{cases} \frac{m}{t_0}(t-\upsilon)^{m-1} e^{-\frac{(t-\upsilon)^m}{t_0}}, & t \geqslant \upsilon \\ 0, & t < \upsilon \end{cases} \tag{2.44}$$

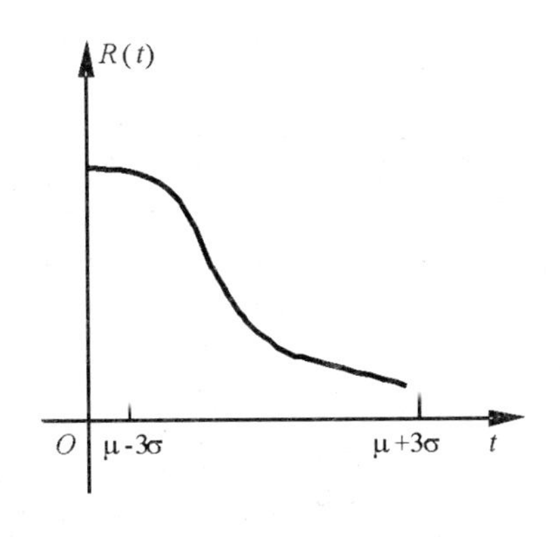

图 2.15

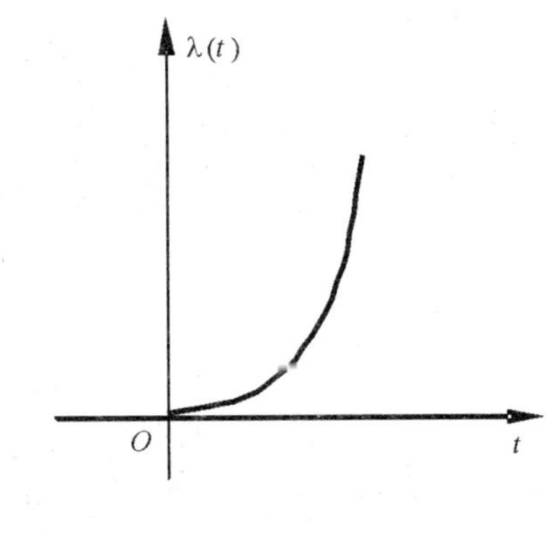

图 2.16

其中 $m>0, t_0>0, \upsilon$ 均为常数，试求该元件的可靠性指标.

解 不可靠度

$$F(t)=1-e^{-\frac{(t-\upsilon)^m}{t_0}}, \quad t \geqslant \upsilon \tag{2.45}$$

可靠度

$$R(t)=e^{-\frac{(t-\upsilon)^m}{t_0}}, \quad t \geqslant \upsilon \tag{2.46}$$

故障率

$$\lambda(t)=\frac{m}{t_0}(t-\upsilon)^{m-1}, \quad t \geqslant \upsilon \tag{2.47}$$

读者试由式(2.44)推出以上三式.

设 $\upsilon=0$，　式(2.47)化为

$$\lambda(t)=\frac{m}{t_0}t^{m-1},\quad t\geqslant 0$$

对于不同的 m 得 $\lambda(t)$ 的图形如图 2.17 所示.

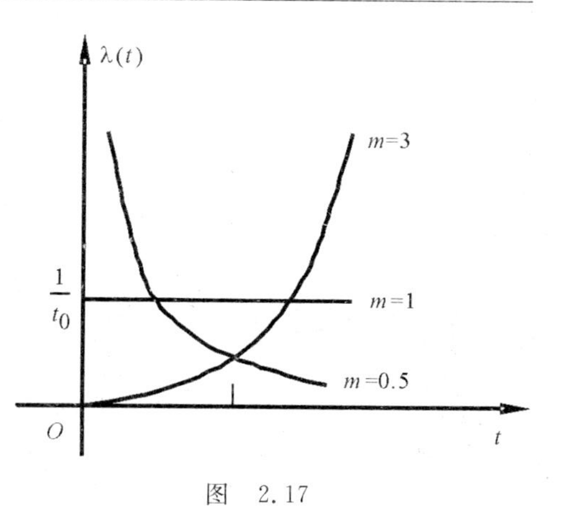

图　2.17

由图 2.17 可以看出，如图 2.13 所示设备的故障浴盆曲线的各个分段分别与图 2.17 中的 $\lambda(t)$ 曲线中的一条相似. 如早期故障与 $m<1$ 的曲线相似. 偶然故障期与 $m=1$ 的曲线相似，损耗故障期与 $m>3$ 的曲线相似. 这就说明，设备的寿命的分布可以分段地用威布尔分布来表示. 在偶然故障期一般就用指数分布来表示，在损耗故障期则用正态分布来表示.

例 4　一个系统由两个元件构成. 这两个元件的故障率都等于常数 λ，设系统是(1)串联系统；(2)并联系统. 试分别求它们的可靠度、寿命 τ 的概率密度和故障率.

解　设系统为串联时的可靠度，寿命的概率密度和故障率分别为 $R_1(t)$，$f_1(t)$，和 $\lambda_1(t)$. 而并联时分别为 $R_2(t)$，$f_2(t)$，和 $\lambda_2(t)$.

S_1，S_2 分别表示元件 1 和元件 2 在 0 到 t 时间内正常工作，而且它们的概率分别记作 $\upsilon_1(t)$，$\upsilon_2(t)$.

由于元件 1 和元件 2 的故障率都等于常数 λ，所以

$$P(S_1)=P(S_2)=\upsilon_1(t)=\upsilon_2(t)=e^{-\lambda t},\quad t\geqslant 0$$

(1) S_A 表示"系统为串联时从 0 到 t 时间内正常工作"，则

$$S_A=S_1S_2$$

$$P(S_A)=P(S_1S_2)=P(S_1)P(S_2)$$

故

$$R_1(t)=\upsilon_1(t)\upsilon_2(t)=e^{-\lambda t}e^{-\lambda t}=e^{-2\lambda t},\quad t\geqslant 0 \tag{2.48}$$

$$f_1(t)=-R'_1(t)=2\lambda e^{-2\lambda t},\quad t\geqslant 0 \tag{2.49}$$

$$\lambda_1(t)=-\frac{R'_1(t)}{R_1(t)}=\frac{2\lambda e^{-2\lambda t}}{e^{-2\lambda t}}=2\lambda,\quad t\geqslant 0 \tag{2.50}$$

由此可见，两个元件串联构成的系统，每当一个元件的故障率都等于常数时，系统的故障率也是常数，而且等于两个元件的故障率之和. 也就是当每一个元件的寿命均服从指数分布时，系统的寿命也服从指数分布.

读者可以自己证明，这个结论对于由任意有限多个故障率为常数的元件串联

而成的系统都成立.

(2) S_B 表示“系统为并联时从 0 到 t 时间内正常工作”,则

$$\overline{S}_B = \overline{S}_1 \overline{S}_2$$

$$P(S_B) = 1 - P(\overline{S}_B) = 1 - P(\overline{S}_1 \ \overline{S}_2)$$
$$= 1 - P(\overline{S}_1)P(\overline{S}_2)$$
$$= 1 - [1 - v_1(t)][1 - v_2(t)] = 1 - (1 - \mathrm{e}^{-\lambda t})^2$$

故

$$R_2(t) = 1 - (1 - \mathrm{e}^{-\lambda t})^2 = 2\mathrm{e}^{-\lambda t} - \mathrm{e}^{-2\lambda t}, \quad t \geqslant 0 \tag{2.51}$$

$$f_2(t) = -R'_2(t) = 2\lambda \mathrm{e}^{-\lambda t} - 2\lambda \mathrm{e}^{-2\lambda t}, \quad t \geqslant 0 \tag{2.52}$$

$$\lambda_2(t) = -\frac{R'_2(t)}{R_2(t)} = \frac{2\lambda \mathrm{e}^{-\lambda t} - 2\lambda \mathrm{e}^{-2\lambda t}}{2\mathrm{e}^{-\lambda t} - \mathrm{e}^{-2\lambda t}} = 2\lambda \frac{1 - \mathrm{e}^{-\lambda t}}{2 - \mathrm{e}^{-\lambda t}}, \quad t \geqslant 0 \tag{2.53}$$

由此可见,由故障率为常数的元件并联构成的系统,它的故障率 $\lambda(t)$ 是 t 的函数,不等于常数,这时系统的寿命不再服从指数分布,见式(2.52).

这个结论对于由任意有限多个故障率为常数的元件并联构成的系统都成立.

习 题 2

1. 设袋中有 6 个球,分别标有 1,2,2,2,3,3. 自袋中任取一球,将取得的球的标号记为 X. 求 X 的分布律及分布函数.

2. 有一批 25 件的产品,其中有 5 件是次品. 现从中随机地依次取出 4 件. 设 X 表示所得到的次品数. 按下列两种情形:(1)取出的产品仍放回;(2)取出的产品不放回. 分别求 X 的概率分布.

3. 设 X 的分布函数为

$$F(x) = \begin{cases} 0, & x < -1 \\ \dfrac{1}{4}, & -1 \leqslant x < 0 \\ \dfrac{3}{4}, & 0 \leqslant x < 1 \\ 1, & x \geqslant 1 \end{cases}$$

求 X 的分布律.

4. 已知某种疾病的患病率为 $\dfrac{1}{1\,000}$,某单位共有 5 000 人,问该单位患有这种疾病的人数超过 5 的概率有多大?

5.设随机变量 X 服从参数为 λ 的泊松分布,且已知 $P\{X=1\}=P\{X=2\}$,求 $P\{X=4\}$.

6.设随机变量 X 的概率密度为

$$f(x)=\begin{cases} x, & 0\leqslant x\leqslant 1 \\ 2-x, & 1\leqslant x<2 \\ 0, & 其他 \end{cases}$$

试求 $P\left\{\frac{1}{2}<x<\frac{3}{2}\right\}$.

7.自动生产线在调整后出现废品的概率为 p,生产过程中出现废品时立即重新进行调整,求在两次调整之间生产的合格产品数 X 的分布律.

8.已知 $P(A)=p,(0<p<1)$.

(1)独立地重复试验直到 A 发生为止.用 X 表示试验次数,试写出 X 的分布律(此时称 X 服从几何分布);

(2)独立地重复试验直到 A 发生了 r 次为止.用 Y 表示试验次数,试求 Y 的分布律(此时称 Y 服从巴斯卡分布).

9.设随机变量 X 的概率密度为

$$f(x)=\begin{cases} a\cos x, & -\frac{\pi}{2}<x<\frac{\pi}{2} \\ 0, & 其他 \end{cases}$$

求 X 的分布函数 $F(x)$.

10.假设 X 在 $[0,a](a>0)$ 上服从均匀分布.对下列情形分别选择 a 使得等式成立.

(1) $P\{X>1\}=\frac{1}{3}$;(2) $P\{X>1\}=\frac{1}{2}$;(3) $P\{X<\frac{1}{2}\}=0.7$.

11.连续型随机变量 X 有概率密度 $f(x)=\begin{cases} x/2, & 0\leqslant x\leqslant 2 \\ 0, & 其他 \end{cases}$ 对 X 作两次独立的测定,两次测定值都大于 1 的概率是多少?对 X 作三次独立的测定,恰好有两次测定值大于 1 的概率是多少?

12.设 X 表示一个电子管的寿命长度,并假设 X 可以为一个具有概率密度

$$f(x)=\begin{cases} be^{-bx}, & x\geqslant 0 \\ 0, & 其他 \end{cases}$$

的连续型随机变量.设 $p_j=P\{j\leqslant X<j+1\}$,证明 p_j 的形式为 $(1-a)a^j$,并确定 a 的值.

13.连续型随机变量 X 具有概率密度 $f(x)=\begin{cases} 3x^2, & -1\leqslant x\leqslant 0 \\ 0, & 其他 \end{cases}$.如果 b 是

满足 $-1<b<0$ 的数,计算 $P\{X>b \mid X<\frac{b}{2}\}$.

14.试确定常数 A 使下列函数为某随机变量的概率密度.

(1) $f(x)=\frac{A}{1+x^2},-\infty<x<+\infty$;

(2) $f(x)=\begin{cases}A\cos x, & -\frac{\pi}{2}\leqslant x\leqslant\frac{\pi}{2}\\ 0, & 其他\end{cases}$

15.在某种化合物中酒精的百分比 X 可以认为是一个随机变量,这里 X 满足 $0<X<1$,并有下面的概率密度:

$$f(x)=\begin{cases}20x^3(1-x), & 0<x<1\\ 0, & 其他\end{cases}$$

(1)求出分布函数的表达式并描出它的图形;

(2)计算 $P\{X\leqslant\frac{2}{3}\}$;

(3)假设上面的化合物的销售价与酒精的含量有关.特别地,若 $\frac{1}{3}<X<\frac{2}{3}$,这种化合物每公升卖 C_1 元,其他情形每公升卖 C_2 元.若每公升化合物的成本是 C_3 元,求出该化合物每公升净利润的概率分布.

16.设 $X\sim N(3,2^2)$,(1) 求 $P\{2<X\leqslant5\}$,$P\{-4<X\leqslant10\}$,$P\{|X|>2\}$,$P\{X>3\}$;(2)确定 c 使得 $P\{X>c\}=P\{X\leqslant c\}$.

17.某地区18岁女青年的血压(收缩压,单位:mmHg)服从 $N(110,12^2)$.在该地区任选一18岁的女青年,测量她的血压 X.(1)求 $P\{X\leqslant105\}$,$P\{100<X\leqslant120\}$;(2)确定最小的 x,使 $P\{X>x\}\leqslant0.05$.

18.由某机器生产的螺栓的长度(cm)服从参数 $\mu=10.05,\sigma=0.06$ 的正态分布.规定长度在范围 10.05 ± 0.12 内为合格品.求一螺栓为不合格品的概率.

19.一工厂生产的电子管的寿命 X(单位:h)服从参数为 $\mu=160,\sigma$ 的正态分布.若要求 $P\{120<X\leqslant200\}\geqslant0.80$,允许 σ 最大为多少?

20.求标准正态分布的上 α 分位点.(1) $\alpha=0.01$,求 u_α;(2) $\alpha=0.003$,求,u_α,$u_{\frac{\alpha}{2}}$.

21.设随机变量 X 的分布函数为

$$F(x)=\begin{cases}0, & x\leqslant-a\\ A+B\arcsin\frac{x}{a}, & -a<x\leqslant a\\ 1, & a<x\end{cases}$$

试确定常数 A 和 B .

22.设随机变量 X 的分布函数为

$$F(x)=\begin{cases}0, & x<0\\ Ax^2, & 0\leqslant x\leqslant 1\\ 1, & x>1\end{cases}$$

试求:(1)系数 A ;(2) X 落在区间 $(0.3,0.7)$ 内的概率;(3) X 的概率密度.

23.设二维随机变量 (X,Y) 的概率密度为

$$f(x,y)=\begin{cases}12\mathrm{e}^{-3x-4y}, & x>0,y>0\\ 0, & \text{其他}\end{cases}$$

试求 (X,Y) 的分布函数及关于 X 和 Y 的边缘分布函数.

24.设二维随机变量 (X,Y) 在平面区域 $D:x^2\leqslant y\leqslant x,\ 0\leqslant x\leqslant 1$ 上服从均匀分布,试求 (X,Y) 的概率密度及关于 X 及 Y 的边缘概率密度.

25.若 (X,Y) 的概率密度为

$$f(x,y)=\begin{cases}A\mathrm{e}^{-(2x+y)}, & x>0,y>0\\ 0, & \text{其他}\end{cases}$$

试求:(1)常数 A ;(2) $P\{X<2,Y<1\}$;(3) X 和 Y 的边缘概率密度;(4) $P\{X+Y<2\}$.

26.如果随机变量 (X,Y) 的分布律见表 2.24.
问 α,β 为何值时, X 和 Y 相互独立.

27.已知随机变量 (X,Y) 的概率密度为 $f(x,y)=A\mathrm{e}^{-ax^2+bxy-cy^2}$,试问在何条件下, X 与 Y 相互独立.

表 2.24

X \ Y	1	2	3
1	$\frac{1}{6}$	$\frac{1}{9}$	$\frac{1}{18}$
2	$\frac{1}{3}$	α	β

表 2.25

X \ Y	0	1	2	3
1	$\frac{2}{27}$	0	0	$\frac{1}{27}$
2	$\frac{6}{27}$	$\frac{6}{27}$	$\frac{6}{27}$	0
3	0	$\frac{6}{27}$	0	0

28.设随机变量 (X,Y) 的分布律见表 2.25.

(1)求 X 和 Y 的边缘分布律;

(2)判断 X 与 Y 是否独立;

(3)求在 $X=1$ 时 Y 的条件分布律;

(4)求 $P\{X=1 \mid Y \geqslant 2\}$ 及 $P\{Y \geqslant 2 \mid X=1\}$.

29.设二维随机变量 (X,Y) 具有概率密度

$$f(x,y)=\begin{cases} kx(x-y), & 0 \leqslant x \leqslant 2, -x < y < x \\ 0, & \text{其他} \end{cases}$$

(1)计算常数 k;

(2)求 X 的边缘概率密度;

(3)求 Y 的边缘概率密度.

30.设 (X,Y) 具有概率密度

$$f(x,y)=\begin{cases} Cxy, & 0 \leqslant x \leqslant 1, 0 \leqslant y \leqslant x \\ 0, & \text{其他} \end{cases}$$

试求:(1)常数 C;

(2) X 与 Y 的边缘概率密度;

(3)判断 X 与 Y 是否独立;

(4)给定 $Y=y$ 时, X 的条件概率密度 $f_{X|Y}(x \mid y)$.

31.假设 (X,Y) 的概率密度为 $f(x,y)=\begin{cases} \mathrm{e}^{-y}, & x>0, y>x \\ 0, & \text{其他} \end{cases}$

(1)求 X 的边缘概率密度;

(2)求 Y 的边缘概率密度;

(3)计算 $P\{X>2 \mid Y<4\}$.

32.设 X 的分布律见表 2.26.

表 2.26

X	-2	-1	0	1	2
p_k	$\frac{1}{5}$	$\frac{1}{6}$	$\frac{1}{5}$	$\frac{1}{15}$	$\frac{11}{30}$

试求:(1) $Y=2X+1$;(2) $Z=X^2$ 的分布律.

33.设 X 在 $[-\frac{\pi}{2},\frac{\pi}{2}]$ 上服从均匀分布,求 $Y=\cos X$ 的概率密度.

34.假设一个球的半径是一连续型随机变量(由于制造过程的不精确,不同的球的半径可能不相同),假设半径 R 具有概率密度

$$f(r)=\begin{cases} 6r(1-r), & 0<r<1 \\ 0 & \text{其他} \end{cases}$$

求球的体积 V 和球的表面积 S 的概率密度.

35.假设 $P\{X \leqslant 0.29\}=0.75$,其中 X 是定义在 $(0,1)$ 上具有某一分布的连续型随机变量.如果 $Y=1-X$,试决定 k 使得 $P\{Y \leqslant k\}=0.25$.

36. 设随即变量 X,Y 相互独立，且服从以 1 为参数的指数分布，求 $Z=X+Y$ 的概率密度.

37. 设 X,Y 是相互独立的随机变量，且 $X\sim P(\lambda_1)$，$Y\sim P(\lambda_2)$. 证明 $Z=X+Y\sim P(\lambda_1+\lambda_2)$.

38. 设 X,Y 是相互独立的随机变量，且 $X\sim B(n_1,p)$，$Y\sim B(n_2,p)$. 证明 $Z=X+Y\sim B(n_1+n_2,p)$.

39. 设 X,Y 相互独立，服从相同的分布 $U(0,1)$，求 $Z=\dfrac{X}{Y}$ 的概率密度.

40. 设随机变量 X_1,X_2,X_3,X_4 相互独立且同分布，$P\{X_i=0\}=0.6$，$P\{X_i=1\}=0.4(i=1,2,3,4)$，求行列式 $\begin{vmatrix} X_1 & X_2 \\ X_3 & X_4 \end{vmatrix}$ 的分布律.

41. 一种物品在两个同类的商店出售. 在物品上市时两商店的价格分别为 X，Y，它们都具有概率密度 $f(x)=\begin{cases}\dfrac{1}{2}\mathrm{e}^{-\frac{1}{2}(x-4)}, & x>4 \\ 0, & 其他\end{cases}$. 某人选择一价格低的商店购置物品，求他购入物品的价格的概率密度（设 X,Y 相互独立）.

第3章　随机变量的数字特征

上一章中，我们看到随机变量的概率分布(分布函数，分布律或概率密度)能够完整地描述随机变量的统计规律.但在实际问题中，有时并不需要确切地了解随机变量变化的全貌，只需要知道它某个方面的特征就够了，这时往往可用一个或几个实数来描述这个特征.例如，一个地区的个人年收入是一个随机变量，考察这个地区人民的生活水平时，不但要关心人均年收入，而且还要关心个人年收入与人均年收入的偏离程度.在概率论中，把这种描述随机变量某些特征的数，称为**随机变量的数字特征**.同时，前面我们所介绍的一些重要分布，如正态分布、指数分布、泊松分布等，它们的概率分布的数学形式已知，但包含某些未知参数，后面将看到这些参数恰是我们所要研究的随机变量的数字特征，且具有明显的概率意义.因此，只要知道了随机变量的分布类型，这时概率分布就完全决定于它的若干数字特征.对随机变量的数字特征的研究在理论上和应用上都有重要的意义.本章将介绍随机变量的常用数字特征：数学期望，方差，相关系数和协方差阵，并以这些概念为基础，以极限为工具，引出大数定律的基本内容.

3.1　数学期望

一、随机变量的数学期望

设对某一零件进行 n 次测量，m_1 次测量结果为 x_1，m_2 次测量结果为 x_2，…，m_k 次测量结果为 x_k，则测量结果的平均值为

$$\bar{x}=\frac{1}{n}(m_1x_1+m_2x_2+\cdots+m_kx_k)=\frac{1}{n}\sum_{i=1}^{k}x_im_i=\sum_{i=1}^{k}x_i\frac{m_i}{n}$$

若用 X 表示一次测量的结果，显然它是一个随机变量，它的可能取值为 $x_1,x_2,\cdots,x_k$，从而所求平均测量结果等于随机变量 X 的可能取值与对应频率乘积的总和，又因为此平均数是经过 n 次测量得来的，故它具有随机性，这种随机性与频率有关，但是当观察次数 n 充分大时，$\frac{m_i}{n}$ 在某种意义下接近事件 $\{X=x_i\}$ 的概率 p_i.

如果我们用概率代替频率，这不仅消除了这种随机性，而且能给出随机变量平均值的精确定义.

定义 3.1 设离散型随机变量 X 的分布律见表 3.1.

表 3.1

X	x_1	x_2	$\cdots$	x_n	$\cdots$
p_k	p_1	p_2	$\cdots$	p_n	$\cdots$

若级数 $\sum_{k=1}^{\infty} x_k p_k$ 绝对收敛，则称级数 $\sum_{k=1}^{\infty} x_k p_k$ 的和为随机变量 X 的**数学期望**（或 X 的**均值**），记作 $E(X)$，即

$$E(X)=\sum_{k=1}^{\infty} x_k p_k \tag{3.1}$$

上述定义要求级数绝对收敛，目的是使级数的和与诸项的排列次序无关，这才能符合数学期望（理论均值）应与 X 的取值 $x_1,x_2,\cdots,x_n,\cdots$ 的排列次序无关的特性.

例 1 设 $X \sim B(n,p)$，求 $E(X)$.

解 $E(X)=\sum_{k=0}^{n} kC_n^k p^k (1-p)^{(n-k)}=\sum_{k=0}^{n} \frac{kn!}{k!(n-k)!} p^k (1-p)^{(n-k)}=$

$\sum_{k=1}^{n} \frac{np(n-1)!}{(k-1)![(n-1)-(k-1)]!} p^{k-1}(1-p)^{[n-1-(k-1)]} \xlongequal{令\, l=k-1}$

$np\sum_{l=0}^{n-1} \frac{(n-1)!}{l![(n-1)-l]!} p^l (1-p)^{[(n-1)-l]}=$

$np[p+(1-p)]^{(n-1)}=np.$

二项分布的数学期望为 np 的意义是：具有概率 p 的事件 A 在 n 次独立重复试验中平均出现 np 次. 例如投掷一枚均匀硬币，记 $A=\{$掷出正面$\}$，于是 $p=P(A)=\frac{1}{2}$. 若投掷 100 次这枚硬币，那么，可以“期望”出现 $100\times\frac{1}{2}=50$ 次正面.

例 2 设 X 服从泊松分布，其分布律为 $P\{X=k\}=\frac{\lambda^k}{k!}e^{-\lambda}, k=0,1,2,\cdots,n,\cdots$. 求 $E(X)$.

解 $E(X)=\sum_{k=0}^{\infty} k\cdot\frac{\lambda^k}{k!}e^{-\lambda}=\lambda e^{-\lambda}\sum_{k=1}^{\infty}\frac{\lambda^{k-1}}{(k-1)!}=\lambda e^{-\lambda}e^{\lambda}=\lambda.$

从而看出泊松分布中的参数 λ 就是它的数学期望.

例 3 以 X 记某城市一户家庭拥有自行车的辆数，由调查得知 X 的分布律见表 3.2.

表　3.2

X	0	1	2	3	4
p_k	0.08	0.15	0.45	0.27	0.05

求 X 的数学期望.

解　$E(X)=\sum_{k=0}^{4}x_kP\{X=x_k\}=$

$0\times 0.08+1\times 0.15+2\times 0.45+3\times 0.27+4\times 0.05=$

2.06(辆)

这意味着考虑大量家庭时，例如100户，那么一户平均拥有自行车约2.06辆，1 000户家庭共拥有自行车约2 060辆.

仿照离散型的情形，我们可以给出连续型随机变量的数学期望定义.

定义3.2　设连续型随机变量 X 的概率密度为 $f(x)$，如果积分 $\int_{-\infty}^{+\infty}xf(x)\mathrm{d}x$ 绝对收敛，则称此积分值为 X 的**数学期望**，记作 $E(X)$，即

$$E(X)=\int_{-\infty}^{+\infty}xf(x)\mathrm{d}x \tag{3.2}$$

定义3.2要求广义积分绝对收敛是保证连续型随机变量 X 的数学期望存在.

例4　设 $X\sim U[a,b]$，求 $E(X)$.

解　因

$$f(x)=\begin{cases}\dfrac{1}{b-a}, & a\leqslant x\leqslant b\\ 0, & 其他\end{cases}$$

故
$$E(X)=\int_{-\infty}^{+\infty}xf(x)\mathrm{d}x=\int_a^b\frac{1}{b-a}\mathrm{d}x=\frac{a+b}{2}$$

$E(X)$ 恰好是区间 $[a,b]$ 的中点，这与 $E(X)$ 的概率意义相符.

例5　设 $X\sim N(\mu,\sigma^2)$，求 $E(X)$.

解　X 的概率密度为 $f(x)=\dfrac{1}{\sqrt{2\pi}\sigma}\mathrm{e}^{\frac{-(x-u)^2}{2\sigma^2}}$，　$-\infty<x<+\infty$

从而

$$E(X)=\int_{-\infty}^{+\infty}\frac{x}{\sqrt{2\pi}\sigma}\mathrm{e}^{-\frac{(x-\mu)^2}{2\sigma^2}}\mathrm{d}x\xlongequal{t=\frac{x-\mu}{\sigma}}\int_{-\infty}^{+\infty}\frac{\mu+\sigma t}{\sqrt{2\pi}}\mathrm{e}^{-\frac{t^2}{2}}\mathrm{d}t=$$

$$\frac{\mu}{\sqrt{2\pi}}\int_{-\infty}^{+\infty}\mathrm{e}^{-\frac{t^2}{2}}\mathrm{d}t+\frac{\sigma}{\sqrt{2\pi}}\int_{-\infty}^{+\infty}t\mathrm{e}^{-\frac{t^2}{2}}\mathrm{d}x=\frac{\mu}{\sqrt{2\pi}}\cdot\sqrt{2\pi}+0=\mu$$

这表明正态分布的参数 μ 恰为该分布的数学期望.

例 6 设随机变量 X 的分布函数为

$$F(x)=\begin{cases}1-\dfrac{a^3}{x^3}, & x>a>0\\ 0, & \text{其他}\end{cases}$$

求 X 的数学期望.

解 因为 $$F(x)=\begin{cases}1-\dfrac{a^3}{x^3}, & x>a\\ 0, & \text{其他}\end{cases}$$

所以 $$f(x)=\frac{\mathrm{d}}{\mathrm{d}x}F(x)=\begin{cases}\dfrac{3a^3}{x^4}, & x>a\\ 0, & \text{其他}\end{cases}$$

从而 $$E(X)=\int_{-\infty}^{+\infty}xf(x)\mathrm{d}x=\int_{a}^{+\infty}x\cdot\frac{3a^3}{x^4}\mathrm{d}x=$$

$$3a^3\int_{a}^{+\infty}\frac{\mathrm{d}x}{x^3}=\frac{3}{2}a$$

需要说明的是,并不是所有随机变量的数学期望都存在.例如:

若 X 取值为 $x_k=(-1)^k\dfrac{2^k}{k}, k=1,2,\cdots$, 对应的概率为 $p_k=\dfrac{1}{2^k}$. 则

$$\sum_{k=1}^{\infty}x_kp_k=\sum_{k=1}^{\infty}(-1)^k\frac{2^k}{k}\cdot\frac{1}{2^k}=\sum_{k=1}^{\infty}\frac{(-1)^k}{k}$$

但 $\sum\limits_{k=1}^{\infty}|x_k|p_k=\sum\limits_{k=1}^{\infty}\dfrac{1}{k}$ 发散. 故 $E(X)$ 不存在.

又如若 X 服从柯西分布,即 X 的概率密度为 $f(x)=\dfrac{1}{\pi(1+x^2)}$,$(-\infty<x<+\infty)$ 由于

$$\int_{-\infty}^{+\infty}|x|\frac{1}{\pi(1+x^2)}\mathrm{d}x=\infty$$

故 E(X)不存在.

对于多维随机变量可以类似地给出以下结论:

设二维随机变量 (X,Y) 的概率密度为 $f(x,y)$,其边缘概率密度分别为 $f_X(x)$ 和 $f_Y(y)$,则 (X,Y) 的期望为 $(E(X),E(Y))$,其中

$$E(X)=\int_{-\infty}^{+\infty}\int_{-\infty}^{+\infty}xf(x,y)\mathrm{d}x\mathrm{d}y=\int_{-\infty}^{+\infty}xf_X(x)\mathrm{d}x$$

$$E(Y)=\int_{-\infty}^{+\infty}\int_{-\infty}^{+\infty}yf(x,y)\mathrm{d}x\mathrm{d}y=\int_{-\infty}^{+\infty}yf_Y(y)\mathrm{d}y$$

一般地,设 n 维随机变量 $(X_1,X_2\cdots,X_n)$ 的概率密度为 $f(x_1,x_2,\cdots,x_n)$, 则

$(X_1, X_2, \cdots, X_n)$ 的期望为 $(E(X_1), E(X_2), \cdots, E(X_n))$，其中

$$E(X_i) = \int_{-\infty}^{+\infty}\int_{-\infty}^{+\infty}\cdots\int_{-\infty}^{+\infty} x_i f(x_1, x_2, \cdots, x_n)\mathrm{d}x_1\mathrm{d}x_2, \cdots, \mathrm{d}x_n$$

例 7　将一硬币抛掷 3 次，以 X 表示在 3 次中出现正面的次数，以 Y 表示 3 次中出现正面的次数和出现反面的次数之差的绝对值. 试求 $E(X)$ 及 $E(Y)$.

解　依题意知：X 的所有可能取值为 0,1,2,3；Y 的所有可能取值为 1,3. 从而 X 与 Y 的联合分布律见表 3.3.

表　3.3

$Y \backslash X$	0	1	2	3
1	0	3/8	3/8	0
3	1/8	0	0	1/8

关于 X 的边缘分布律见表 3.4.

表　3.4

X	0	1	2	3
$p_{\cdot j}$	1/8	3/8	3/8	1/8

关于 Y 的边缘分布律见表 3.5.

表　3.5

Y	1	3
$p_{i\cdot}$	6/8	2/8

故

$$E(X) = 0 \times \frac{1}{8} + 1 \times \frac{3}{8} + 2 \times \frac{3}{8} + 3 \times \frac{1}{8} = 1.5$$

$$E(Y) = 1 \times \frac{6}{8} + 3 \times \frac{2}{8} = 1.5$$

例 8　设二维随机变量 (X, Y) 的概率密度为 $f(x, y) = \begin{cases} \mathrm{e}^{-y}, & 0 < x < y \\ 0, & \text{其他} \end{cases}$，试求 $E(X)$ 及 $E(Y)$.

解　因为　$f_X(x) = \int_{-\infty}^{+\infty} f(x, y)\mathrm{d}y = \int_x^{+\infty} \mathrm{e}^{-y}\mathrm{d}y = \mathrm{e}^{-x} \quad (x > 0)$

$$f_Y(y) = \int_{-\infty}^{+\infty} f(x, y)\mathrm{d}x = \int_0^y \mathrm{e}^{-y}\mathrm{d}x = y\mathrm{e}^{-y} \quad (y > 0)$$

所以　$E(X) = \int_{-\infty}^{+\infty} x f_X(x)\mathrm{d}x = \int_0^{+\infty} x\mathrm{e}^{-x}\mathrm{d}\mathrm{x} = [-x\mathrm{e}^{-x}]_0^{+\infty} + \int_0^{+\infty} \mathrm{e}^{-x}\mathrm{d}x = 1$

$$E(Y)=\int_{-\infty}^{+\infty} y f_Y(y)\mathrm{d}y=\int_{0}^{+\infty} y^2 \mathrm{e}^{-y}\mathrm{d}y=2$$

二、随机变量函数的数学期望

由第 2 章的讨论可知，随机变量的函数仍为随机变量. 自然会问：如何求它的数学期望呢？如已知 X 的概率密度，现要求的是 $Y=g(X)$ 的数学期望 $E(Y)$. 一种方法是先求 Y 的概率密度，然后按定义 3.1 或定义 3.2 求出 Y 的数学期望 $E(Y)$，但这样做往往会很麻烦. 现在不加证明地给出一个重要公式：

定理 3.1 设 Y 是随机变量 X 的函数，$Y=g(X)$（g 是连续函数）.

(1)设 X 是离散型随机变量，其分布律为

$$p_k=P\{X=x_k\},\quad k=1,2,\cdots$$

若 $\sum_{k=1}^{\infty} g(x_k)p_k$ 绝对收敛，则有

$$E(Y)=E[g(X)]=\sum_{k=1}^{\infty} g(x_k)p_k$$

(2)设 X 是连续型随机变量，它的概率密度为 $f(x)$. 若 $\int_{-\infty}^{+\infty} g(x)f(x)\mathrm{d}x$ 绝对收敛，则有

$$E(Y)=E[g(X)]=\int_{-\infty}^{+\infty} g(x)f(x)\mathrm{d}x$$

该定理的意义在于求 $E(Y)$ 时，不必知道 Y 的分布，而只需知道 X 的分布就可以了.

例 9 设随机变量 X 的分布律见表 3.6.

表 3.6

X	-1	0	$1/2$	1	2
p_k	$1/3$	$1/6$	$1/6$	$1/12$	$1/4$

试求：(1) $E(-X+1)$，(2) $E(X^2)$.

解 (1) $E(-X+1)=\sum_{i=1}^{5} g(x_i)p_i=$

$$2\times\frac{1}{3}+1\times\frac{1}{6}+\frac{1}{2}\times\frac{1}{6}+0\times\frac{1}{12}+(-1)\times\frac{1}{4}=\frac{2}{3}$$

(2) $E(X^2)=\sum_{i=1}^{5} g(x_i)p_i=$

$$(-1)^2\times\frac{1}{3}+0\times\frac{1}{6}+\left(\frac{1}{2}\right)^2\times\frac{1}{6}+1^2\times\frac{1}{12}+2^2\times\frac{1}{4}=\frac{35}{24}$$

例 10　假定在国际市场上每年对我国某种出口商品的需求量是随机变量 X(t),它服从[2 000,4 000]上的均匀分布.设每售出这种商品一吨,可挣得外汇 3 万元,但假如销售不出而积于仓库,则每 t 需保管费 1 万元.问应该组织多少 t 这种商品,能使国家的平均受益最大?

解　设组织这种商品 yt, $2\,000\leqslant y\leqslant 4\,000$,则收益为

$$Z=g(X)=\begin{cases}3y, & X\geqslant y\\ 3X-(y-X), & X<y\end{cases}$$

于是

$$E(Z)=\int_{-\infty}^{+\infty}g(x)f(x)\mathrm{d}x=\int_{2\,000}^{4\,000}g(x)\frac{1}{4\,000-2\,000}\mathrm{d}x=$$

$$\frac{1}{2\,000}\int_{2\,000}^{y}(4x-y)\mathrm{d}x+\frac{1}{2\,000}\int_{y}^{4\,000}3y\mathrm{d}x=$$

$$\frac{1}{1\,000}[-y^2+7\,000y-4\times10^6]$$

此式当 $y=3\,500$t 时达到最大值.即组织 3 500t 此种商品是最好的决策.

上述定理还能推广到多维随机变量的情形.

例如,设 (X,Y) 的概率密度为 $f(x,y)$,且 $Z=g(X,Y)$(g 是连续函数),则

$$E(Z)=\int_{-\infty}^{+\infty}\int_{-\infty}^{+\infty}g(x,y)f(x,y)\mathrm{d}x\mathrm{d}y$$

例 11　设 $X\sim N(0,1)$, $Y\sim N(0,1)$,且 X 与 Y 相互独立.试求 $E(\sqrt{X^2+Y^2})$.

解　因 $\varphi_X(x)=\dfrac{1}{\sqrt{2\pi}}\mathrm{e}^{-\frac{x^2}{2}}$, $\varphi_Y(y)=\dfrac{1}{\sqrt{2\pi}}\mathrm{e}^{-\frac{y^2}{2}}$, $-\infty<x,y<+\infty$

又 X 与 Y 相互独立,所以 X 与 Y 的联合概率密度为

$$f(x,y)=\varphi_X(x)\varphi_Y(y)=\frac{1}{2\pi}\mathrm{e}^{-\frac{x^2+y^2}{2}},\quad -\infty<x,\ y<+\infty$$

$$E(\sqrt{X^2+Y^2})=\int_{-\infty}^{+\infty}\int_{-\infty}^{+\infty}\sqrt{x^2+y^2}\,\frac{1}{2\pi}\mathrm{e}^{-\frac{x^2+y^2}{2}}\mathrm{d}x\mathrm{d}y=$$

$$\int_0^{2\pi}\mathrm{d}\theta\int_0^{+\infty}r^2\cdot\frac{1}{2\pi}\mathrm{e}^{-\frac{r^2}{2}}\mathrm{d}r=\int_0^{+\infty}r^2\mathrm{e}^{-\frac{r^2}{2}}\mathrm{d}r=$$

$$\frac{\sqrt{2\pi}}{2}=\sqrt{\frac{\pi}{2}}$$

例 12　一次考试由两次测验组成.以 X,Y 分别表示一名学生第一次、第二次

测验的得分，(X,Y) 的分布律见表 3.7.

表　3.7

X \ Y	0	5	10	15
0	0.02	0.06	0.02	0.10
5	0.04	0.15	0.20	0.10
10	0.01	0.15	0.14	0.01

由规定学生这次考试的得分应为 $Z=\max(X,Y)$. 求 $E(Z)$.

解　$E(Z)=E\{\max(X,Y)\}=\sum_{j=1}^{4}\sum_{i=1}^{3}\max(x_i,y_j)p_{ij}=$

$$0\times0.02+5\times0.06+10\times0.02+15\times0.10+$$
$$5\times0.04+5\times0.15+10\times0.20+15\times0.10+$$
$$10\times0.01+10\times0.15+10\times0.14+15\times0.01=$$
$$9.6(\text{分})$$

这就是说这个班这次考试平均成绩约为 9.6 分.

三、数学期望的性质

(1)设 C 为常数，则 $E(C)=C$;

(2)设 X 为随机变量，C 为常数，则 $E(CX)=CE(X)$;

(3)设 X,Y 为两个随机变量，则 $E(X\pm Y)=E(X)\pm E(Y)$;

此性质可以推广到有限个随机变量之和(差)情形.

(4)设 X 与 Y 是相互独立的随机变量，则 $E(XY)=E(X)E(Y)$.

此性质可以推广到有限个相互独立的随机变量之积的情形.

证明　性质(1),(2)由读者自证，现在仅就连续型情况证明(3),(4).

设 (X,Y) 的概率密度为 $f(x,y)$.

(3) $E(X\pm Y)=\int_{-\infty}^{+\infty}\int_{-\infty}^{+\infty}(x\pm y)f(x,y)\mathrm{d}x\mathrm{d}y=$

$$\int_{-\infty}^{+\infty}\int_{-\infty}^{+\infty}xf(x,y)\mathrm{d}x\mathrm{d}y\pm\int_{-\infty}^{+\infty}\int_{-\infty}^{+\infty}yf(x,y)\mathrm{d}x\mathrm{d}y=$$

$$\int_{-\infty}^{+\infty}xf_X(x)\mathrm{d}x\pm\int_{-\infty}^{+\infty}yf_Y(y)\mathrm{d}y=$$

$$E(X)\pm E(Y)$$

(4)当 X,Y 相互独立，即有 $f(x,y)=f_X(x)f_Y(y)$. 从而

$$E(XY)=\int_{-\infty}^{+\infty}\int_{-\infty}^{+\infty}xyf(x,y)\mathrm{d}x\mathrm{d}y=\int_{-\infty}^{+\infty}\int_{-\infty}^{+\infty}xyf_X(x)f_Y(y)\mathrm{d}x\mathrm{d}y=$$

$$\int_{-\infty}^{+\infty} x f_X(x) \mathrm{d}x \int_{-\infty}^{+\infty} y f_Y(y) \mathrm{d}y = E(X)E(Y)$$

例 13　一民航送客车载有20位乘客自机场开出，旅客有10个车站可以下车. 如到达一站无人下车就不停车，以X表示停车的次数. 求 $E(X)$.（设各位旅客在各站下车是等可能的，且是否下车是相互独立的）.

解　引入随机变量 $X_i = \begin{cases} 0, & \text{在第 } i \text{ 站无人下车} \\ 1, & \text{在第 } i \text{ 站有人下车} \end{cases}$，　$i = 1, 2 \cdots, 10$.

则

$$X = X_1 + X_2 + \cdots + X_{10}$$

故由性质(3)有

$$E(X) = \sum_{i=1}^{10} E(X_i)$$

按题意，任一旅客在第 i 站不下车的概率为 $\frac{9}{10}$. 因此20位旅客都不在第 i 站有人下车的概率为 $\left(\frac{9}{10}\right)^{20}$，在第 i 站下车的概率为 $1 - \left(\frac{9}{10}\right)^{20}$，也就是

$$P\{X_i = 0\} = \left(\frac{9}{10}\right)^{20}, \quad P\{X_i = 1\} = 1 - \left(\frac{9}{10}\right)^{20}$$

因此

$$E(X_i) = 1 - \left(\frac{9}{10}\right)^{20} \quad i = 1, 2, \cdots, 10$$

故

$$E(X) = 10\left[1 - \left(\frac{9}{10}\right)^{20}\right] = 8.784(\text{次})$$

本题将随机变量 X 分解成多个随机变量之和，然后利用数学期望性质(3)求出 X 的数学期望，这种处理方法具有一定的普遍性.

3.2　方　　差

一、方差的概念

数学期望是随机变量的一个重要的数字特征，它体现了随机变量取值平均的大小. 但对于一个随机变量，仅仅知道它的数学期望是不够的，我们还需知道它的取值在数学期望周围的变化情况. 例如有甲，乙两台车床生产同一种零件，为了检查机床生产的稳定情况，分别测量两台机床生产的零件尺寸，其概率分布见表3.8.

表 3.8

X	8	9	10	11	12
$p_{甲}$	0.05	0.2	0.5	0.2	0.05
$p_{乙}$	0.15	0.2	0.3	0.2	0.15

其中 X 表示零件尺寸的测量值.通过计算,它们的数学期望均为 10,但两台机床生产的产品质量显然不同.表现在甲机床的生产状况比乙要稳定.这是因为甲机床生产的零件尺寸较集中地分布在数学期望 10 的周围,而乙机床生产的却比较分散.从此例看出,了解实际指标与数学期望的偏差程度是必要的.那么怎样度量偏差程度呢?自然应考虑偏差 $|X-E(X)|$,但偏差 $|X-E(X)|$ 为一随机变量,故用 $E[|X-E(X)|]$ 来衡量随机变量 X 与其数学期望 $E(X)$ 的偏差程度.为了运算上的方便,人们常将 $|X-E(X)|$ 改变为 $[X-E(X)]^2$,从而引入了方差的概念.

定义 3.3 设 X 为一随机变量,若 $E\{[X-E(X)]^2\}$ 存在,则称它为 X 的方差,记为 $D(X)$,即

$$D(X)=E\{[X-E(X)]^2\} \tag{3.3}$$

在应用上还引入与随机变量 X 具有相同量纲的量 $\sqrt{D(X)}$,记为 $\sigma(X)$,称为 X 的**标准差**或**均方差**,即 $\sigma(X)=\sqrt{D(X)}$.

当 X 为离散型随机变量,其分布律为 $P\{X=x_i\}=p_i,\quad i=1,2,\cdots$,则

$$D(X)=\sum_{i=1}^{\infty}[x_i-E(X)]^2 p_i \tag{3.4}$$

当 X 为连续型随机变量,其概率密度为 $f(x)$,则

$$D(X)=\int_{-\infty}^{+\infty}[x-E(X)]^2 f(x)\mathrm{d}x \tag{3.5}$$

定理 3.2

$$D(X)=E(X^2)-[E(X)]^2 \tag{3.6}$$

证明

$$D(X)=E\{[X-E(X)]^2\}=E\{X^2-2XE(X)+[E(X)]^2\}=$$
$$E(X^2)-2E(X)E(X)+[E(X)]^2=$$
$$E(X^2)-[E(X)]^2$$

在许多场合,利用式(3.6)计算方差要比定义式简捷.

例 1 设 $X\sim B(n,p)$,求 $D(X)$.

解 令 $q=1-p$.因

$$E(X^2)=\sum_{k=1}^{n}k^2C_n^k p^k q^{n-k}=\sum_{k=0}^{n}k^2\frac{n!}{k!\ (n-k)!}p^k q^{n-k}=$$

$$np\sum_{k=1}^{n}k\frac{(n-1)!}{(k-1)!\ (n-k)!}p^{k-1}q^{n-k}(令\ r=k-1)=$$

$$np\sum_{r=0}^{n-1}(r+1)\frac{(n-1)!}{r!\,(n-1-r)!}p^rq^{n-1-r}=$$

$$np[\sum_{r=0}^{n-1}r\frac{(n-1)!}{r!\,(n-1-r)!}p^rq^{n-r-1}+(p+q)^{n-1}]=$$

$$np[(n-1)p+1]=(np)^2+npq$$

又因
$$E(X)=np$$
故
$$D(X)=E(X^2)-[E(X)]^2=npq$$

例 2　设 X 服从泊松分布,其分布律为 $P\{X=k\}=\dfrac{\lambda^k}{k!}e^{-\lambda},k=0,1,2,\cdots$.求 $D(X)$.

解　由于

$$E(X^2)=\sum_{k=0}^{\infty}k^2\frac{\lambda^k}{k!}e^{-\lambda}=\lambda e^{-\lambda}\sum_{k=1}^{\infty}[(k-1)+1]\frac{\lambda^{k-1}}{(k-1)!}=$$

$$\lambda e^{-\lambda}[\sum_{k=1}^{\infty}(k-1)\frac{\lambda^{k-1}}{(k-1)!}+\sum_{k=1}^{\infty}\frac{\lambda^{k-1}}{(k-1)!}]=$$

$$\lambda e^{-\lambda}[\lambda\sum_{k=2}^{\infty}\frac{\lambda^{k-2}}{(k-2)!}+e^{\lambda}]=\lambda^2+\lambda$$

而　　$E(X)=\lambda$,　所以　$D(X)=E(X^2)-[E(X)]^2=\lambda$

这表明泊松分布的数学期望和方差均为参数 λ.

例 3　设 $X\sim N(\mu,\sigma^2)$,求 $D(X)$.

解　因　$E(X)=\mu$,

于是

$$D(X)=E[(X-\mu)^2]=\int_{-\infty}^{+\infty}(x-\mu)^2\frac{1}{\sqrt{2\pi}\sigma}e^{-\frac{(x-\mu)^2}{2\sigma}}dx\overset{t=\frac{x-\mu}{\sigma}}{=\!=\!=}$$

$$\frac{\sigma^2}{\sqrt{2\pi}}\int_{-\infty}^{+\infty}t^2e^{-\frac{t^2}{2}}dt=\frac{\sigma^2\sqrt{2\pi}}{\sqrt{2\pi}}=\sigma^2$$

这表明正态分布中的参数 σ^2 为该分布的方差.由此可知,对于正态分布,只要知道它的数学期望 μ 和方差 σ^2 这两个数字特征,便能完全确定出这个分布.

例 4　一批零件中有 9 个合格品与 3 个废品,安装机器时,从这批零件中任取一个,如果每次取出的废品不再放回.求在取得合格品以前已取出废品数的数学期望和方差.

解　设 X 表示在取得合格品前已取出的废品数,则 X 的可能取值为 0,1,2,3,且

$$P\{X=0\}=\frac{9}{12}=\frac{3}{4}=0.750$$

$$P\{X=1\}=\frac{3}{12}\cdot\frac{9}{11}=\frac{9}{44}=0.204$$

$$P\{X=2\}=\frac{3}{12}\cdot\frac{2}{11}\cdot\frac{9}{10}=\frac{9}{220}=0.041$$

$$P\{X=3\}=\frac{3}{12}\cdot\frac{2}{11}\cdot\frac{1}{10}\cdot\frac{9}{9}=\frac{1}{220}=0.005$$

则 X 的分布律见表 3.9.

表 3.9

X	0	1	2	3
p_k	0.750	0.204	0.041	0.005

$$E(X)=\sum_{k=0}^{3}x_k p_k=0\times 0.75+1\times 0.204+2\times 0.041+3\times 0.005=0.301$$

而 $$E(X^2)=0^2\times 0.75+1^2\times 0.204+2^2\times 0.041+3^2\times 0.005=0.413$$

故 $$D(X)=E(X^2)-[E(X)]^2=0.322$$

例 5 设连续型随机变量 X 的分布函数为 $F(x)=\begin{cases}1-e^{-\lambda x}, & x\geqslant 0\\ 0, & x<0\end{cases}$ $(\lambda>0)$. 试求 $E(X)$ 及 $D(X)$.

解 因 $f(x)=F'(x)=\lambda e^{-\lambda x}\quad(x\geqslant 0)$

故 $$E(X)=\int_{-\infty}^{+\infty}xf(x)\mathrm{d}x=\int_{0}^{+\infty}xe^{-\lambda x}\mathrm{d}x=\frac{1}{\lambda}$$

而 $$E(X^2)=\int_{-\infty}^{+\infty}x^2 f(x)\mathrm{d}x=\int_{0}^{+\infty}\lambda x^2 e^{-\lambda x}\mathrm{d}x=\frac{2}{\lambda^2}$$

故 $$D(X)=E(X^2)-[E(X)]^2=\frac{1}{\lambda^2}$$

二、方差的性质

(1)设 C 为常数,则 $D(C)=0$;

(2)设 X 为随机变量,C 为常数,则 $D(CX)=C^2D(X)$;

(3)设 X 与 Y 是相互独立的随机变量,则 $D(X\pm Y)=D(X)+D(Y)$;这一性质可以推广到任意有限个相互独立随机变量之和(差)的情形.

(4) $D(X)=0$ 的充要条件是 $P\{X=E(X)\}=1$.

证明 性质(1),(2),(4)由读者自证,现在仅证明(3).

$$D(X\pm Y)=E\{[(X\pm Y)-E(X\pm Y)]^2\}=$$
$$E\{[(X-E(X))\pm(Y-E(Y))]^2\}=$$
$$E\{[X-E(X)]^2\}\pm 2E\{[X-E(X)][Y-E(Y)]\}+$$

$$E\{[Y-E(Y)]^2\} = D(X) \pm 2E\{[X-E(X)][Y-E(Y)]\} + D(Y)$$

由于 X 与 Y 相互独立，故 $X-E(X)$ 与 $Y-E(Y)$ 也相互独立.

所以 $$E\{[X-E(X)][Y-E(Y)]\} = E[X-E(X)]E[Y-E(Y)] = [E(X)-E(X)][E(Y)-E(Y)] = 0$$

从而 $$D(X \pm Y) = D(X) + D(Y)$$

例 6　设 $X \sim B(n,p)$. 试利用数学期望和方差的性质求 $E(X), D(X)$.

解　注意到 X 为 n 次独立重复试验中某事件 A 发生的次数，并且在每次试验中 A 发生的概率为 p.

令 $$X_k = \begin{cases} 1, & \text{当第 } k \text{ 次试验时事件 } A \text{ 发生} \\ 0, & \text{当第 } k \text{ 次试验时事件 } A \text{ 不发生} \end{cases}$$

则 $X_1, X_2, \cdots, X_n$ 相互独立，且 $X = \sum_{k=1}^{n} X_k$.

由于 $$P\{X_k = 1\} = p, \quad P\{X_k = 0\} = 1-p$$

所以 $$E(X_k) = 1 \times p + 0 \times (1-p)) = p, \quad k = 1,2,\cdots,n$$

从而 $$E(X) = \sum_{k=1}^{n} E(X_k) = \sum_{k=1}^{n} p = np$$

又 $$D(X_k) = E(X_k^2) - [E(X_k)]^2 = 1^2 \times p + 0^2 \times (1-p) - p^2 = p(1-p), \quad k = 1,2,\cdots,n$$

故 $$D(X) = \sum_{k=1}^{n} D(X_k) = \sum_{k=1}^{n} p(1-p) = np(1-p)$$

3.3　协方差　相关系数

对于多维随机变量来说，除了关心各分量的数学期望和方差外，还希望了解反映各个分量之间联系的数字特征. 现仅就二维随机变量 (X,Y) 进行讨论.

一、协方差及其性质

我们在证明方差性质(3)中已经看到，若 X 与 Y 相互独立，则 $E\{[X-E(X)][Y-E(Y)]\} = 0$，这意味着当 $E\{[X-E(X)][Y-E(Y)]\} \neq 0$ 时，X 与 Y 不相互独立而是存在一定的关系.

定义 3.4　量 $E\{[X-E(X)][Y-E(Y)]\}$ 称为随机变量 X 与 Y 的**协方差**，记为 $\mathrm{Cov}(X,Y)$ 即

$$\mathrm{Cov}(X,Y) = E\{[X-E(X)][Y-E(Y)]\} \tag{3.7}$$

由上述定义及方差性质(3)的证明知，对于任意随机变量 X 和 Y，下式成立

$$D(X+Y)=D(X)+D(Y)+2\mathrm{Cov}(X,Y) \tag{3.8}$$

将 $\mathrm{Cov}(X,Y)$ 按定义展开易得

$$\mathrm{Cov}(X,Y)=E(XY)-E(X)E(Y) \tag{3.9}$$

我们常用式(3.9)计算协方差.

协方差描述了随机变量 X 与 Y 之间的相互关系，但实质上它仍是一种数学期望. 因此，由协方差的定义及数学期望的性质不难得出协方差具有下列性质：

(1) $\mathrm{Cov}(X,Y)=\mathrm{Cov}(Y,X)$；

(2) $\mathrm{Cov}(aX,bY)=ab\mathrm{Cov}(X,Y)$；

(3) $\mathrm{Cov}(X_1+X_2,X_3)=\mathrm{Cov}(X_1,X_3)+\mathrm{Cov}(X_2,X_3)$.

证明 (1)由定义是显然的.

(2)
$$\begin{aligned}\mathrm{Cov}(aX,bY)=&E\{[aX-E(aX)][bY-E(bY)]\}=\\&E\{a[X-E(X)]b[Y-E(Y)]\}=\\&abE\{[X-E(X)][Y-E(Y)]\}=\\&ab\mathrm{Cov}(X,Y)\end{aligned}$$

(3)
$$\begin{aligned}\mathrm{Cov}(X_1+X_2,X_3)=&E\{[(X_1+X_2)-E(X_1+X_2)][X_3-E(X_3)]\}=\\&E\{[(X_1-E(X_1))+(X_2-E(X_2))][X_3-E(X_3)]\}=\\&E\{[X_1-E(X_1)][X_3-E(X_3)]+[X_2-E(X_2)][X_3-E(X_3))]\}=\\&\mathrm{Cov}(X_1,X_3)+\mathrm{Cov}(X_2,X_3)\end{aligned}$$

例 1 设 (X,Y) 的概率密度是

$$f(x,y)=\begin{cases}\dfrac{1}{\pi}, & x^2+y^2\leqslant 1\\ 0, & \text{其他}\end{cases}$$

求 $\mathrm{Cov}(X,Y)$，$D(X+Y)$，并讨论 X,Y 的相互独立性.

解 (1)求 $\mathrm{Cov}(X,Y)$.

$$E(X)=\int_{-\infty}^{+\infty}\int_{-\infty}^{+\infty}xf(x,y)\mathrm{d}x\mathrm{d}y=\iint\limits_{x^2+y^2\leqslant 1}x\cdot\frac{1}{\pi}\mathrm{d}x\mathrm{d}y$$

同理
$$E(Y)=\iint\limits_{x^2+y^2\leqslant 1}y\cdot\frac{1}{\pi}\mathrm{d}x\mathrm{d}y$$

以上两个被积函数都是奇函数，并且积分区域是对称的，因此

$$E(X)=E(Y)=0$$

$$E(XY)=\int_{-\infty}^{+\infty}\int_{-\infty}^{+\infty}xyf(x,y)\mathrm{d}x\mathrm{d}y=\frac{1}{\pi}\iint\limits_{x^2+y^2\leqslant 1}xy\mathrm{d}x\mathrm{d}y$$

根据积分区域 $x^2+y^2\leqslant 1$ 与被积函数 xy 的对称性知 $E(XY)=0$

故
$$\mathrm{Cov}(X,Y)=0$$

(2)求 $D(X+Y)$.

由(3.2)式知：$D(X+Y)=D(X)+D(Y)+2\mathrm{Cov}(X,Y)$

从而
$$D(X+Y)=D(X)+D(Y)$$

而
$$D(X)=\int_{-\infty}^{+\infty}\int_{-\infty}^{+\infty}[x-E(X)]^2 f(x,y)\mathrm{d}x\mathrm{d}y=\frac{1}{\pi}\iint_{x^2+y^2\leqslant 1}x^2\mathrm{d}x\mathrm{d}y=$$
$$\frac{1}{\pi}\int_0^{2\pi}\int_0^1 r^2\cos^2\theta r\mathrm{d}r(\text{作极坐标变换})=$$
$$\frac{1}{\pi}\left(\int_0^{2\pi}\cos^2\theta\mathrm{d}\theta\right)\left(\int_0^1 r^3\mathrm{d}r\right)=\frac{1}{4}$$

类似地，有 $D(Y)=\dfrac{1}{4}$.

故
$$D(X+Y)=\frac{1}{4}+\frac{1}{4}=\frac{1}{2}$$

(3)讨论 X,Y 的相互独立性.

当 $-1\leqslant x\leqslant 1$ 时，有
$$f_X(x)=\int_{-\infty}^{+\infty}f(x,y)dy=\int_{-\sqrt{1-x^2}}^{\sqrt{1-x^2}}\frac{1}{\pi}\mathrm{d}y=\frac{2}{\pi}\sqrt{1-x^2}$$

当 $-1\leqslant y\leqslant 1$ 时，有
$$f_Y(y)=\int_{-\infty}^{+\infty}f(x,y)\mathrm{d}x=\int_{-\sqrt{1-y^2}}^{\sqrt{1-y^2}}\frac{1}{\pi}\mathrm{d}x=\frac{2}{\pi}\sqrt{1-y^2}$$

故
$$f(x,y)\neq f_X(x)f_Y(y)$$

即 X 与 Y 不相互独立.

由此例可看出，当 X 与 Y 相互独立时，协方差 $\mathrm{Cov}(X,Y)=0$(若 $\mathrm{Cov}(X,Y)$ 存在的话). 值得注意的是，由 $\mathrm{Cov}(X,Y)=0$ 并不能保证 X,Y 独立. 故协方差为零是 X 与 Y 相互独立的必要条件，而不是充分条件.

二、相关系数及其性质

协方差虽然是描述随机变量 X 与 Y 之间相互关系的量，但由于它的量纲等于随机变量 X 及 Y 的量纲的乘积，所以它不适宜于用作表示随机变量 X 与 Y 之间的相关性的数字特征. 为此引入

定义 3.5　量 $\dfrac{\mathrm{Cov}(X,Y)}{\sqrt{D(X)}\sqrt{D(Y)}}$ 是一个无量纲的量，称它为随机变量 X 与 Y 的**相关系数**，记作 ρ_{XY}，即

$$\rho_{XY} = \frac{\mathrm{Cov}(X,Y)}{\sqrt{D(X)}\sqrt{D(Y)}} \tag{3.10}$$

从定义看到，ρ_{XY} 跟 $\mathrm{Cov}(X,Y)$ 只差一个常数倍. 它具有以下两条重要性质：

(1) $|\rho_{XY}| \leqslant 1$;

(2) $|\rho_{XY}| = 1$ 的充要条件为存在常数 a,b 使 $P\{Y = aX + b\} = 1$.

证明 (1) $E\left\{\left[\dfrac{X-E(X)}{\sqrt{D(X)}} \pm \dfrac{Y-E(Y)}{\sqrt{D(Y)}}\right]^2\right\} =$

$$\frac{E\{[X-E(X)]^2\}}{D(X)} + \frac{E\{[Y-E(Y)]^2\}}{D(Y)} \pm$$

$$\frac{2E\{[X-E(X)][Y-E(Y)]\}}{\sqrt{D(X)}\sqrt{D(Y)}} =$$

$$\frac{D(X)}{D(X)} + \frac{D(Y)}{D(Y)} \pm 2\rho_{XY} = 2(1 \pm \rho_{XY})$$

由于上式左端为非负，故 $2(1 \pm \rho_{XY}) \geqslant 0$，从而 $|\rho_{XY}| \leqslant 1$.

(2) $|\rho_{XY}| = 1$ 等价于 $[\mathrm{Cov}(X,Y)]^2 = [D(X)][D(Y)]$. 考虑如下的一元二次方程

$$t^2 D(X) + 2t\mathrm{Cov}(X,Y) + D(Y) = 0 \tag{3.11}$$

对方程式(3.11)而言，条件 $[\mathrm{Cov}(X,Y)]^2 = [D(X)][D(Y)]$ 又等价于上述二次方程只有重根 $t = t_0$，即

$$t_0^2 D(X) + 2t_0 \mathrm{Cov}(X,Y) + D(Y) = 0$$

而上式等价于

$$E\{[t_0(X - E(X)) + (Y - E(Y))]^2\} = 0 \tag{3.12}$$

注意到 $E\{t_0[X - E(X)] + [Y - E(Y)]\} = 0$，故式(3.12)相当于

$$D\{t_0[X - E(X)] + [Y - E(Y)]\} = 0 \tag{3.13}$$

根据方差的性质(4)知，式(3.13)成立的充要条件是

$$P\{t_0[X - E(X)] + [Y - E(Y)] = 0\} = 1$$

亦即

$$P\{Y = t_0 E(X) + E(Y) - t_0 X\} = 1$$

取 $b = t_0 E(X) + E(Y)$，$a = -t_0$. 于是，便证明了“$|\rho_{XY}| = 1$”的充要条件是：存在常数 a,b，使得 $P\{Y = aX + b\} = 1$.

从上述性质可知，一般而言，ρ_{XY} 的绝对值是介于 0 与 1 之间的常数. 但是，当 $|\rho_{XY}| = 1$ 时，X 与 Y 之间几乎必然地存在着某种线性关系. 因此，当 $|\rho_{XY}|$ 接近于 1 时，我们说 X 与 Y 之间线性相关程度较强；当 $|\rho_{XY}|$ 接近于 0 时，则说 X 与 Y 之间的线性相关程度较弱. 所以，相关系数 ρ_{XY} 是一个反映随机变量 X 与 Y 之间线性相关程度的量.

特别地，当 $\rho_{XY} = 0$ 时，有

定义 3.6 若 $\rho_{XY}=0$,则称 X 与 Y 不相关.

因为 $\rho_{XY}=0$ 等价于 $\mathrm{Cov}(X,Y)=0$. 所以当 $\mathrm{Cov}(X,Y)=0$ 时,同样称 X 与 Y 不相关.

当 X 与 Y 不相关时,只能肯定 X 与 Y 之间没有线性关系,但不能断言它们之间不存在其他关系. 而 X 与 Y 相互独立则肯定了 X 与 Y 之间不存在任何关系. 故这两个概念请务必分清. 请看下例.

例 2 设 (X,Y) 为二维连续型随机变量,其概率密度为

$$f(x,y)=\begin{cases}\frac{1}{4}(1-x^3y+xy^3), & |x|<1,|y|<1\\ 0, & \text{其他}\end{cases}$$

试求 ρ_{XY}.

解 因

$$f_X(x)=\int_{-\infty}^{+\infty}f(x,y)\mathrm{d}y=\begin{cases}\frac{1}{4}\int_{-1}^{1}(1-x^3y+xy^3)\mathrm{d}y=\frac{1}{2} & ,|x|<1\\ 0, & \text{其他}\end{cases}$$

同理

$$f_Y(y)=\int_{-\infty}^{+\infty}f(x,y)\mathrm{d}x=\begin{cases}\frac{1}{2}, & |y|<1\\ 0, & \text{其他}\end{cases}$$

因

$$f_X(x)f_Y(y)=\frac{1}{4}\neq f(x,y)$$

故 X,Y 不相互独立.

又因

$$E(XY)=\int_{-\infty}^{+\infty}\int_{-\infty}^{+\infty}\frac{1}{4}xy(1-x^3y+xy^3)\mathrm{d}x\mathrm{d}y=0$$

$$E(X)=\int_{-\infty}^{+\infty}xf_X(x)\mathrm{d}x=\int_{-1}^{1}\frac{x}{2}\mathrm{d}x=0$$

$$E(Y)=\int_{-\infty}^{+\infty}yf_Y(y)\mathrm{d}y=\int_{-1}^{1}\frac{y}{2}\mathrm{d}y=0$$

故

$$\mathrm{Cov}(X,Y)=E(XY)-E(X)E(Y)=0$$

即 $\rho_{XY}=0$,则 X 与 Y 不相关.

此例说明 X 与 Y 不相关不一定独立,但由式(3.8)知独立则必不相关.

例 3 设 $(X,Y)\sim N(\mu_1,\mu_2,\sigma_1^2,\sigma_2^2,\rho)$. 试求 ρ_{XY}.

解 由上章知 $f_X(x)=\frac{1}{\sqrt{2\pi}\sigma_1}\mathrm{e}^{-\frac{(x-\mu_1)^2}{2\sigma_1^2}},\quad -\infty<x<+\infty$

$$f_Y(y)=\frac{1}{\sqrt{2\pi}\sigma_2}\mathrm{e}^{-\frac{(y-\mu_2)^2}{2\sigma_2^2}},\quad -\infty<y<+\infty$$

且

$$E(X)=\mu_1,\ E(Y)=\mu_2,D(X)=\sigma_1^2,\ D(Y)=\sigma_2^2$$

而 $$\operatorname{Cov}(X,Y)=\int_{-\infty}^{+\infty}(x-\mu_1)(y-\mu_2)f(x,y)\mathrm{d}x\mathrm{d}y=$$

$$\frac{1}{2\pi\sigma_1\sigma_2\sqrt{1-\rho^2}}\int_{-\infty}^{+\infty}\int_{-\infty}^{+\infty}(x-\mu_1)(y-\mu_2)\mathrm{e}^{-\frac{(x-\mu_1)^2}{2\sigma_1^2}}\mathrm{e}^{-\frac{1}{2(1-\rho^2)}\left[\frac{y-\mu_2}{\sigma_2}-\rho\frac{x-\mu_1}{\sigma_1}\right]^2}\mathrm{d}y\mathrm{d}x$$

令 $t=\frac{1}{\sqrt{1-\rho^2}}\left(\frac{y-\mu_2}{\sigma_2}-\rho\frac{x-\mu_1}{\sigma_1}\right),\qquad u=\frac{x-\mu_1}{\sigma_1},$

则有 $$\operatorname{Cov}(X,Y)=\frac{1}{2\pi}\int_{-\infty}^{+\infty}\int_{-\infty}^{+\infty}(\sigma_1\sigma_2\sqrt{1-\rho^2}\,tu+\rho\sigma_1\sigma_2u^2)\mathrm{e}^{-\frac{u^2}{2}-\frac{t^2}{2}}\mathrm{d}t\mathrm{d}u=$$

$$\frac{\rho\sigma_1\sigma_2}{2\pi}\left(\int_{-\infty}^{+\infty}u^2\mathrm{e}^{-\frac{u^2}{2}}\mathrm{d}u\right)\left(\int_{-\infty}^{+\infty}\mathrm{e}^{-\frac{t^2}{2}}\mathrm{d}t\right)+$$

$$\frac{\sigma_1\sigma_2\sqrt{1-\rho^2}}{2\pi}\left(\int_{-\infty}^{+\infty}\mathrm{e}^{-\frac{u^2}{2}}\mathrm{d}u\right)\left(\int_{-\infty}^{+\infty}t\mathrm{e}^{-\frac{t^2}{2}}\mathrm{d}t\right)=$$

$$\frac{\rho}{2\pi}\sigma_1\sigma_2\sqrt{2\pi}\cdot\sqrt{2\pi}=\rho\sigma_1\sigma_2$$

所以 $$\rho_{XY}=\frac{\operatorname{Cov}(X,Y)}{\sqrt{D(X)}\sqrt{D(Y)}}=\rho$$

这表明二维正态分布的参数 ρ 即为 X 与 Y 的相关系数，因而其分布完全可由 X,Y 的数学期望，方差以及它们的相关系数确定. 由上章知，对服从二维正态分布的随机变量 (X,Y)，X 与 Y 独立的充要条件是 $\rho_{XY}=0$，从而 X 与 Y 不相关等价于 X 与 Y 独立.

总结上述讨论可知，给定随机变量 X 与 Y，对于相关系数和协方差而言，下列事实是等价的：

(1) $\operatorname{Cov}(X,Y)=0$；

(2) $\rho_{XY}=0$；

(3) $E(XY)=E(X)E(Y)$；

(4) $D(X+Y)=D(X)+D(Y)$.

请读者自证.

3.4 矩 协方差阵

定义 3.7 设 X 与 Y 为随机变量，若 $E(X^k)(k=1,2,\cdots)$ 存在，则称它为 X 的 **k 阶原点矩**.

若 $E\{[X-E(X)]^k\}(k=2,3,\cdots)$ 存在，则称它为 X 的 **k 阶中心矩**.

若 $E(X^kY^l)\ (k,l=1,2,\cdots)$ 存在，则称它为 X 与 Y 的 **$k+l$ 阶混合矩**.

若 $E\{[X-E(X)]^k[Y-E(Y)]^l\}(k,l=1,2,\cdots)$ 存在，则称它为 X 与 Y 的 $k+$

l **阶混合中心矩**.

显然 $E(X)$ 为 X 的一阶原点矩，$D(X)$ 为 X 的二阶中心矩，$\mathrm{Cov}(X,Y)$ 为 X 与 Y 的二阶混合中心矩.

对二维随机变量 (X_1,X_2) 来说，若下列二阶中心(混合)矩均存在：

$$E\{[X_1-E(X_1)]^2\}=a_{11}=D(X_1)$$

$$E\{[X_1-E(X_1)][X_2-E(X_2)]\}=a_{12}=\mathrm{Cov}(X_1,X_2)$$

$$E\{[X_2-E(X_2)][X_1-E(X_1)]\}=a_{21}=\mathrm{Cov}(X_2,X_1)$$

$$E\{[X_2-E(X_2)]^2\}=a_{22}=D(X_2)$$

将它们排成矩阵形式：$\begin{bmatrix} a_{11} & a_{12} \\ a_{21} & a_{22} \end{bmatrix}$

上述矩阵称为随机变量 (X_1,X_2) 的**协方差阵**.

定义 3.8　设 n 维随机变量 $(X_1,X_2,\cdots,X_n)$ 的二阶混合中心矩

$$a_{ij}=\mathrm{Cov}(X_i,X_j)=E\{[X_i-E(X_i)][X_j-E(X_j)]\},\quad i,j=1,2,\cdots,n$$

存在，则称矩阵

$$A=\begin{bmatrix} a_{11} & a_{12} & \cdots & a_{1n} \\ a_{21} & a_{22} & \cdots & a_{2n} \\ \vdots & \vdots & & \vdots \\ a_{n1} & a_{n2} & \cdots & a_{nn} \end{bmatrix}$$

为 $(X_1,X_2,\cdots,X_n)$ 的**协方差阵**.

显然当 $i=j$ 时，$a_{ii}=\mathrm{Cov}(X_i,X_i)=D(X_i)$.

协方差阵具有下列性质：

(1)协方差阵是对称阵 $\mathrm{Cov}(X_i,X_j)=\mathrm{Cov}(X_j,X_i)$；

(2)协方差是非负定的.

一般地，n 维随机变量的分布难以知道，或者太繁杂，导致在数学上不易处理，因此在实际应用中协方差阵就显得很重要，我们将在统计部分加以具体应用.

3.5　数字特征在可靠性问题中的应用举例

一、有关定义

元件或设备的**平均寿命**是其寿命 τ 的数学期望，它是重要的可靠性指标之一，通常用：

(1) MTTF 表示不可修复元件或设备的平均寿命，是指该元件从开始使用到发生故障的平均时间.

(2) MTBF 表示可修复元件或设备的平均寿命，是指该元件发生故障经维修或更换零件再继续工作到下一次故障的平均时间，即从一次故障到下一次故障间平均连续工作时间.

例如当某种元件的寿命服从参数为 λ 的指数分布时，$MTBF = \frac{1}{\lambda}$，故有 $\lambda = \frac{1}{MTBF}$，可见参数 λ 可以表示平均单位时间内该种元件发生故障的次数.

再如已知某种设备的平均寿命为 t_0，且寿命的方差很小，这说明该种设备差不多都在使用 t_0 小时前后发生故障，对这种设备如能在 t_0 稍前一些时间对它进行维修或更换，则常常可以避免发生故障. 这一点很重要，尤其是对那些因这种设备发生故障而引起严重后果的就更为重要.

二、应用举例

例 1 已知某种不可修复元件的寿命 τ（单位：kh）服从正态分布，其概率密度为

$$f(t)=\frac{1}{\sqrt{2\pi}}e^{-\frac{(t-11)^2}{2}}, \quad -\infty < t < +\infty$$

某设备用了大批这种元件.

(1)求这种元件的 MTTF.

(2)欲在 99.5%的元件损坏以前把它们换掉，问最晚需要在多少 kh 以前进行?

解 (1) $$MTTF=E(\tau)=\frac{1}{\sqrt{2\pi}}\int_{-\infty}^{+\infty} t e^{-\frac{(t-11)^2}{2}} dt = 11(kh)$$

(2)求 t 使得

$$F(t)=\frac{1}{\sqrt{2\pi}}\int_{-\infty}^{t} e^{-\frac{(t-11)^2}{2}} dt = 1-0.995=0.005$$

由于 $F(t)=\Phi(\frac{t-\mu}{\sigma})=\Phi(t-11)=\Phi(x)$，查标准正态分布表得 $t=-2.57$.

由 $t-11=-2.57$，得

$$t=8.43kh$$

即若在使用 8.43kh 以前把这种元件换掉就可以保证有 99.5%的元件尚完好.

例 2 一个系统由两个元件并联而成，每个元件的故障率均为 λ，求此系统的 MTTF.

解 设 S_1, S_2 分别表示元件 1 和元件 2 在 0 到 t 时间内正常工作，且它们的概率分别记作 $V_1(t), V_2(t)$.

由于元件1和元件2的故障率均为常数λ，由第2章式(4.9)得

$$P(S_1)=P(S_2)=V_1(t)=V_2(t)=e^{-\lambda t},\quad t\geqslant 0$$

又设S表示"系统为并联时从0到t时间内正常工作"，则$\overline{S}=\overline{S}_1\overline{S}_2$，故

$$P(S)=1-P(\overline{S})=1-P(\overline{S}_1\ \overline{S}_2)=1-P(\overline{S}_1)P(\overline{S}_2)=$$
$$1-[1-V_1(t)][1-V_2(t)]=1-(1-e^{-\lambda t})^2$$

即该系统的可靠度为

$$R_S(t)=1-(1-e^{-\lambda t})^2=2e^{-\lambda t}-e^{-2\lambda t},\quad t\geqslant 0$$

由上式知该系统寿命τ的概率密度为

$$f_S(t)=-R'_S(t)=2\lambda e^{-\lambda t}-2\lambda e^{-2\lambda t},\quad t\geqslant 0$$

根据MTTF的定义，有

$$\mathrm{MTTF}=E(\tau)=\int_0^{+\infty}tf_S(t)\mathrm{d}t=\int_0^{+\infty}t(2\lambda e^{-\lambda t}-2\lambda e^{-2\lambda t})\mathrm{d}t=$$
$$-t(2e^{-\lambda t}-e^{-2\lambda t})\Big|_0^{+\infty}+\int_0^{+\infty}(2e^{-\lambda t}-e^{-2\lambda t})\mathrm{d}t=$$
$$\int_0^{+\infty}(2e^{-\lambda t}-e^{-2\lambda t})\mathrm{d}t=$$
$$\left(-\frac{2}{\lambda}e^{-\lambda t}+\frac{1}{2\lambda}e^{-2\lambda t}\right)\Big|_0^{+\infty}=\frac{3}{2\lambda}$$

从上面的计算过程可见，计算MTTF时可直接应用下述公式：

$$\mathrm{MTTF}=\int_0^{+\infty}R_S(t)\mathrm{d}t=\int_0^{+\infty}(2e^{-\lambda t}-e^{-2\lambda t})\mathrm{d}t=\frac{3}{2\lambda}$$

二、计算公式证明

现在给出计算公式：

$$MTTF=\int_0^{+\infty}R(t)\mathrm{d}t$$

的一般证明.

设τ表示元件或系统的寿命，$f(t)$为其概率密度，$R(t)$为其可靠度，则有

$$\mathrm{MTTF}=E(\tau)=\int_0^{+\infty}tf(t)\mathrm{d}t=\int_0^{+\infty}[-tR'(t)]\mathrm{d}t(\text{因为}t<0\text{时},f(t)=0)=$$
$$-tR(t)\Big|_0^{+\infty}+\int_0^{+\infty}R(t)\mathrm{d}t$$

由上式知须证$tR(t)\Big|_0^{+\infty}=0$.

首先，由于MTTF为有限数，则

$$\mathrm{MTTF}=\int_{-\infty}^{+\infty}tf(t)\mathrm{d}t=\int_{-\infty}^{T}tf(t)dt+\int_T^{+\infty}tf(t)\mathrm{d}t=$$

$$\lim_{T\to+\infty}\int_{-\infty}^{T} tf(t)\mathrm{d}t+\lim_{T\to+\infty}\int_{T}^{+\infty} tf(t)\mathrm{d}t=\int_{-\infty}^{+\infty} tf(t)dt+\lim_{T\to+\infty}\int_{T}^{+\infty} tf(t)\mathrm{d}t=$$

$$\mathrm{MTTF}+\lim_{T\to+\infty}\int_{T}^{+\infty} tf(t)\mathrm{d}t$$

故
$$\lim_{T\to+\infty}\int_{T}^{+\infty} tf(t)\mathrm{d}t=0$$

其次,对于任意有限数 $T>0$,有

$$0\leqslant TR(T)=T\int_{T}^{+\infty} f(t)\mathrm{d}t\leqslant\int_{T}^{+\infty} tf(t)\mathrm{d}t \qquad (由于 t\geqslant T)$$

两端取极限得
$$0\leqslant\lim_{T\to+\infty} TR(T)\leqslant\lim_{T\to+\infty}\int_{T}^{+\infty} tf(t)\mathrm{d}t$$

得
$$\lim_{T\to+\infty} TR(T)=0 \text{ 或 } \lim_{t\to+\infty} tR(t)=0$$

于是

$$tR(t)\Big|_{0}^{+\infty}=\lim_{t\to+\infty}[tR(t)-0R(0)]=\lim_{t\to+\infty} tR(t)-0=0$$

故
$$\mathrm{MTTF}=\int_{0}^{+\infty} R(t)\mathrm{d}t=0$$

附录 常用分布的数学期望和方差

分布	分布律或概率密度	数学期望	方差
(0－1)分布	$P\{X=k\}=p^k q^{1-k}\quad k=0,1$ $0<p<1,p+q=1$	p	pq
二项分布	$P\{X=k\}=C_n^k p^k(1-p)^{n-k}$ $k=0,1,2,\cdots,n,0<p<1$	np	$np(1-p)$
泊松分布	$P\{X=k\}=\dfrac{\lambda^k e^{-\lambda}}{k!}$ $\lambda>0,k=0,1,2,\cdots.$	λ	λ
均匀分布	$f(x)=\begin{cases}1/(b-a), & a\leqslant x\leqslant b\\ 0 & 其他\end{cases}$	$\dfrac{a+b}{2}$	$\dfrac{(b-a)^2}{12}$
指数分布	$f(x)=\begin{cases}\lambda e^{-\lambda x}, & x>0\\ 0 & 其他\end{cases}\quad(\lambda>0)$	$\dfrac{1}{\lambda}$	$\dfrac{1}{\lambda^2}$
正态分布	$f(x)=\dfrac{1}{\sqrt{2\pi}\sigma}e^{-\frac{(x-\mu)^2}{2\sigma^2}}$ $-\infty<x<+\infty$	μ	σ^2

习　题　3

1. 甲、乙两车工生产同一种零件，在它们所生产的同样多的产品中次品数分别为 X 和 Y．经过一段时间的观察，得 X,Y 的分布律分别见表 3.10 和表3.11.

表　3.10

X	0	1	2	3
p_k	0.7	0.1	0.1	0.1

及

表　3.11

Y	0	1	2	3
p_k	0.5	0.3	0.2	0

问哪位车工的技术水平较高？

2. 某产品的次品率为 0.1，检验员每天检验 4 次，每次随机地取 10 件产品进行检验. 如发现其中次品数多于 1，就去调整设备. 以 X 表示一天中调整设备的次数，试求 $E(X)$.

3. 有 3 只球，4 个盒子，盒子的编号为 1,2,3,4. 将球逐个地独立地随机地放入 4 个盒子中去，以 X 表示其中至少有 1 球的盒子的最小号码.（例如 $X=3$ 表示第 1,2 号盒子都是空的，且第 3 号盒子至少有 1 球）. 试求 $E(X)$.

4. 设在某一规定时间间隔内，某电气设备用于最大负荷的时间 X（以分计）是一随机变量，其概率密度为

$$f(x)=\begin{cases}\dfrac{x}{1\,500^2}, & 0\leqslant x\leqslant 1\,500\\ -\dfrac{x-3\,000}{1\,500^2}, & 1\,500<x<3\,000\\ 0, & \text{其他}\end{cases}$$

试求 $E(X)$.

5. 设二维随机变量 (X,Y) 的概率密度为

$$f(x,y)=\begin{cases}\dfrac{1}{8}(x+y), & 0\leqslant x\leqslant 2, 0\leqslant y\leqslant 2\\ 0, & \text{其他}\end{cases}$$

试求 $E(X),E(Y)$.

6. 设随机变量 X 的概率密度为

$$f(x)=\begin{cases}2(1-x), & 0<x<1\\ 0, & \text{其他}\end{cases}$$

试求(1) $E(2X)$；(2) $E(\mathrm{e}^{-2X})$.

7. 设 (X,Y) 的概率密度为

$$f(x,y)=\begin{cases}12y^2, & 0\leqslant y\leqslant x\leqslant 1\\0, & 其他\end{cases}$$

试求 $E(X),E(Y),E(XY),E(X^2+Y^2)$.

8. 一工厂生产的某种设备的寿命 X（以年计）服从指数分布，即概率密度为

$$f(x)=\begin{cases}\dfrac{1}{4}\mathrm{e}^{-x/4}, & x>0\\0, & 其他\end{cases}$$

工厂规定，出售的设备在一年之内损坏可以调换. 若出售一台设备可赢利 100 元，调换一台设备则需花费 300 元. 试求厂方出售一台设备赢利的数学期望.

9. 设随机变量 X 服从瑞利分布，其概率密度为

$$f(x)=\begin{cases}\dfrac{x}{\sigma^2}\mathrm{e}^{-\frac{x^2}{2\sigma^2}}, & x>0\\0, & 其他\end{cases}$$

其中 $\sigma>0$ 常数. 试求 $E(X),D(X)$.

10. 若有 n 把看上去样子相同的钥匙，其中只有一把钥匙能打开门上的锁. 设取到每把钥匙是等可能的. 若每把钥匙试开一次后除去. 试用下面两种方法求试开次数 X 的数学期望.

(1)写出 X 的分布律；(2)不写出 X 的分布律.

11. 将 n 只球（$1\sim n$ 号）随机地放进 n 只盒子（$1\sim n$ 号）中去，一只盒子装入一只球. 若一只球装入与球同号的盒子中，称为一个配对. 记 X 为总的配对数. 试求 $E(X)$.

12. 二维随机变量 (X,Y) 的分布律见表 3.12.

表　3.12

X \ Y	1	2	3
-1	a	0.1	0
0	0.1	0	b
1	0.1	0.1	c

(1)求 a,b,c，使 $E(X)=0,E(Y)=2$；

(2)设 $Z=(X-Y)^2$，求 $E(Z)$；

(3)设 $Z=X^2Y$，求 $E(Z)$.

13. 五家商店联营，它们每两周售出的某种农产品的数量（以千克计）分别为 X_1,X_2,X_3,X_4,X_5. 已知 $X_1\sim N(200,225)$，$X_2\sim N(240,240)$，$X_3\sim N(180,$

225)，$X_4 \sim N(260,265)$，$X_5 \sim N(320,270)$，X_1，X_2，X_3，X_4，X_5 相互独立.

(1)求五家商店两周的总销售量的期望和方差；

(2)商店每隔两周进一次货，为了使新的供货到达前商店不会脱销的概率大于0.99，问商店的仓库应至少储存多少千克该产品？

14. 卡车装运水泥，设每袋水泥的重量 X（以千克计）服从 $N \sim (50, 2.5^2)$，问最多装多少袋水泥使总重量不超过 2 000 的概率不大于 0.05？

15. 设随机变量 (X,Y) 具有概率密度

$$f(x,y)=\begin{cases}1, & |x|<y, 0<y<1 \\ 0, & \text{其他}\end{cases}$$

试求 $\mathrm{Cov}(X,Y)$.

16. 设二维随机变量 (X,Y) 具有概率密度

$$f(x,y)=\begin{cases}\dfrac{1}{8(x+y)}, & 0\leqslant x\leqslant 2, 0\leqslant y\leqslant 2 \\ 0, & \text{其他}\end{cases}$$

试求：$\mathrm{Cov}(X,Y)$，ρ_{XY}，$D(X+Y)$.

17. 设二维随机变量 (X,Y) 的概率密度为

$$f(x,y)=\begin{cases}\dfrac{1}{\pi}, & x^2+y^2\leqslant 1 \\ 0, & \text{其他}\end{cases}$$

验试证 X 与 Y 不相关，但 X 与 Y 不独立.

18*. 已知一个系统由 3 个同一型号的设备构成，该种设备的寿命服从指数分布，故障率为 λ.

(1)该系统为串联系统，求其 MTTF；(2)该系统为并联系统，求其 MTTF.

19*. 已知一个系统由服从同一参数为 λ 的指数分布的 n 个元件构成.

(1)该系统为串联系统，求其 MTTF；(2)该系统为并联系统，求其 MTTF.

第 4 章　大数定律初步及中心极限定理

4.1　大数定律初步

在第 1 章中,我们曾指出某一事件 A 在单独一次试验中可能发生,也可能不发生,但在多次重复试验时,其结果就会呈现一定的统计规律性——频率稳定性.即随着试验次数 n 的增大,频率将逐渐稳定于某个常数.在实践中人们还认识到大量测量值的算术平均值随着测量次数的增加也具有稳定性.所有这些稳定性的数学意义是什么呢?这就是本节要讨论的内容,首先介绍一个重要不等式.

一、切比雪夫不等式

设随机变量 X 的 $E(X)$ 及 $D(X)$ 均存在,则对 $\forall \varepsilon > 0$,有

$$P\{|X - E(X)| \geqslant \varepsilon\} \leqslant \frac{D(X)}{\varepsilon^2} \tag{4.1}$$

或

$$P\{|X - E(X)| < \varepsilon\} \geqslant 1 - \frac{D(X)}{\varepsilon^2} \tag{4.2}$$

证明　设 X 的概率密度为 $f(x)$,则

$$P\{|X - E(X)| \geqslant \varepsilon\} = \int\limits_{|x-E(X)|\geqslant\varepsilon} f(x)\mathrm{d}x \leqslant \int\limits_{|x-E(X)|\geqslant\varepsilon} \frac{[x-E(X)]^2}{\varepsilon^2} f(x)\mathrm{d}x \leqslant$$

$$\frac{1}{\varepsilon^2}\int_{-\infty}^{+\infty}[x - E(X)]^2 f(x)\mathrm{d}x = \frac{D(X)}{\varepsilon^2}$$

由 $P\{|X - E(X)| < \varepsilon\} = 1 - P\{|X - E(X)| \geqslant \varepsilon\}$ 易知式(4.2)成立.

从切比雪夫不等式看到,随机变量 X 的方差越小,事件 $\{|X - E(X)| \geqslant \varepsilon\}$ 的概率就越小,即 X 的取值就越集中在它的 $E(X)$ 周围,这也再次说明方差是描述随机变量 X 的取值离散程度的一个数量指标.

切比雪夫不等式给出了在随机变量分布未知情况下,利用数学期望和方差,估计随机变量在以 $E(X)$ 为中心的某个范围内取值的概率.其步骤如下.

(1)选择随机变量 X;

(2)求出 X 的 $E(X)$ 和 $D(X)$;

(3)由题意确定 ε;

(4)由切比雪夫不等式估计.

例1 设电站供电网有10 000盏灯,夜间每一盏灯开灯的概率均为0.7.假定各盏灯开、关时间是相互独立的,估计同时开灯数在6 800～7 200之间的概率.

解 设X表示同时开着灯的数目,则$X \sim B(10\,000, 0.7)$.

因 $E(X)=10\,000\times 0.7=7\,000$, $D(X)=10\,000\times 0.7\times 0.3=2\,100$

故取$\varepsilon=200$,

$$P\{6\,800<X<7\,200\}=P\{|X-7\,000|<200\}\geqslant 1-\frac{2\,100}{200^2}=0.95$$

由此可知,虽然有10 000盏灯,但只要有7 200盏灯的电力,就能够以相当大的概率保证够用.事实上切比雪夫不等式的估计只说明概率大于0.95,我们可具体求出这个概率为0.989 9.为此,切比雪夫不等式适用于精度不高的情形,但在实际和理论应用中具有重要的意义.

二、切比雪夫定理

设$X_1, X_2, \cdots, X_n, \cdots$是相互独立的随机变量,且$E(X_i)=\mu_i$,$D(X_i)=\sigma_i^2<L$($L$为常数),$i=1,2,\cdots$则对于$\forall \varepsilon>0$,有

$$\lim_{n\to\infty}P\left\{\left|\frac{1}{n}\sum_{i=1}^{n}X_i-\frac{1}{n}\sum_{i=1}^{n}E(X_i)\right|<\varepsilon\right\}=1 \tag{4.3}$$

证明 因$X_1, X_2, \cdots, X_n, \cdots$是相互独立的随机变量,所以

$$D\left(\frac{1}{n}\sum_{i=1}^{n}X_i\right)=\frac{1}{n^2}\sum_{i=1}^{n}D(X_i)=\frac{1}{n^2}\sum_{i=1}^{n}\sigma_i^2\leqslant\frac{1}{n^2}\cdot nL=\frac{L}{n}$$

又
$$E\left(\frac{1}{n}\sum_{i=1}^{n}X_i\right)=\frac{1}{n}\sum_{i=1}^{n}E(X_i)$$

故由切比雪夫不等式,对于$\forall \varepsilon>0$,有

$$P\left\{\left|\frac{1}{n}\sum_{i=1}^{n}X_i-\frac{1}{n}\sum_{i=1}^{n}E(X_i)\right|<\varepsilon\right\}\geqslant 1-\frac{L/n}{\varepsilon^2} \tag{4.4}$$

在上式中令$n\to\infty$,并注意到概率不大于1,即

$$\lim_{n\to\infty}P\left\{\left|\frac{1}{n}\sum_{i=1}^{n}X_i-\frac{1}{n}\sum_{i=1}^{n}E(X_i)\right|<\varepsilon\right\}=1$$

切比雪夫定理告诉我们,在定理成立的条件下,当n充分大时,n个独立随机变量的平均数这一随机变量的离散程度很小,这意味着经过算术平均以后得到的随机变量将比较集中在它的数学期望附近.故该定理也称为**大数定律**.

推论1 如果$X_1, X_2, \cdots, X_n, \cdots$相互独立,且服从同一分布,即$E(X_i)=\mu$,$D(X_i)=\sigma^2$($i=1,2,\cdots,n,\cdots$)则对$\forall \varepsilon>0$,有

$$P\left\{\left|\frac{1}{n}\sum_{i=1}^{n}X_i-\mu\right|<\varepsilon\right\}=1 \tag{4.5}$$

推论1为算术平均值的稳定性提供了理论依据.当n很大时,随机变量X_1,X_2,…,X_n的算术平均值接近于数学期望μ(常数),但这种接近是在概率意义下的接近.

证明(略).

推论2 **(贝努利定理)**设n_A是n次独立重复试验中事件A发生的次数,p是事件A在每次试验中发生的概率,则对于$\forall\varepsilon>0$,有

$$\lim_{n\to\infty}P\left\{\left|\frac{n_A}{n}-p\right|<\varepsilon\right\}=1 \tag{4.6}$$

或

$$\lim_{n\to\infty}P\left\{\left|\frac{n_A}{n}-p\right|\geqslant\varepsilon\right\}=0 \tag{4.7}$$

证明 引入随机变量$X_i=\begin{cases}1, & A\text{在第}i\text{次试验中发生}\\0, & A\text{在第}i\text{次试验中不发生}\end{cases}$,$(i=1,2,\cdots,n)$

显然
$$n_A=X_1+X_2+\cdots+X_n$$

因X_i只依赖于第i次试验,而各次试验相互独立,即$X_1,X_2,\cdots,X_n$相互独立,且X_i服从$(0-1)$分布.故

$$E(X_i)=p,D(X_i)=p(1-p),\quad i=1,2,\cdots,n$$

由切比雪夫定理得

$$\lim_{n\to\infty}P\left\{\left|\frac{1}{n}\sum_{i=1}^{n}X_i-\frac{1}{n}\sum_{i=1}^{n}E(X_i)\right|<\varepsilon\right\}=\lim_{n\to\infty}P\left\{\left|\frac{n_A}{n}-p\right|<\varepsilon\right\}=1$$

贝努利定理为事件A发生的频率$\frac{n_A}{n}$随着试验次数的增大而稳定于某个常数提供了理论依据.它以严格的数学表达式明确了频率的稳定性.也就是说,当n很大时,事件A发生的频率与概率有较大偏差的可能性很小.根据实际推断原理,在实际应用中,当试验次数很大时,便可以用事件发生的频率来近似代替事件的概率.

例2 在n次独立试验中,设事件A在第i次试验中发生的概率为$p_i(i=1,2,\cdots,n)$.试证:事件A发生的频率等于概率的平均值.

证明 设X为n次试验中事件A发生的次数,引入随机变量

$$X_i=\begin{cases}1, & \text{第}i\text{次试验中}A\text{发生}\\0, & \text{第}i\text{次试验中}A\text{不发生}\end{cases},\quad i=1,2,\cdots,n$$

则
$$X_i\sim(0\text{—}1)\text{分布}$$

故
$$E(X_i)=p_i,\ D(X_i)=p_i(1-p_i)=p_iq_i$$

因
$$(p_i-q_i)^2=(p_i+q_i)^2-4p_iq_i=1-4p_iq_i\geqslant 0$$

故
$$D(X_i)=p_iq_i\leqslant\frac{1}{4}$$

又因
$$X=\sum_{i=1}^{n}X_i,\quad \overline{X}=\frac{X}{n},\quad \overline{U}=\frac{1}{n}\sum_{i=1}^{n}p_i$$

故由切比雪夫定理,对于 $\forall\varepsilon>0$,有

$$\lim_{n\to\infty}P\{|\overline{X}-\overline{U}|<\varepsilon\}=\lim_{n\to\infty}P\left\{\left|\frac{X}{n}-\frac{1}{n}\sum_{i=1}^{n}p_i\right|<\varepsilon\right\}=1$$

即当 $n\to\infty$ 时,事件 A 发生的频率 $\frac{X}{n}$ 稳定于它的概率平均值 $\frac{1}{n}\sum_{i=1}^{n}p_i$.

注意,本题不能用推论 2(贝努利定理),因事件 A 在每次试验中发生的概率 p_i 不一定相同.

切比雪夫定理要求 $X_1,X_2,\cdots,X_n,\cdots$ 的方差存在,但在这些随机变量服从同分布的情况下,并不需要这一要求,我们有以下定理.

三、辛钦定理

如果 $X_1,X_2,\cdots,X_n,\cdots$ 相互独立,服从同一分布,且 $E(X_i)=\mu\ (i=1,2,\cdots,)$,则对于 $\forall\varepsilon>0$,有

$$\lim_{n\to\infty}P\left\{\left|\frac{1}{n}\sum_{i=1}^{n}X_i-\mu\right|<\varepsilon\right\}=1. \tag{4.8}$$

证明从略.

例 3　利用仪器测量温度 μ(均值)时,所产生的随机误差的分布在独立试验过程中不变.设 $X_1,X_2,\cdots,X_n$ 为各次测量的结果,可否用 $\frac{1}{n}\sum_{i=1}^{n}(x_i-\mu)^2$ 作为仪器误差的近似值(设仪器无系统误差)?

由题设条件,所要证的是对于 $\forall\varepsilon>0$,可否有

$$\lim_{n\to\infty}P\left\{\left|\frac{1}{n}\sum_{i=1}^{n}(X_i-\mu)^2-\sigma^2\right|<\varepsilon\right\}=1$$

成立.

证明　因为 $X_1,X_2,\cdots,X_n$ 是各次测量结果,视为独立同分布,有

$$E(X_1)=E(X_2)=\cdots=E(X_n),\quad D(X_1)=D(X_2)=\cdots=D(X_n)$$

则仪器误差的期望和方差为

$$E(X_i-\mu)=E(X_i)-\mu,\quad D(X_i-\mu)=D(X_i),\quad i=1,2,\cdots,n$$

设 $Y_i=(X_i-\mu)^2$,则 $Y_1,Y_2,\cdots,Y_n$ 为独立同分布,且

$$E(Y_i)=E[(X_i-\mu)^2]=E(X_i^2)-2\mu E(X_i)+\mu^2=$$

$$D(X_i)+[E(X_i)-\mu]^2$$

又因系统无系统误差，得 $E(X_i)=\mu$. 故

$$E(Y_i)=D(X_i)=\sigma^2,\quad i=1,2,\cdots,n$$

由辛钦大数定理，对于 $\forall\varepsilon>0$，有

$$1=\lim_{n\to\infty}P\left\{\left|\frac{1}{n}\sum_{i=1}^{n}Y_i-E(Y_i)\right|<\varepsilon\right\}=$$

$$\lim_{n\to\infty}P\left\{\left|\frac{1}{n}\sum_{i=1}^{n}(X_i-\mu)^2-\sigma^2\right|<\varepsilon\right\}$$

可见 $n\to\infty$ 时，$\frac{1}{n}\sum_{i=1}^{n}(X_i-\mu)^2$ 可以作为仪器误差的近似值.

4.2 中心极限定理

由第 2 章 2.4 节已知，若 $X\sim N(\mu_1,\sigma_1^2)$，$Y\sim N(\mu_2,\sigma_2^2)$，且 X,Y 独立，则 $Z=X+Y\sim N(\mu_1+\mu_2,\sigma_1^2+\sigma_2^2)$，并且该结果可推广到有限多个独立的正态随机变量的情形. 即下述定理

定理 4.1 设 $X_1,X_2,\cdots,X_n$ 相互独立，且 $X_i\sim N(\mu_i,\sigma_i^2)$，$i=1,2,\cdots,n$，则

$$U=\alpha_1X_1+\alpha_2X_2+\cdots+\alpha_nX_n$$

仍是一正态随机变量，且

$$U\sim N\left(\sum_{i=1}^{n}\alpha_i\mu_i,\sum_{i=1}^{n}\alpha_i^2\sigma_i^2\right)\tag{4.9}$$

特别地，取 $\alpha_i=\frac{1}{n}$，且 $X_i\sim N(\mu,\sigma^2)$，$i=1,2,\cdots,n$，则有

$$U=\frac{1}{n}\sum_{i=1}^{n}X_i\sim N\left(\mu,\frac{\sigma^2}{n}\right)\tag{4.10}$$

现在介绍概率论中一个重要结果：在一般条件下，充分多个独立的非正态随机变量的和近似地服从正态分布. 这一事实更充分地说明了正态分布的重要性.

在概率论中，把研究在什么条件下，大量独立随机变量和的分布以正态分布为极限分布的一系列定理称为**中心极限定理**. 本节介绍一个常用的中心极限定理——**独立同分布的中心极限定理**.

定理 4.2 **(独立同分布的中心极限定理)** 设随机变量 $X_1,X_2,\cdots,X_n,\cdots$ 相互独立，且服从同一分布，并有数学期望和方差：$E(X_i)=\mu,D(X_i)=\sigma^2\neq0\quad(i=1,2,\cdots)$，则随机变量

$$Y_n=\frac{\sum_{i=1}^{n}X_i-E\left(\sum_{i=1}^{n}X_i\right)}{\sqrt{D\left(\sum_{i=1}^{n}X_i\right)}}=\frac{\sum_{i=1}^{n}X_i-n\mu}{\sqrt{n}\sigma}$$

的分布函数 $F_n(x)$ 对于任意的 x，满足

$$\lim_{n\to\infty}F_n(x)=\lim_{n\to\infty}P\{Y_n\leqslant x\}=\lim_{n\to\infty}P\left\{\frac{\sum_{i=1}^{n}X_i-n\mu}{\sqrt{n}\sigma}\leqslant x\right\}=$$

$$\int_{-\infty}^{x}\frac{1}{\sqrt{2\pi}}\mathrm{e}^{-\frac{x^2}{2}}\mathrm{d}x=\Phi(x) \tag{4.11}$$

由于定理的证明要用到较多的数学知识，故从略．由定理4.2可知，当 n 充分大时，数学期望为 μ，方差为 σ^2 的独立同分布的随机变量 $X_1,X_2,\cdots,X_n$ 满足

$$\frac{\sum_{i=1}^{n}X_i-n\mu}{\sqrt{n}\sigma}\overset{\text{近似地}}{\sim}N(0,1) \tag{4.12}$$

若令 $\overline{X}=\frac{1}{n}\sum_{i=1}^{n}X_i$，则当 n 充分大时，有

$$\overline{X}\overset{\text{近似地}}{\sim}N(\mu,\frac{\sigma^2}{n}) \tag{4.13}$$

由式(4.13)可见，在独立同分布的场合，无论 $X_1,X_2,\cdots,X_n$ 的分布函数为何，它的算术平均值 $\overline{X}$，当 n 充分大时近似地服从数学期望(均值)为 μ，方差为 $\frac{\sigma^2}{n}$ 的正态分布．这一结果不仅是数理统计中大样本理论的基础，而且具有重要的应用价值．

例1　计算机在进行加法运算时，对每个加数取整(取最接近于它的整数)．设所有的取整误差是相互独立的，并且都在 $(-0.5,0.5)$ 上服从均匀分布．

(1)若将1 500个数相加，求误差总和的绝对值超过15的概率．

(2)几个加数在一起误差总和的绝对值小于10的概率为0.90．

解　设每个数取整误差为 $X_k,k=1,2,\cdots,1\ 500$．

由题设知：$X_1,X_2,\cdots,X_{1500}$ 相互独立，且

$$f_{X_k}(x)=\begin{cases}1, & -0.5<x<0.5\\0, & \text{其他}\end{cases}$$

则 $E(X_k)=0,\quad D(X_k)=\frac{1}{12},\quad k=1,2,\cdots,1\ 500.$

(1)令 $X=\sum_{k=1}^{1500}X_k$，则由题意及定理2.1，有

$$P\{|X|>15\}=1-P\{|X|\leqslant 15\}=1-P\{-15\leqslant X\leqslant 15\}=$$

$$1-P\left\{\frac{-15-0}{\sqrt{1\ 500}\sqrt{1/12}}\leqslant\frac{X-0}{\sqrt{1\ 500}\sqrt{1/12}}\leqslant\frac{20-0}{\sqrt{1\ 500}\sqrt{1/12}}\right\}\approx$$

$$1-[\Phi(1.34)-\Phi(-1.34)]=2[1-\Phi(1.34)]=0.1802$$

(2)设加数的个数为 n,由题意,要求 n 使

$$P\{|\sum_{k=1}^{n}X_k|<10\}=0.90$$

由定理4.2知

$$P\{|\sum_{k=1}^{n}X_k|<10\}=P\left\{\left|\frac{\sum_{k=1}^{n}X_k}{\sqrt{n/12}}\right|<\frac{10}{\sqrt{n/12}}\right\}\approx 2\Phi\left(\frac{10}{\sqrt{n/12}}\right)-1$$

依题意,有
$$2\Phi\left(\frac{10}{\sqrt{n/12}}\right)-1=0.90$$

即
$$\Phi\left(\frac{10}{\sqrt{n/12}}\right)=0.95$$

查附表得
$$\frac{10}{\sqrt{n/12}}=1.645$$

解得
$$n=443.46\approx 443$$

故最多有443个数相加可使得误差总和的绝对值小于10的概率为0.90.

将定理4.2应用于具有(0-1)分布的随机变量,即设 $X_1,X_2,\cdots,X_n,\cdots$ 相互独立,且都服从参数为 p 的(0-1)分布

$$P\{X=k\}=p^k(1-p)^{1-k},\quad k=0,1.$$

此时 $E(X_k)=p,D(X_k)=p(1-p)$,若记

$$\eta_n=\sum_{i=1}^{n}X_i$$

由第2章知 $\eta_n\sim B(n,p)$,此时式(2.3)可写成

$$\lim_{n\to\infty}P\left\{\frac{\eta_n-np}{\sqrt{n}\sqrt{p(1-p)}}\leqslant x\right\}=\int_{-\infty}^{x}\frac{1}{\sqrt{2\pi}}e^{-\frac{x^2}{2}}dx=\Phi(x)$$

于是得到下述定理:

定理4.3 (德莫佛-拉普拉斯 De Moivre-Laplace 定理)设随机变量 $\eta_n(n=1,2,\cdots)$ 服从参数为 $n,p(0<p<1)$ 的二项分布,则对于任意的 x,满足

$$\lim_{n\to\infty}P\left\{\frac{\eta_n-np}{\sqrt{n}\sqrt{p(1-p)}}\leqslant x\right\}=\int_{-\infty}^{x}\frac{1}{\sqrt{2\pi}}e^{-\frac{x^2}{2}}dx=\Phi(x)\tag{4.14}$$

这个定理表明,当 n 充分大时,二项分布随机变量 η_n 经标准化的随机变量 $\frac{\eta_n-np}{\sqrt{n}\sqrt{p(1-p)}}$ 近似服从标准正态分布,即

$$\frac{\eta_n-np}{\sqrt{n}\sqrt{p(1-p)}}\overset{\text{近似地}}{\sim}N(0,1)\tag{4.15}$$

我们可利用式(4.15)来计算二项分布的概率.

例 2　设随机变量 $X \sim B(100, 0.8)$，求 $P\{80 \leqslant X \leqslant 100\}$.

解　由于 $n=100, p=0.8, np=80$，故不能用泊松公式近似计算概率

$$P\{80 \leqslant X \leqslant 100\}$$

由(2.7)式及定理 4.3，得

$$P\{80 \leqslant X \leqslant 100\}\} =$$

$$P\left\{\frac{80-80}{\sqrt{100 \times 0.8 \times 0.2}} \leqslant \frac{X-80}{\sqrt{100 \times 0.8 \times 0.2}} \leqslant \frac{100-80}{\sqrt{100 \times 0.8 \times 0.2}}\right\} \approx$$

$$\Phi\left(\frac{100-80}{\sqrt{100 \times 0.8 \times 0.2}}\right) - \Phi\left(\frac{80-80}{\sqrt{100 \times 0.8 \times 0.2}}\right) =$$

$$\Phi(5) - \Phi(0) = 1 - \frac{1}{2} = \frac{1}{2}$$

例 3　某车间有 150 台车床. 假设这些车床独立进行工作，开工率为 0.7，开工时每台车床耗电 1.2kW. 问供电所至少要供给这车间多少电力才能以 0.999 的概率保证这个车间不会因供电不足而影响生产？

解　设随机变量 X 是某天开工的车床数，依题意知 $X \sim B(150, 0.7)$.

问题是要求出使

$$P\{0 \leqslant X \leqslant x\} \geqslant 0.999$$

成立的最小正整数 x 后，供电 $1.2x$kW 即可.

由定理 4.3，有

$$P\{0 \leqslant X \leqslant x\} = P\left\{\frac{0-np}{\sqrt{np(1-p)}} \leqslant \frac{X-np}{\sqrt{np(1-p)}} \leqslant \frac{x-np}{\sqrt{np(1-p)}}\right\} \approx$$

$$\Phi\left\{\frac{x-150 \times 0.7}{\sqrt{150 \times 0.7 \times 0.3}}\right\} - \Phi\left\{\frac{-150 \times 0.7}{\sqrt{150 \times 0.7 \times 0.3}}\right\} =$$

$$\Phi\left(\frac{x-105}{5.6124}\right) - [1 - \Phi(18.710)] \approx$$

$$\Phi\left(\frac{x-105}{5.6124}\right)$$

从而有

$$\Phi\left(\frac{x-105}{5.6124}\right) \geqslant 0.999$$

查附表得

$$\frac{x-105}{5.6124} \geqslant 3.1$$

由此得

$$x \approx 122.4$$

所以，供电 $1.2 \times 123 = 147.6$kW，即可以 0.999 的概率保证这车间不致因供电不足而影响生产.

习 题 4

1. 在每次试验中，事件 A 发生的概率为 0.75，求 n 需多大时才能使得在 n 次重复独立试验中，事件 A 出现的频率在 0.74～0.76 之间的概率至少为 0.90？

2. 已知正常男性成人血液中，每一毫升白细胞数的平均值是 7 300，均方差为 700. 利用切比雪夫不等式估计每毫升血液中含白细胞数在 5 200～9 400 之间的概率 p .

3. 在 n 次任意开关电路中，假定在每次试验中开或关的概率 p 为 1/2，m 表示在这 n 次试验中遇到开电的次数. 欲使开电频率 m/n 与开电概率 $p=0.5$ 的绝对误差小于 $\varepsilon=0.01$，并且要有 99% 的可靠性来保证它实现. 试问试验次数 n 应该是多少？

4. 设 X 是掷一颗骰子所出现的点数. 若给定 $\varepsilon=1$，计算 $P\{|X-E(X)|\geqslant\varepsilon\}$，并验证切比雪夫不等式.

5. 某单位设置一电话总机，共有 200 部电话分机. 设每个电话分机是否使用外线通话是相互独立的. 设每个时刻每个分机有 5% 的概率要使用外线通话. 问总机需要多少外线才能以不低于 90% 的概率保证每个分机要使用外线时可供使用？

6. (1)一复杂的系统由 100 个相互独立起作用的部件所组成，在整个运行期间每个部件损坏的概率为 0.1. 为了使整个系统起作用，至少要有 85 个部件正常工作. 求整个系统工作的概率.

(2)一个复杂系统由 n 个相互独立起作用的部件组成，每个部件的可靠性（即部件正常工作的概率）为 0.90，且必须至少有 80% 的部件正常工作才能使整个系统工作. 问 n 至少为多大才能使系统的可靠性不低于 0.95？

7. 在一家人寿保险公司里有 5 000 个同一年龄的人参加人寿保险，每人每年付 12 元保险费，在一年内每个人死亡的概率为 0.001，死亡时，其家属可以从保险公司领取 2 000 元. 问：

(1)保险公司一年中获利不少于 20 000 元的概率是多少？

(2)保险公司亏本的概率是多少？

第5章　数理统计的基本概念

前4章介绍了概率论的基本内容，为数理统计学建立了必要的数学基础．数理统计就是研究如何有效地收集数据，建立有效的数学方法，对获得的数据进行分析、处理、研究，从而推断出随机现象的客观规律性．数理统计的内容很多，其核心内容是统计推断，它包括参数估计和假设检验两部分．本章主要介绍总体、样本、统计量等基本概念，以及正态总体的抽样分布，以便为介绍统计推断奠定好理论基础．

5.1　总体与样本

一、总体及其分布

在实际应用中，把研究对象的全体元素组成的集合叫**总体**或**母体**．总体中的每个元素称为**个体**．

例1　某大学一年级学生共2 000名，我们要考察这些学生的年龄，那么这2 000名学生的年龄全体就构成一个总体，每个学生的年龄就是个体．

例2　在上例中，如果我们关心的是这些学生的性别，那么这2 000名学生的性别全体就组成一个总体，每个学生的性别就是个体．

例3　在研究一批灯泡的使用寿命时，这批灯泡的使用寿命的全体就构成一个总体，每个灯泡的使用寿命就是个体．

从上述例子可见，总体中的元素是指研究对象的某个指标值．在例1和例3中，总体中元素分别指每个学生的年龄和灯泡的使用寿命，它们都是数量指标值，因此它们的总体都是一些实数的集合．在例2中，总体中元素是指每个学生的性别，是一个属性指标，其值为“男性”或“女性”．如果女性用“0”表示，男性用“1”表示，那么性别这个属性指标也就变成一个数量指标了，其值为0或1．这样，例2的总体也可看成由2 000个“0”或“1”的数组成的集合．由上述3个例子可以看出，在一个总体中，数量指标取同一值的元素可以不止一个，因而总体是一个可重复的（即允许相同）的数的集合．例如，假定在例1的2 000名学生中，年龄指标值为“15”

"16""17""18""19""20"的依次有 9,21,132,1 207,588,43 名,它们在总体中所占比率为$\frac{9}{2\ 000}$,$\frac{21}{2\ 000}$,$\frac{132}{2\ 000}$,$\frac{1\ 207}{2\ 000}$,$\frac{588}{2\ 000}$,$\frac{43}{2\ 000}$.

从数学角度说,**总体**是指数量指标可能取的各种不同数值的全体,而各种不同数值在客观上含有一定的比率.我们把数量指标取不同数值的比率叫做**总体分布**.例如在例 1 中,总体就是数集{15,16,17,18,19,20},总体的分布见表 5.1.

表 5.1

年龄	15	16	17	18	19	20
比率	$\frac{9}{2\ 000}$	$\frac{21}{2\ 000}$	$\frac{132}{2\ 000}$	$\frac{1\ 207}{2\ 000}$	$\frac{588}{2\ 000}$	$\frac{43}{2\ 000}$

总体的数量指标用 Θ 表示.从总体中随机地取一个个体,这个个体的指标值是一个随机变量,记为 X ,显然,随机变量 X 所有可能取值就是 Θ 可能取的不同值的全体.我们以例 1 为例,说明随机变量 X 的概率分布与数量指标 Θ 的总体分布之间的关系.易知随机变量 X 的分布律见表 5.2.

表 5.2

X	15	16	17	18	19	20
p	$\frac{9}{2\ 000}$	$\frac{21}{2\ 000}$	$\frac{132}{2\ 000}$	$\frac{1\ 207}{2\ 000}$	$\frac{588}{2\ 000}$	$\frac{43}{2\ 000}$

与 Θ 取各种不同值的比率分布表 5.1 完全相同,即 X 的概率分布与 Θ 的总体分布完全相同.这个结论具有普遍性,以后我们把总体的数量指标与相应的随机变量等同起来,都用 X 表示,并不严加区分.从而总体分布就指相应随机变量 X 的概率分布,总体分布的数字特征就指相应随机变量 X 的数字特征.

从以上分析可见,所研究的**总体**总是联系着一个数量指标 X ,而 X 实质上是一个随机变量,它客观上存在一个概率分布函数

$$F(x)=P\{X\leqslant x\}, \quad -\infty<x<+\infty$$

即**总体分布**.为方便起见,有时我们把总体所联系的数量指标以及相应的随机变量都简称为**总体** X ,有时也根据总体分布的类型来称呼总体.例如,若总体 X 的分布是正态分布 $N(\mu,\sigma^2)$,则可称为"正态总体"或"总体 $N(\mu,\sigma^2)$ ".

二、样本

从总体中取得一部分个体,这一部分个体称为**样本**或**子样**.样本中所含个体的个数称为**样本容量**.取得样本的过程称为**抽样**.抽样过程所采取的方法称为**抽样法**.在数理统计中,采用的抽样法是**随机抽样法**,即样本中的每一个个体是从总体

中随机地抽取出来的.采用随机抽样法得到的样本称为**随机样本**.

从总体 X 中随机地抽取 n 个个体,按抽到的先后顺序分别记为 $X_1, X_2, \cdots, X_n$,则它们就是一个容量为 n 的随机样本,记为 $(X_1, X_2, \cdots, X_n)$,并且称它是来自总体 X 的样本.由于采用的是随机抽样,所以,每个 $X_i (i=1,2,\cdots,n)$ 都是随机变量,而样本 $(X_1, X_2, \cdots, X_n)$ 是一个 n 维随机变量.

样本 $(X_1, X_2, \cdots, X_n)$ 是 n 维随机变量,这是针对具体进行一次抽样前而言.进行一次具体抽样后得到的是一组具体的实数 $(x_1, x_2, \cdots, x_n)$,它是样本 $(X_1, X_2, \cdots, X_n)$ 的一个观察值,称为**样本值**.为方便起见,有时候把样本和样本值统称为**样本**.

例 4　某轧钢厂生产了一批 ϕ85mm 的钢材,为了研究这批钢材的抗张力,从中随机地抽取了 76 个样品进行抗张力试验,测出数据见表 5.3(单位:kg/cm^2)

表　5.3

41.0	37.0	33.0	44.2	30.5	27.0	45.0	28.5
31.2	33.5	38.5	41.5	43.0	45.5	42.5	39.0
38.8	35.5	32.5	29.6	32.6	34.5	37.5	39.5
42.8	45.1	42.8	45.8	39.8	37.2	33.8	31.2
29.0	35.2	37.8	41.2	43.8	48.0	43.6	41.8
36.6	34.8	31.0	32.0	33.5	37.4	40.8	44.7
40.2	41.3	38.8	34.1	31.8	34.6	38.3	41.3
30.0	35.2	37.5	40.5	38.1	37.3	37.1	41.5
29.5	29.1	27.5	34.8	36.5	44.2	40.0	44.5
40.6	36.2	35.8	31.5				

在此例中,这批 ϕ85 钢材的抗张力的值的全体就是总体,每根钢材的抗张力的值就是个体,总体所联系的数量指标就是每根钢材的抗张力 X,它是一个随机变量,这 76 个数据就是容量为 76 的样本 $(X_1, X_2, \cdots, X_{76})$ 的一个样本观察值 $(x_1, x_2, \cdots, x_{76})$.

我们抽取样本的目的是为了对总体的分布进行各种分析、推断,因而要求抽取的样本能很好地反映总体的特征,这就必须对抽样的方法提出一定的要求,通常提出下面两点最基本的要求:

(1) 样本的每个分量 $X_i (i=1,2,\cdots,n)$ 必须与总体 X 具有相同的分布;

(2) 样本的各个分量 $X_1, X_2, \cdots, X_n$ 是相互独立的.

凡具有上述两个性质的样本称为**简单随机样本**.获得简单随机样本的抽样方法称为**简单随机抽样**.在本书中,如果不作特殊说明,所说的样本都是指简单随机样本.

对于简单随机样本 $(X_1,X_2,\cdots,X_n)$，其概率分布可以由总体 X 的分布完全确定.设总体 X 的分布函数为 $F(x)$，则样本 $(X_1,X_2,\cdots,X_n)$ 的分布函数为

$$P\{X_1\leqslant x_1,X_2\leqslant x_2,\cdots,X_n\leqslant x_n\}=\prod_{i=1}^{n}P\{X_i\leqslant x_i\}=\prod_{i=1}^{n}F(x_i)$$

特别地，如果**总体 X 是连续型随机变量**，具有概率密度 $f(x)$，则样本 $(X_1,X_2,\cdots,X_n)$ 的概率密度为

$$f(x_1)f(x_2)\cdots f(x_n)=\prod_{i=1}^{n}f(x_i)$$

如果**总体 X 是离散型随机变量**，具有分布律

$$P\{X=a_i\}=p_i,\quad i=1,2,\cdots$$

则样本 $(X_1,X_2,\cdots,X_n)$ 的分布律为

$$P\{X_1=x_1,X_2=x_2,\cdots,X_n=x_n\}=\prod_{i=1}^{n}P\{X_i=x_i\}$$

其中，$x_1,x_2,\cdots,x_n$ 都在集合 $\Theta=\{a_1,a_2,\cdots,a_n\}$ 中取值.

例 5 设总体 X 服从参数为 $\lambda\ (\lambda>0)$ 的指数分布，$(X_1,X_2,\cdots,X_n)$ 是来自总体 X 的样本，求样本 $(X_1,X_2,\cdots,X_n)$ 的概率密度.

解 总体 X 的概率密度为

$$f(x)=\begin{cases}\lambda e^{-\lambda x}, & x>0\\ 0, & x\leqslant 0\end{cases}$$

因为 $X_1,X_2,\cdots,X_n$ 相互独立，且都与 X 有相同的分布，所以 $(X_1,X_2,\cdots,X_n)$ 的概率密度为

$$f_n(x_1,x_2,\cdots,x_n)=\prod_{i=1}^{n}f(x_i)=\begin{cases}\lambda^n e^{-\lambda\sum\limits_{i=1}^{n}x_i}, & x_1,x_2,\cdots,x_n>0\\ 0, & \text{其他}\end{cases}$$

例 6 设总体 X 服从两点分布 $B(1,p)$，其中 $0<p<1$，$(X_1,X_2,\cdots,X_n)$ 是来自总体 X 的样本，求样本 $(X_1,X_2,\cdots,X_n)$ 的分布律.

解 总体 X 的分布律为

$$P\{X=i\}=p^iq^{1-i},\quad i=0,1$$

其中 $q=1-p$. 因为 $X_1,X_2,\cdots,X_n$ 相互独立且与 X 有相同的分布，所以 $(X_1,X_2,\cdots,X_n)$ 的分布律为

$$P\{X_1=x_1,X_2=x_2,\cdots,X_n=x_n\}=P\{X_1=x_1\}P\{X_2=x_2\}\cdots P\{X_n=x_n\}=$$

$$p^{\sum\limits_{i=1}^{n}x_i}q^{n-\sum\limits_{i=1}^{n}x_i}$$

其中，$x_1,x_2,\cdots,x_n$ 在集合 $\Theta=\{0,1\}$ 中取值.

在实际中，也会碰到样本不是简单随机样本的情况，但有时根据具体问题，可以近似地看成是简单随机样本．例如，在**有限总体**（即总体中个体数目有限）情形，设总体中含有 N 个个体，要从中抽取一个容量为 n 的样本．如果采用**有放回抽样**，所得样本 $(X_1, X_2, \cdots, X_n)$ 是一个简单随机样本．如果采用**不放回抽样**，所得样本 $(X_1, X_2, \cdots, X_n)$ 不是一个简单随机样本，但当 N 与 n 相比很大（一般 $N/n \geqslant 10$）时，可近似地看成是随机样本．对于**无限总体**（即总体中个体数目是无限的）情形，无论是采用有放回抽样还是无放回抽样，所得样本都可以认为是简单随机样本．

5.2　样本分布

总体 X 在客观上有总体分布（分布函数 $F(x)$，概率密度 $f(x)$ 或分布律 $P(x)$）．在实际问题中，总体分布往往是未知的，要求我们来确定．由于时间、人力、物力、财力等因素的限制，我们不能对总体的每一个个体进行观察，所以，要精确地确定总体分布是困难的，甚至是不可能的．在实际应用中，我们常常用样本分布作为总体分布的近似．下面介绍刻划样本分布的三种形式：频数分布与频率分布、直方图、经验分布函数．

一、样本频数分布与频率分布

设有样本值 $(x_1, x_2, \cdots, x_n)$．**样本频数分布**是指样本值中不同数值在样本值中出现的频数（即次数）．**样本频率分布**是指样本值中不同数值在样本值中出现的频率（即频数除以样本容量）．为确定起见，设样本值中不同的数值为 $x_1^*, x_2^*, \cdots, x_l^*$，相应的频数为 $m_1, m_2, \cdots, m_l$，其中 $x_1^* < x_2^* < \cdots < x_l^*$ 且 $\sum_{i=1}^{l} m_i = n$，则**样本频数分布**见表5.4.

表　5.4

指标 X	x_1^*	x_2^*	$\cdots$	x_l^*
频数 m_i	m_1	m_2	$\cdots$	m_l

样本频率分布见表5.5.

表　5.5

指标 X	x_1^*	x_2^*	$\cdots$	x_l^*
频率 $\frac{m_i}{n}$	$\frac{m_1}{n}$	$\frac{m_2}{n}$	$\cdots$	$\frac{m_l}{n}$

例 7 从例 1 中随机地选出 15 名学生，调查其年龄，得样本值（18，18，17，19，18，19，16，17，18，20，18，19，19，18，17），则样本频数分布见表 5.6.

表 5.6

年龄 X	16	17	18	19	20
频数 m_i	1	3	6	4	1

样本频率分布见表 5.7.

表 5.7

年龄 X	16	17	18	19	20
频率 $\frac{m_i}{n}$	$\frac{1}{15}$	$\frac{3}{15}$	$\frac{6}{15}$	$\frac{4}{15}$	$\frac{1}{15}$

如果总体 X 是离散型随机变量，那么 x_i^* $(i=1,2,\cdots,l)$ 都是 X 的可能取值，事件 $\{X=x_i^*\}$ 的概率为 $P\{X=x_i^*\}=p_i$，由贝努利大数定律，当 n 很大时，事件 $\{X=x_i^*\}$ 的频率 $\frac{m_i}{n}$ 应接近于概率 p_i. 因此，当 n 很大时，我们可以用样本频率分布作为总体分布律的近似. 如果总体 X 是连续型随机变量，那么，事件 $\{X=x_i^*\}$ 的概率都是零，这时，考察样本频率分布意义不大，需要考察样本的频率直方图.

二、频率直方图

设总体 X 是一个连续型随机变量，具有概率密度 $f(x)$，$(x_1,x_2,\cdots,x_n)$ 是来自总体 X 的一个样本值. 下面介绍如何作频率直方图，并由此近似得出总体 X 的概率密度曲线 $y=f(x)$. 我们结合例 4 来说明此方法.

(1)**整理数据**：先把样本值 $x_1,x_2,\cdots,x_n$ 按从小到大顺序排列得

$$x_{(1)}\leqslant x_{(2)}\leqslant\cdots\leqslant x_{(n)}$$

这样排列后，不仅可以看出其最大值 $x_{(n)}$ 与最小值 $x_{(1)}$，还可以看出大部分值是在哪一个范围内. 在本例中，$n=76$，$x_{(1)}=27.0$，$x_{(76)}=48.0$，且大部分值集中在区间 $(30,45)$ 内.

(2)**分组**：在(1)的基础上，我们在包含 $[x_{(1)},x_{(n)}]$ 的区间 $[a,b]$ 中插入一些分点 $a=t_0<t_1<\cdots<t_{l-1}<t_l=b$ 把区间 $[a,b]$ 分成 l 个小区间 $[t_0,t_1]$，$(t_1,t_2]$，$\cdots$，$(t_{l-1},t_l]$ 每个小区间的长度 $d_i=t_i-t_{i-1}$ $(i=1,2,\cdots,l)$ 称为**组距**，区间的中点称为**组中值**，小区间的个数 l 称为**组数**. 一般是采用等分，即各组的组距相等，此时，$d_i=(b-a)/l$ $(i=1,2,\cdots,l)$. 组数 l 的大小根据样本容量 n 的大小而定：一

般来说，$n > 100$ 时，l 可取为 10 至 20；n 为 50 左右时，取 l 为 5 或 6 为宜. 但要注意这样的一个划分原则：要使每个区间 $(t_{i-1}, t_i]$ $(i=1,2,\cdots,l)$ 内都有一般观察值 $x_i(i=1,2,\cdots,n)$ 落入其中. 在本例中，取 $a=27.0$，$b=48.0$，$l=7$，且采用等分，即

$d_i = \dfrac{48-27}{7} = 3$，$t_i = 27+3i$ $(i=1,2,\cdots,7)$.

(3) **列分组频率分布表**：以 m_i 表示观察值落入 $(t_{i-1}, t_i]$ 中的个数，即这个区间或这组的频数，$f_i = m_i/n$ 称为**这组的频率**. 记 $y_i = f_i/d_i$，将分组整理的数据列成表，本例的分组频率分布表见表 5.8.

(4) **作频率直方图**：在 xoy 坐标平面上，分别以 x 轴上各区间 $(t_{i-1}, t_i]$ 为底，以 $y_i = f_i/d_i$ 为高画一排竖着的矩形，即得频率直方图. 本例频率直方图如图 5.1 所示.

表　5.8

分组	组中值	频数 m_i	频率 f_i	y_i
[27,30]	28.5	8	0.105	0.035
(30,33]	31.5	10	0.132	0.044
(33,36]	34.5	12	0.158	0.053
(36,39]	37.5	17	0.224	0.074
(39,42]	40.5	14	0.184	0.061
(42,45]	43.5	11	0.145	0.048
(45,48]	46.5	4	0.053	0.018

根据大数定律，当 n 相当大时，频率 f_i 可以近似地表示总体 X 落入区间 $(t_{i-1}, t_i]$ 内的概率 p_i，即

$$f_i \approx p_i = \int_{t_{i-1}}^{t_i} f(x)\mathrm{d}x = f(\xi_i)\mathrm{d}_i,\ \xi_i \in (t_{i-1}, t_i] \tag{5.1}$$

又

$$f_i = y_i \mathrm{d}_i$$

所以

$$y_i \approx f(\xi_i),\ \xi_i \in (t_{i-1}, t_i] \tag{5.2}$$

由式(5.1)，可以用直方图估计概率. 例如，在此例中为估计钢材的抗张力 X 在 35 与 44 之间的概率，利用直方图可得：

$$P\{35 \leqslant X \leqslant 44\} \approx \frac{1}{3} \times 0.158 + 0.244 + 0.184 + \frac{2}{3} \times 0.145 = 0.557$$

(5) **作概率密度曲线**：把频率直方图中各矩形上边的中点联结起来得到一条折线，根据式(5.2)，当 n 及 l 充分大时，这条折线近似于 X 的概率密度曲线 $y=$

$f(x)$. 因此,我们可以粗略地给出一条光滑曲线作为 X 的概率密度曲线 $y=f(x)$ 的估计(即近似). 如果样本容量越大(即 n 越大),分组越细(即 l 越大),那么提供的概率密度曲线越精确. 本例中由频率直方图提供的概率密度曲线如图 5.2 所示.

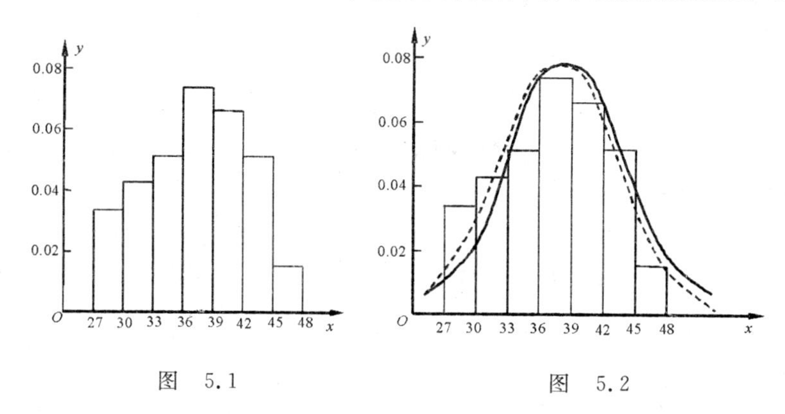

图 5.1　　　　图 5.2

从图 5.2 看,这条曲线很象正态分布的概率密度曲线,这时,我们不禁要问,这批钢材的抗张力是否服从正态分布呢? 关于这个问题我们将在第 7 章中讨论.

三、经验分布函数

前两段介绍的样本频率分布和样本的频率直方图,都可以用来估计总体的分布. 这种估计方法虽然方便,但是都有局限性,即它们分别只适用于总体 X 为离散型和连续型的随机变量的情形. 下面我们介绍一种更为普遍的估计总体分布的方法,即**经验分布函数法**,不论总体为离散型或连续型随机变量它都可以应用.

如果样本值 $(x_1,x_2,\cdots,x_n)$ 是以频数分布表 5.4 给出,那么令

$$F_n(x)=\begin{cases}0, & x<x_1^* \\ \dfrac{m_1+m_2+\cdots+m_i}{n}, & x_i^*\leqslant x<x_{i+1}^*, \quad i=1,2,\cdots,l-1 \\ 1, & x\geqslant x_l^*\end{cases} \tag{5.3}$$

则称 $F_n(x)$ 为总体 X 的**经验分布函数**. 显然有

$$F_n(x)=P^*\{X\leqslant x\} \tag{5.4}$$

这里 $P^*\{X\leqslant x\}$ 表示事件 $\{X\leqslant x\}$ 发生的频率. 求经验分布函数 $F_n(x)$ 在点 x 处的值,只要找出变量 X 取值不大于 x 的次数,再除以试验次数 n(即样本容量)即得. 其图形如图 5.3 所示. 显然 $F_n(x)$ 是一个阶梯形函数,在每个 x_i^* 处有一个跃度为 $\dfrac{m_i}{n}$ 的跳跃.

例 8　对于例 1 中的样本值,其分布函数为

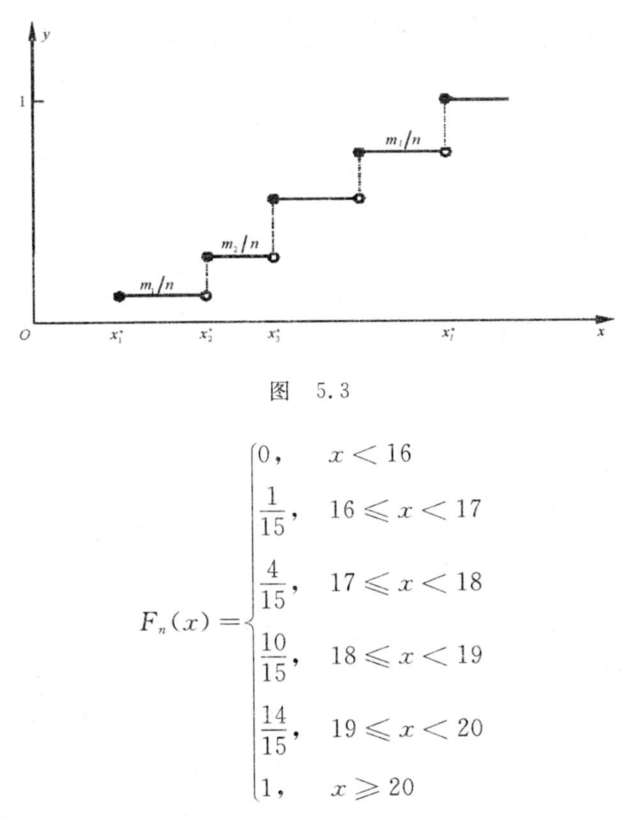

图　5.3

$$F_n(x)=\begin{cases}0, & x<16\\ \dfrac{1}{15}, & 16\leqslant x<17\\ \dfrac{4}{15}, & 17\leqslant x<18\\ \dfrac{10}{15}, & 18\leqslant x<19\\ \dfrac{14}{15}, & 19\leqslant x<20\\ 1, & x\geqslant 20\end{cases}$$

图形如图 5.4 所示.

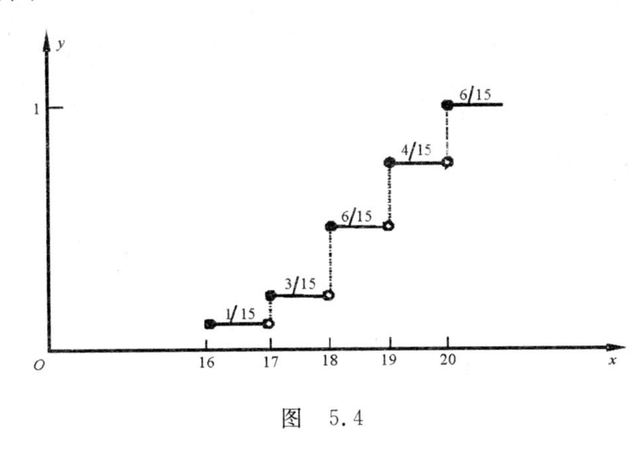

图　5.4

我们来分析经验分布函数 $F_n(x)$ 的含义:由 $F_n(x)$ 的定义可见,当样本值 $(x_1,x_2,\cdots,x_n)$ 给定时,$F_n(x)$ 是 x 的函数,对任何实数 x,$F_n(x)$ 表示 $x_1,x_2,\cdots,x_n$ 落入区间 $(-\infty,x]$ 内的频率.另一方面,对于样本 $(X_1,X_2,\cdots,X_n)$ 的不同观察

值将得到不同的经验分布函数 $F_n(x)$，所以，经验分布函数不仅与样本容量有关，而且与得到的样本值 $(x_1,x_2,\cdots,x_n)$ 有关. 由于在一次试验中得到样本值 $(x_1, x_2,\cdots,x_n)$ 是随机的，所以，对于每个固定的 x 值，$F_n(x)$ 又是样本 $(X_1,X_2,\cdots, X_n)$ 的函数，是一个随机变量. 由大数定律可知，对于每个固定的 x 值，当 $n\to\infty$ 时，$F_n(x)$ 依概率收敛到 $F(x)=P\{X\leqslant x\}$. 因此，当 n 很大时，可以用 $F_n(x)$ 作为分布函数 $F(x)$ 的估计.

5.3 统　计　量

一、统计量

样本是我们推断总体分布的依据. 利用样本进行统计推断时，第一步的工作是要把样本中所包含的关于我们所关心的事物的信息集中起来，这便是针对不同的问题构造出样本的适当函数，这种函数在统计学中称为统计量.

定义 5.1 若 $(X_1,X_2,\cdots,X_n)$ 是来自总体 X 的一个样本，$g(X_1,X_2,\cdots,X_n)$ 为 $(X_1,X_2,\cdots,X_n)$ 的一个实值函数，且 g 是不包含任何未知参数的连续函数，则称 $T=g(X_1,X_2,\cdots,X_n)$ 为一个**统计量**. 若 $(x_1,x_2,\cdots,x_n)$ 是样本 $(X_1,X_2,\cdots, X_n)$ 的一个观察值，则 $t=g(x_1,x_2,\cdots,x_n)$ 称为统计量 T 的一个**观察值**.

例如，设 $(X_1,X_2,\cdots,X_n)$ 是来自总体 $N(\mu,\sigma^2)$ 的一个样本，其中 μ 为已知，σ^2 为未知，则 $T_1=X_1$，$T_2=X_1+X_2\mathrm{e}^{X_3}$，$T_3=\dfrac{1}{3}(X_1+X_2+X_3)$，$T_4=\max(X_1,X_2, X_3)$，$T_5=X_1+X_2-2\mu$ 都是统计量，而 $T_6=\dfrac{1}{\sigma^2}(X_1^2+X_2^2+X_3^2)$ 不是统计量.

下面介绍几个在实际中常用的统计量.

二、几个常用的统计量

设 $(X_1,X_2,\cdots,X_n)$ 是来自总体 X 的样本，$(x_1,x_2,\cdots,x_n)$ 是这一样本的观察值.

1. 样本均值

统计量

$$\overline{X}=\frac{1}{n}\sum_{i=1}^{n}X_i=\frac{1}{n}(X_1+X_2+\cdots+X_n) \tag{5.5}$$

称为**样本均值**，其观察值记为

$$\overline{x}=\frac{1}{n}\sum_{i=1}^{n}x_i \tag{5.6}$$

定理 5.1　设总体 X 的均值(即数学期望) $E(X)=\mu$ 和方差 $D(X)=\sigma^2$ 都存在,则

$$E(\overline{X})=\mu,\quad D(X)=\frac{\sigma^2}{n} \tag{5.7}$$

证明　因为 $X_1,X_2,\cdots,X_n$ 都与 X 有相同的分布,所以, $E(X_i)=\mu,D(X_i)=\sigma^2(i=1,2,\cdots,n)$. 又因为 $X_1,X_2,\cdots,X_n$ 相互独立,所以

$$E(\overline{X})=\frac{1}{n}\sum_{i=1}^{n}E(X_i)=\mu$$

$$D(\overline{X})=\frac{1}{n^2}\sum_{i=1}^{n}D(X_i)=\frac{\sigma^2}{n}$$

2. 样本方差和样本标准差

统计量

$$S^2=\frac{1}{n-1}\sum_{i=1}^{n}(X_i-\overline{X})^2 \tag{5.8}$$

称为**样本方差**,其观察值记为

$$s^2=\frac{1}{n-1}\sum_{i=1}^{n}(x_i-\overline{x})^2$$

统计量

$$S=\sqrt{S^2}=\sqrt{\frac{1}{n-1}\sum_{i=1}^{n}(X_i-\overline{X})^2} \tag{5.9}$$

称为**样本标准方差**,其观察值记为

$$s=\sqrt{s^2}=\sqrt{\frac{1}{n-1}\sum_{i=1}^{n}(x_i-\overline{x})^2}$$

这里 $\overline{X}$ 为样本均值. 样本方差和样本标准差都是反映样本值分散程度的量.

容易验证

$$\sum_{i=1}^{n}(X_i-\overline{X})^2=\sum_{i=1}^{n}X_i^2-n\overline{X}^2 \tag{5.10}$$

因此,由式(5.8)和式(5.9)定义的样本方差和样本标准差,通常采用下面的形式:

$$S^2=\frac{1}{n-1}\left[\sum_{i=1}^{n}X_i^2-n\overline{X}^2\right] \tag{5.11}$$

$$S=\sqrt{\frac{1}{n-1}\left[\sum_{i=1}^{n}X_i^2-n\overline{X}^2\right]} \tag{5.12}$$

定理 5.2　设总体 X 的均值 $E(X)=\mu$ 和方差 $D(X)=\sigma^2$ 都存在,则

$$E(S^2)=\sigma^2$$

证明 由定理5.1知，$E(\overline{X})=\mu, D(\overline{X})=\frac{\sigma^2}{n}$，则

$$E(\overline{X}^2)=D(\overline{X})+[E(\overline{X})]^2=\frac{\sigma^2}{n}+\mu^2$$

因为 $X_1,X_2,\cdots,X_n$ 相互独立，且都与 X 同分布，所以，$X_1^2,X_2^2,\cdots,X_n^2$ 相互独立，且都与 X^2 同分布，从而

$$E(X_i^2)=E(X^2)=\mu^2+\sigma^2,\quad i=1,2,\cdots,n$$

故由式(5.11)，有

$$E(S^2)=\frac{1}{n-1}\left[\sum_{i=1}^{n}E(X_i^2)-nE(\overline{X}^2)\right]=$$

$$\frac{1}{n-1}\left[n(\mu^2+\sigma^2)-n(\mu^2+\frac{\sigma^2}{n})\right]=\sigma^2$$

3. 样本矩

统计量

$$A_k=\frac{1}{n}\sum_{i=1}^{n}X_i^k,\quad k=1,2,\cdots \tag{5.13}$$

称为**样本 k 阶原点矩**，其观察值记为

$$a_k=\frac{1}{n}\sum_{i=1}^{n}x_i^k,\quad k=1,2,\cdots$$

统计量

$$B_k=\frac{1}{n}\sum_{i=1}^{n}(X_i-\overline{X})^k,\quad k=1,2,\cdots \tag{5.14}$$

称为**样本 k 阶中心矩**，其观察值记为

$$b_k=\frac{1}{n}\sum_{i=1}^{n}(x_i-\overline{x})^k,\quad k=1,2,\cdots$$

显然，$A_1=\overline{X},\quad B_1=0,\quad B_2=\frac{1}{n}\sum_{i=1}^{n}(X_i-\overline{X})^2=\frac{n-1}{n}S^2.$

定理5.3 如果总体 X 的 k 阶矩 $\upsilon_k=E(X^k)\ (k\geqslant 1)$ 存在，则

$$E(A_k)=\upsilon_k$$

证明 由于 $X_1,X_2,\cdots,X_n$ 都与 X 有相同的分布，所以

$$E(X_i^k)=E(X^k)=\upsilon_k,\quad i=1,2,\cdots,n$$

故

$$E(A_k)=\frac{1}{n}\sum_{i=1}^{n}E(X_i^k)=\upsilon_k$$

4. 样本极值

统计量

$$X_{(1)} = \min(X_1, X_2, \cdots, X_n) \tag{5.15}$$

称为**样本极小值**,其观察值记为

$$x_{(1)} = \min(x_1, x_2, \cdots, x_n)$$

统计量

$$X_{(n)} = \max(X_1, X_2, \cdots, X_n) \tag{5.16}$$

称为**样本极大值**. 其观察值记为

$$X_{(1)} = \max(X_1, X_2, \cdots, X_n)$$

样本极小值和样本极大值统称为**样本极值**. 样本极值是反映样本值范围的量. 它在某些关于灾害性现象和材料试验结果的统计分析中有重要应用. 如一定时期内一条河的最大流量、地震的最大震级、材料断裂强度等,都是极值性的量. 在数理统计中有一个叫做极值统计分析的分支就专门处理这类问题.

5. 样本极差

统计量

$$R = X_{(n)} - X_{(1)} \tag{5.17}$$

称为**样本极差**. 其观察值仍记为

$$R = x_{(n)} - x_{(1)}$$

样本极差是反映样本值分散程度的量.

5.4　抽样分布

样本是随机变量,统计量是样本的已知函数,也是随机变量,因而有其概率分布. 统计量的概率分布称为**抽样分布**. 当总体的分布已知时,可以按照第 2 章介绍的方法确定统计量的抽样分布. 正态分布在数理统计中处于特别显著的位置,这是因为在许多领域的统计研究中所遇到的总体大都为正态分布或近似正态分布. 另外,当总体为正态分布时,许多重要的统计量的抽样分布已经得出. 因此,本节将介绍总体为正态分布时的几个重要的抽样分布定理,它们在以后的各章中都有重要的作用. 先介绍三个重要分布.

一、三个重要分布

本节在正态分布的基础上,先介绍在数理统计中占有极其重要地位的三个分布:χ^2 分布,t 分布,F 分布. 它们都是服从正态分布的随机变量的函数的分布.

1. χ^2 分布

定义 5.2　设随机变量 $X_1, X_2, \cdots, X_n$ 相互独立,且都服从标准正态分布 $N(0,1)$,则称随机变量

$$\chi^2 = X_1^2 + X_2^2 + \cdots + X_n^2 \tag{5.18}$$

服从自由度为 n 的 χ^2 **分布**，记为 $\chi^2 \sim \chi^2(n)$.

此处自由度是指式(5.18)右端包含的独立变量的个数.

可以证明，$\chi^2(n)$ 分布的概率密度为

$$f(y) = \begin{cases} \dfrac{1}{2^{n/2}\Gamma(n/2)} y^{\frac{n}{2}-1} e^{-\frac{y}{2}}, & y > 0 \\ 0, & 其他 \end{cases} \tag{5.19}$$

$f(y)$ 的图形如图 5.5 所示.

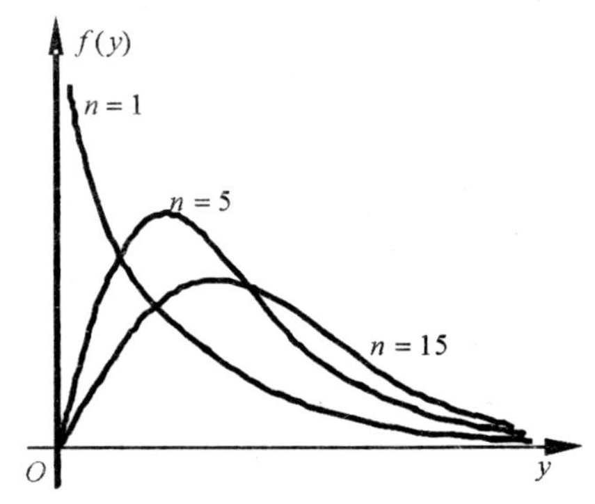

图 5.5

例 1 设 $X_1, X_2, \cdots, X_n$ 相互独立，且都服从正态分布 $N(\mu, \sigma^2)$. 求随机变量

$$Y = \frac{1}{\sigma^2} \sum_{i=1}^{n} (X_i - \mu)^2$$

的概率分布.

解 因为 $X_1, X_2, \cdots, X_n$ 相互独立，且 $X_i \sim N(\mu, \sigma^2)$，$i = 1, 2, \cdots, n$，作变换

$$Y_i = \frac{X_i - \mu}{\sigma}, \quad i = 1, 2, \cdots, n$$

则 $Y_1, Y_2, \cdots, Y_n$ 相互独立，且 $Y_i \sim N(0,1)$，$i = 1, 2, \cdots, n$.

由定义 5.2 得

$$Y = \frac{1}{\sigma^2} \sum_{i=1}^{n} (X_i - \mu)^2 = \sum_{i=1}^{n} Y_i \sim \chi^2(n)$$

即 Y 服从自由度为 n 的 χ^2 分布.

$\chi^2(n)$ 分布具有以下性质：

(1)(**可加性**)设 $\chi_1^2 \sim \chi^2(n_1)$，$\chi_2^2 \sim \chi^2(n_2)$ ，且 χ_1^2, χ_2^2 相互独立，则有

$$\chi_1^2 + \chi_2^2 \sim \chi^2(n_1 + n_2) \tag{5.20}$$

(2)若 $\chi^2 \sim \chi^2(n)$ ，则有

$$E(\chi^2) = n, \quad D(\chi^2) = 2n \tag{5.21}$$

证明 因为 $\chi^2 = \sum_{i=1}^{n} X_i^2$，而 $X_i \sim N(0,1)$ ，故

$$E(X_i^2) = D(X_i) = 1$$

$$D(X_i^2) = E(X_i^4) - [E(X_i^2)]^2 = 3 - 1 = 2, \quad i = 1, 2, \cdots, n$$

于是

$$E(\chi^2) = E(\sum_{i=1}^{n} X_i^2) = \sum_{i=1}^{n} E(X_i^2) = n$$

$$D(\chi^2)=D(\sum_{i=1}^{n}X_i^2)=\sum_{i=1}^{n}D(X_i^2)=2n$$

(3)若 $\chi^2\sim\chi^2(n)$，对于给定的 $\alpha(0<\alpha<1)$，称满足等式

$$P\{\chi^2>\chi_\alpha^2(n)\}=\int_{\chi_\alpha^2(n)}^{+\infty}f(y)\mathrm{d}y=\alpha \tag{5.22}$$

的点 $\chi_\alpha^2(n)$ 为 $\chi^2(n)$ **分布的上 α 分位点**(见图 5.6).本书附表给出了 $\chi^2(n)$ 分布的上 α 分位点 $\chi_\alpha^2(n)$ 的值.

例如，当 $n=25,\alpha=0.1$ 时，可查表得 $\chi_{0.1}^2(25)=34.382$.

附表只列出到自由度 $n=30$ 为止，当 n 很大时，费歇尔(Fisher)曾证明得近似公式

$$\chi_\alpha^2(n)\approx\frac{1}{2}(u_\alpha+\sqrt{2n-1})^2 \tag{5.23}$$

其中，u_α 为标准正态分布的上 α 分位点，亦可由附表查出.

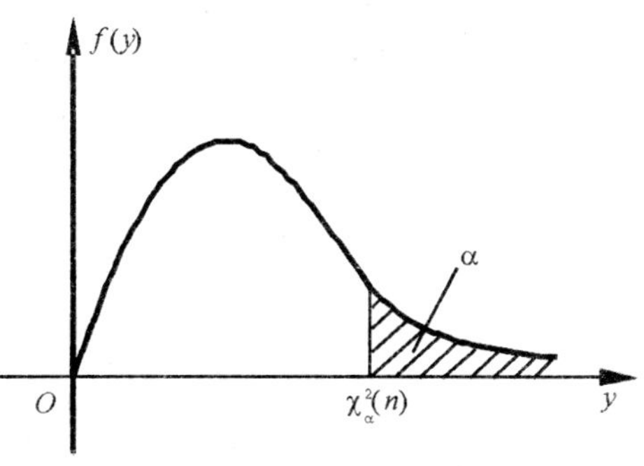

图　5.6

例如，当 $n=50,\alpha=0.05$ 时，$\chi_{0.05}^2(50)=67.2$；当 $n=50,\alpha=0.95$ 时，$\chi_{0.95}^2(50)=34.53$.

例 2　设 $X_1,X_2,\cdots,X_{10}$ 相互独立，且 $X_i\sim N(0,0.3^2)(i=1,2,\cdots,10)$. 求 $P\{\sum_{i=1}^{10}X_i^2>1.44\}$.

解　因 $X_1,X_2,\cdots,X_{10}$ 相互独立，且

$$X_i\sim N(0,0.3^2),\quad i=1,2,\cdots,10$$

所以

$$\frac{X_i}{0.3}\sim N(0,1),\quad i=1,2,\cdots,10$$

故由定义 5.1，得

$$\sum_{i=1}^{10}\frac{X_i^2}{0.3^2}\sim\chi^2(10)$$

从而

$$P\{\sum_{i=1}^{10}X_i^2>1.44\}=P\left\{\frac{1}{0.3^2}\sum_{i=1}^{10}X_i^2>\frac{1.44}{0.3^2}\right\}=P\left\{\frac{1}{0.3^2}\sum_{i=1}^{10}X_i^2>16\right\}$$

由 χ^2 分布的上 α 分位点定义并查表知：当 $\chi_\alpha^2(10)=16$ 时，$\alpha=0.1$.

故

$$P\{\sum_{i=1}^{10}X_i^2>1.44\}=0.1$$

2. t 分布(Student 分布)

定义 5.3 设 $X \sim N(0,1)$，$Y \sim \chi^2(n)$，且 X,Y 相互独立，则称随机变量

$$t=\frac{X}{\sqrt{Y/n}} \tag{5.24}$$

服从自由度为 n 的 t **分布**，记为 $t \sim t(n)$.

可以证明 $t(n)$ 分布具有概率密度

$$h(t)=\frac{\Gamma[(n+1)/2]}{\sqrt{\pi n}\Gamma(n/2)}\left(1+\frac{t^2}{n}\right)^{-\frac{n+1}{2}},\quad -\infty<t<+\infty \tag{5.25}$$

如图 5.7 所示画出了 $h(t)$ 的图形. 曲线关于纵轴对称. 从图形上可看到 t 分布的概率密度曲线的尾部比标准正态分布的要长一些. 还可以证明

$$\lim_{n\to\infty}h(t)=\frac{1}{\sqrt{2\pi}}\mathrm{e}^{-\frac{t^2}{2}} \tag{5.26}$$

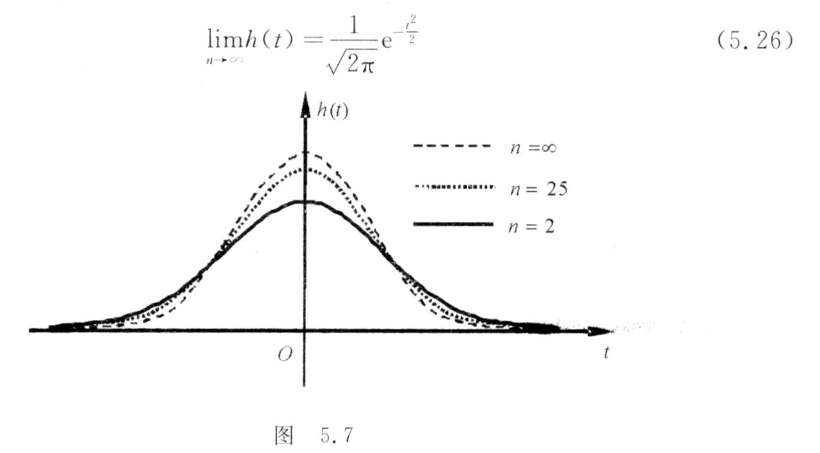

图 5.7

例 3 设 $X \sim N(\mu,\sigma^2)$，$Y/\sigma^2 \sim \chi^2(n)$，且 X,Y 相互独立，试求

$$T=\frac{X-\mu}{\sqrt{Y/n}}$$

的概率分布.

解 因为 $X \sim N(\mu,\sigma^2)$，所以 $\frac{X-\mu}{\sigma} \sim N(0,1)$，又 $Y/\sigma^2 \sim \chi^2(n)$.

由于 X,Y 相互独立，因此 $\frac{X-\mu}{\sigma}$ 与 $\frac{Y}{\sigma^2}$ 相互独立，由定义 5.3，有

$$\frac{X-\mu}{\sqrt{Y/n}}=\frac{(X-\mu)/\sigma}{\sqrt{\frac{Y}{\sigma^2}/n}} \sim t(n)$$

即 $T=\frac{X-\mu}{\sqrt{Y/n}}$ 服从自由度为 n 的 t 分布.

设 $t \sim t(n)$，对于给定的 $\alpha(0<\alpha<1)$，称满足等式

$$P\{t > t_\alpha(n)\} = \int_{t_\alpha(n)}^{+\infty} h(t)\mathrm{d}t = \alpha \tag{5.27}$$

的点 $t_\alpha(n)$ 为 t **分布的上 α 分位点**(见图 5.8). 附表给出了 t 分布的上 α 分位点 $t_\alpha(n)$ 的值. 例如 $n = 20, \alpha = 0.05$ 时, $t_{0.05}(20) = 1.7247$.

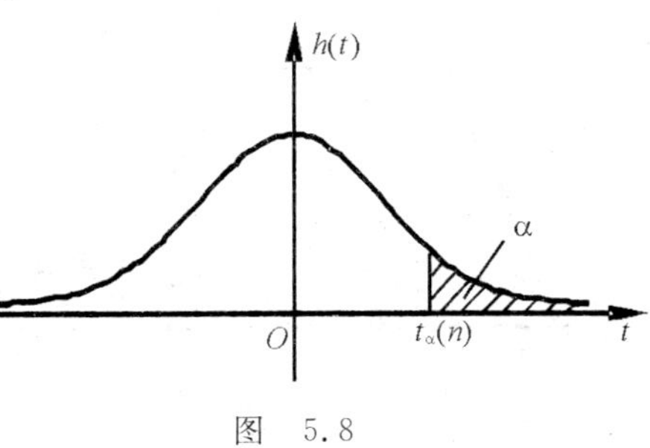

图　5.8

附表中只列到 $n = 45$, 当 $n > 45$ 时, 如无详细的表可查, 可用标准正态分布表来近似, 即当 $n > 45$ 时, $t_\alpha(n) \approx u_\alpha$.

3. F 分布

定义 5.4　设 $U \sim \chi^2(n_1), V \sim \chi^2(n_2)$, 且 U, V 相互独立, 则称随机变量

$$F = \frac{U/n_1}{V/n_2} \tag{5.28}$$

服从自由度为 (n_1, n_2) 的 F **分布**, 记为 $F \sim F(n_1, n_2)$.

可以证明 $F(n_1, n_2)$ 分布的概率密度函数

$$\psi(y) = \begin{cases} \dfrac{\Gamma[(n_1 + n_2)/2]}{\Gamma(n_1/2)\Gamma(n_2/2)} \left(\dfrac{n_1}{n_2}\right) \left(\dfrac{n_1}{n_2} y\right)^{\frac{n_1}{2} - 1} \left(1 + \dfrac{n_1}{n_2} y\right)^{\frac{n_1 + n_2}{2}}, & y > 0 \\ 0, & y < 0 \end{cases} \tag{5.29}$$

由定义 5.4 知, 若 $F \sim F(n_1, n_2)$, 则

$$\frac{1}{F} \sim F(n_2, n_1) \tag{5.30}$$

如图 5.9 所示画出了对应不同自由度的 F 分布的概率密度的曲线.

例 4　已知 $T \sim t(n)$, 证明 $T^2 \sim F(1, n)$.

证明　因为 $T \sim t(n)$, 由定义 5.2 有

$$T = \frac{X}{\sqrt{Y/n}}$$

其中 $X \sim N(0,1)$, $Y \sim \chi^2(n)$, 且 X, Y 相互独立, 那么

$$T^2 = \frac{X^2}{Y/n}$$

由于 $X^2 \sim \chi^2(1)$, 且 X^2 与 Y 相互独立, 由定义 5.3, 有

$$T^2 \sim F(1, n)$$

设 $F \sim F(n_1, n_2)$, 对于给定的 $\alpha(0 < \alpha < 1)$, 称满足等式

$$P\{F > F_\alpha(n_1, n_2)\} = \int_{F_\alpha(n_1, n_2)}^{+\infty} \psi(y)\mathrm{d}y = \alpha \tag{5.31}$$

的点 $F_\alpha(n_1, n_2)$ 为 F **分布的上 α 分位点**(见图 5.10). 附表给出了 F 分布的上 α 分

位点 $F_{\alpha}(n_1,n_2)$ 的值,例如当 $n_1=10,n_2=20,\alpha=0.05$ 时,$F_{0.05}(10,20)=2.35$.

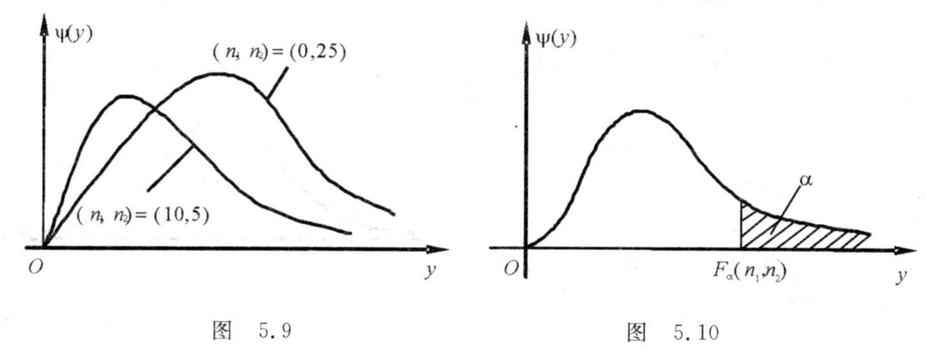

图 5.9　　　　　　　　图 5.10

F 分布的上 α 分位点有如下性质:

$$F_{1-\alpha}(n_1,n_2)=\frac{1}{F_{\alpha}(n_2,n_1)} \tag{5.32}$$

利用式(5.31)可求出附表中没有列出的一些 $F_{\alpha}(n_1,n_2)$ 的值.例如

$$F_{0.95}(10,20)=\frac{1}{F_{0.05}(20,10)}=\frac{1}{2.77}=0.36$$

二、来自正态总体的统计量的分布

定理 5.4　设 $(X_1,X_2,\cdots,X_n)$ 是来自正态总体 $N(\mu,\sigma^2)$ 的样本,$\overline{X}$ 为样本均值,S^2 为样本方差,则

(1) $\overline{X}\sim N\left(\mu,\dfrac{\sigma^2}{n}\right)$;

(2) $\dfrac{(n-1)}{\sigma^2}S^2=\dfrac{1}{\sigma^2}\sum\limits_{i=1}^{n}(X_i-\overline{X})^2\sim\chi^2(n-1)$;

(3) $\overline{X}$ 与 S^2 相互独立.

此定理的结论(1)是显然的,结论(2)和(3)的证明从略.

定理 5.5　设 $(X_1,X_2,\cdots,X_n)$ 是来自正态总体 $N(\mu,\sigma^2)$ 的样本,$\overline{X}$ 为样本均值,S^2 为样本方差,则

$$T=\frac{\sqrt{n}(\overline{X}-\mu)}{S}\sim t(n-1)$$

证明　由定理 5.4 知 $\dfrac{\sqrt{n}(\overline{X}-\mu)}{\sigma}\sim N(0,1)$,$\dfrac{(n-1)S^2}{\sigma^2}\sim\chi^2(n-1)$ 且 $\dfrac{\sqrt{n}(\overline{X}-\mu)}{\sigma}$ 与 $\dfrac{(n-1)S^2}{\sigma^2}$ 相互独立,再由 t 分布的定义知

$$T=\frac{\sqrt{n}(\overline{X}-\mu)}{S}=\frac{\sqrt{n}(\overline{X}-\mu)}{\sigma}\sqrt{\frac{(n-1)S^2}{\sigma^2}/(n-1)}\sim t(n-1)$$

定理 5.6 设 $(X_1,X_2,\cdots,X_{n_1})$，$(Y_1,Y_2,\cdots,Y_{n_2})$ 分别是来自正态总体 $N(\mu_1,\sigma^2)$，$N(\mu_2,\sigma^2)$ 的样本，且两样本相互独立. $\overline{X}=\frac{1}{n_1}\sum_{i=1}^{n_1}X_i$，$\overline{Y}=\frac{1}{n_2}\sum_{i=1}^{n_2}Y_i$，$S_1^2=\frac{1}{n_1-1}\sum_{i=1}^{n_1}(X_i-\overline{X})^2$，$S_2^2=\frac{1}{n_2-1}\sum_{i=1}^{n_2}(Y_i-\overline{Y})^2$，则有

$$T=\frac{(\overline{X}-\overline{Y})-(\mu_1-\mu_2)}{S_\omega\sqrt{\frac{1}{n_1}+\frac{1}{n_2}}}\sim t(n_1+n_2-2)$$

其中

$$S_\omega^2=\frac{(n_1-1)\ S_1^2+(n_2-1)\ S_2^2}{n_1+n_2-2}$$

证明 由定理条件及定理 5.4 的结论(1)知

$$\overline{X}-\overline{Y}\sim N\left(\mu_1-\mu_2,\left(\frac{1}{n_1}+\frac{1}{n_2}\right)\sigma^2\right)$$

即

$$U=\frac{(\overline{X}-\overline{Y})-(\mu_1-\mu_2)}{\sigma\sqrt{\frac{1}{n_1}+\frac{1}{n_2}}}\sim N(0,1)$$

再由定理条件、定理 5.4 的结论(2)及 χ^2 分布的性质(2)知

$$V=\frac{(n_1-1)\ S_1^2+(n_2-1)\ S_2^2}{\sigma^2}\sim\chi^2(n_1+n_2-2)$$

且由定理 5.4 的结论(3)知 U 与 V 相互独立，从而由 t 分布的定义知

$$T=\frac{(\overline{X}-\overline{Y})-(\mu_1-\mu_2)}{S_\omega\sqrt{\frac{1}{n_1}+\frac{1}{n_2}}}=\frac{U}{\sqrt{V/(n_1+n_2-2)}}\sim t(n_1+n_2-2)$$

要特别注意：此定理中两个正态总体的方差相同.

定理 5.7 设 $(X_1,X_2,\cdots,X_{n_1})$，$(Y_1,Y_2,\cdots,Y_{n_2})$ 分别是来自正态总体 $N(\mu_1,\sigma_1^2)$，$N(\mu_1,\sigma_2^2)$ 的样本，且两样本相互独立. S_1^2，S_2^2 如定理 5.6 定义，则

$$F=\frac{\sigma_2^2S_1^2}{\sigma_1^2S_2^2}\sim F(n_1-1,n_2-1)$$

证明：由定理条件及定理 5.4 知 $\frac{(n_1-1)S_1^2}{\sigma_1^2}$ 和 $\frac{(n_2-1)S_2^2}{\sigma_2^2}$ 相互独立，且

$$\frac{(n_1-1)S_1^2}{\sigma_1^2}\sim\chi^2(n_1-1)\ ,\qquad \frac{(n_2-1)S_2^2}{\sigma_2^2}\sim\chi^2(n_2-1)$$

从而由 F 分布的定义有

$$F=\left[\frac{(n_1-1)S_1^2}{\sigma_1^2}/(n_1-1)\right]/\left[\frac{(n_2-1)S_2^2}{\sigma_2^2}/(n_2-1)\right]\sim F(n_1-1,n_2-1)$$

即

$$F=\frac{\sigma_2^2S_1^2}{\sigma_1^2S_2^2}\sim F(n_1-1,n_2-1)$$

定理 5.4 至定理 5.7 非常重要，它们是以后各章的理论基础，应予以重视. 特别是定理 5.4 要能熟练掌握.

习 题 5

1. 设总体 X 服从泊松分布，即 X 的分布律为

$$P\{X=k\}=\frac{\lambda^k}{k!},\qquad k=1,2,\cdots,\lambda>0$$

$(X_1,X_2,\cdots,X_n)$ 是来自总体 X 的样本. 试求

(1) $(X_1,X_2,\cdots,X_n)$ 的分布函数；

(2) $E(\overline{X}),D(\overline{X}),E(S^2)$.

2. 设总体 X 服从对数正态分布，即 X 的概率密度为

$$f(x)=\frac{1}{x\sqrt{2\pi\sigma}}\mathrm{e}^{-\frac{1}{2\sigma^2}(\ln x-\mu)^2},\quad 0<x<\infty$$

$(X_1,X_2,\cdots,X_n)$ 是来自总体 X 的样本，试求样本 $(X_1,X_2,\cdots,X_n)$ 的概率密度.

3. 设总体 X 具有概率密度

$$f(x)=\begin{cases}6x(1-x), & 0<x<1\\ 0, & \text{其他}\end{cases}$$

$(X_1,X_2,\cdots,X_n)$ 是来自 X 的样本，试求 $(X_1,X_2,\cdots,X_n)$ 的概率密度.

4. 为了研究玻璃产品在集装箱托运过程中的损坏情况，现随机抽取 20 个集装箱检查其产品损坏的件数，记录结果为

1，1，1，1，2，0，0，1，3，1，0，0，2，4，0，3，1，4，0，2

试写出样本频率分布，经验分布函数并画出其图象.

5. 表 5.9 是 100 个学生身高的测量情况(单位：cm). 试作出学生身高的样本频率直方图，并用直方图估计学生身高在 160 与 175 之间的概率.

表 5.9

身高	154～158	158～162	162～166	166～170	170～174	174～178	178～182
学生数	10	14	26	28	12	8	2

6. 设 $(-1, 3, 4, 2.1, -2.8, 1.5)$ 是容量为 5 的一个样本值，试求经验分布函数 $F(x)$，并作出 $F(x)$ 的图形.

7. 设从总体 X 抽得一个容量为 10 的样本，其值为 2.4, 4.5, 2.0, 1.0, 1.5, 3.4, 6.6, 5.0, 3.5, 4.0. 试计算样本均值、样本方差、样本标准差、样本二阶中心矩及样本二阶原点矩.

8. 设总体 X 的分布函数为 $F(x)$，概率密度为 $f(x)$，$(X_1, X_2, \cdots, X_n)$ 是来自总体 X 的一个样本，记 $X_{(1)} = \min\limits_{1 \leqslant i \leqslant n}(x_i)$，$X_{(n)} = \max\limits_{1 \leqslant i \leqslant n}(x_i)$. 试求 $X_{(1)}$，$X_{(n)}$ 各自的分布函数和概率密度.

9. 设 $(X_1, X_2, \cdots, X_n)$ 是来自正态总体 $N(\mu, \sigma^2)$ 的样本，求统计量

$$Y = \frac{1}{\sigma^2} \sum_{i=1}^{n} (X_i - \mu)^2$$

的概率分布.

10. 设总体 $X \sim N(52, 6.3^2)$. 从总体中随机抽取容量为 36 的一个样本. 求

$$P\left\{50.8 \leqslant \frac{1}{36} \sum_{i=1}^{36} X_i \leqslant 53.8\right\}$$

的值.

11. 设 $X_1, X_2, \cdots, X_{10}$ 为来自总体 $X \sim N(0,1)$ 的一个样本，求 $P\left\{\sum\limits_{i=1}^{10} X_i^2 > 15.99\right\}$.

12. 查表求下列各值

$$\chi^2_{0.05}(10), \quad \chi^2_{0.90}(15) \quad t_{0.05}(9); \quad F_{0.0105}(12,5);$$

$$\chi^2_{0.975}(15); \quad t_{0.025}(4); \quad F_{0.01}(10,9); \quad F_{0.95}(15,12)$$

13. 设 $(X_1, X_2, \cdots, X_n)$ 是来自正态总体 $N(0,1)$ 的样本，求统计量

$$Y = \frac{1}{m}\left(\sum_{i=1}^{n} X_i\right)^2 + \frac{1}{n-m}\left(\sum_{i=m+1}^{n} X_i\right)^2$$

的概率分布.

14. 设 $(X_1, X_2, \cdots, X_9)$ 是来自正态总体 $N(\mu, \sigma^2)$ 的样本，

$$Y_1 = \frac{1}{6}(X_1, X_2, \cdots, X_6),\ Y_2 = \frac{1}{3}(X_7, X_8, X_9),\ S^2 = \frac{1}{2}\sum_{i=7}^{9}(X_i - Y_2)^2,$$

试求统计量

$$Z = \frac{\sqrt{2}(Y_1 - Y_2)}{S}$$

的概率分布.

15. 设 $(X_1, X_2, \cdots, X_n, X_{n+1}, , X_{n+m})$ 是来自正态总体 $N(0, \sigma^2)$ 的样本，试求

下列统计量的概率分布

$$(1)\quad Y_1=\frac{\sqrt{m}\sum_{i=1}^{n}X_i}{\sqrt{n}\sqrt{\sum_{i=n+1}^{n+m}X_i^2}};\qquad (2)\quad Y_2=\frac{m\sum_{i=1}^{n}X_i^2}{n\sum_{i=n+1}^{n+m}X_i^2}.$$

16. 设 $(X_1,X_2,\cdots,X_n)$ 是来自正态总体 $N(\mu,\sigma^2)$ 的样本，$\overline{X}$ 和 S^2 是样本均值和样本方差. 又设 $X_{n+1}\sim N(\mu,\sigma^2)$，且与 $X_1,X_2,\cdots,X_n$ 独立，试求统计量

$$T=\frac{X_{n+1}-\overline{X}}{S}\sqrt{\frac{n}{n+1}}$$

的概率分布.

17. 设 $(X_1,X_2,\cdots,X_n)$ 和 $(Y_1,Y_2,\cdots,Y_n)$ 是分别来自总体 $N(\mu_1,\sigma_1^2)$ 和 $N(\mu_2,\sigma_2^2)$ 的两个独立样本. 试证

$$F=\frac{n_2\sigma_2^2\sum_{i=1}^{n_1}(X_i-\mu_1)^2}{n_1\sigma_1^2\sum_{i=1}^{n_2}(Y_i-\mu_2)^2}$$

服从自由度为 (n_1,n_2) 的 F 分布.

18. 设总体 X 服从正态分布 $N(\mu_1,\sigma^2)$，从该总体中抽取样本 $(X_1,X_2,\cdots,X_{2n})(n\geqslant 2)$，其样本均值为 $\overline{X}=\frac{1}{2n}\sum_{i=1}^{2n}X_i$. 求统计量

$$Y=\sum_{i=1}^{2n}(X_i+X_{n+i}-2\overline{X})^2$$

的数学期望 $E(X)$.

第6章 参数估计

统计推断是数理统计的核心问题.所谓**统计推断**是指根据样本对总体的分布或分布的数字特征等作出合理的推断.统计推断的主要内容可以分为两大类:参数估计和假设检验.参数估计可分为点估计和区间估计两种.本章主要介绍点估计量的求法,估计量好坏的评判标准以及正态总体均值和方差的区间估计,最后简要介绍截尾寿命试验和平均寿命试验.

6.1 点估计

一、问题的提出

在许多实际问题中,总体 X 的分布函数形式是已知的,不知道的是它的一个或多个未知参数,即 X 的分布函数为

$$F(x;\theta),\quad \theta\in\Theta \text{ 未知}$$

其中,F 为已知函数,Θ 为某个指定的集合.我们希望通过一组样本 $X_1,X_2,\cdots,X_n$ 的观察值 $x_1,x_2,\cdots,x_n$ 去估计总体分布函数中的未知参数,由于这个估计值在数轴上是一点,所以称这一问题为参数的点估计问题.

参数的点估计就是要构造一个合适的统计量:

$$\hat{\theta}=g(X_1,X_2,\cdots,X_n)$$

称该统计量为未知参数的**估计量**,其观察值 $\hat{\theta}=g(x_1,x_2,\cdots,x_n)$ 称为未知参数 θ 的**估计值**.

在不致混淆的情况下估计量和估计值统称为估计,记为 $\hat{\theta}$.

求参数点估计的方法常用的有两种:**矩法**和**极大似然估计法**.

二、矩法

设要估计的量为总体分布的矩(或总体分布的矩的已知函数),那么按**“经验分布能反映总体分布”**的直观想法,可以用经验分布的相应的矩(或相应的矩的函数)

作为估计量，称这种估计未知参数方法为**矩法**.

具体地，设总体 X 的分布函数 $F(x;\theta_1,\theta_2,\cdots,\theta_k)$ 的形式已知，参数 $\theta_1,\theta_2,\cdots,\theta_k$ 未知，$X_1,X_2,\cdots,X_n$ 为来自总体 X 的样本，$x_1,x_2,\cdots,x_n$ 为样本的观察值，利用矩法求参数 $\theta_1,\theta_2,\cdots,\theta_k$ 的估计量的方法步骤如下：

(1)假定 X 的 k 阶原点矩存在，可以求得 X 的 r 阶原点矩

$$\upsilon_r = E(X^r)$$

由于 X 的分布依赖参数 $\theta_1,\theta_2,\cdots,\theta_k$，故 X 的 r 阶原点矩 υ_r 是 $\theta_1,\theta_2,\cdots,\theta_k$ 的函数，即

$$\upsilon_r(\theta_1,\theta_2,\cdots,\theta_k) = E(X^r),\quad r=1,2,\cdots,k$$

(2)求出样本的 r 阶矩

$$A_r = \frac{1}{n}\sum_{i=1}^{n} X_i^r,\quad r=1,2,\cdots,k$$

它们是 $X_1,X_2,\cdots,X_n$ 的函数.

(3)列出 k 个方程：令 X 的 r 阶矩等于样本相应的 r 阶矩，得

$$\upsilon_r(\theta_1,\theta_2,\cdots,\theta_k) = A_r,\quad r=1,2,\cdots,k$$

将其中的 $\theta_1,\theta_2,\cdots,\theta_k$ 看成未知函数，$A_r(r=1,2,\cdots,k)$ 看成已知，选其中 k 个方程，一般可以解得 $\hat{\theta}_1=\hat{\theta}_1(X_1,X_2,\cdots,X_n),\hat{\theta}_2=\hat{\theta}_2(X_1,X_2,\cdots,X_n),\cdots,\hat{\theta}_k=\hat{\theta}_k(X_1,X_2,\cdots,X_n)$. 我们就可以用 $\hat{\theta}_j(j=1,2,\cdots,k)$ 作为 θ 的矩估计量.

例 1　设总体 X 服从均匀分布，其概率密度为

$$f(x;\theta)=\begin{cases}\dfrac{1}{\theta}, & 0<x<\theta\\ 0, & 其他\end{cases}$$

$X_1,X_2,\cdots,X_n$ 为 X 的样本，求 θ 的矩估计量.

解　X 的期望为 $\upsilon=E(X)=\int_{-\infty}^{+\infty} xf(x;\theta)\mathrm{d}x=\int_0^{\theta} x\cdot\frac{1}{\theta}\mathrm{d}x=\frac{\theta}{2}$.

样本均值为　$$\overline{X}=A_1=\frac{1}{n}\sum_{i=1}^{n}X_i$$

列出方程　$$\upsilon_1=A_1,\qquad 即\quad \frac{\theta}{2}=\overline{X}$$

解得 θ 的矩估计量为　$$\hat{\theta}=2\overline{X}$$

例 2　求总体 X 的均值 μ 和方差 σ^2 的矩估计.

解　设 $X_1,X_2,\cdots,X_n$ 是总体的一个样本，由于

$$\begin{cases}E(X)=\mu\\ E(X^2)=D(X)+[E(X)]^2=\sigma^2+\mu^2\end{cases}$$

令

$$\begin{cases}\overline{X}=\mu \\ \dfrac{1}{n}\sum_{i=1}^{n}X_i^2=\sigma^2+\mu^2\end{cases}$$

解之得 μ 与 σ^2 的矩估计量为

$$\hat{\mu}=\overline{X},\qquad \hat{\sigma}^2=\frac{1}{n}\sum_{i=1}^{n}(X_i-\overline{X})^2$$

由此可见，总体均值 μ，方差 σ^2 的矩估计量的表达式不因不同的总体分布而改变.

例 3　设在一次试验中事件 A 出现的概率为 $p(0<p<1)$. 用矩法求 p 的估计量.

解　定义随机变量 X

$$X=\begin{cases}0, & \text{当 } A \text{ 不发生} \\ 1, & \text{当 } A \text{ 发生}\end{cases}$$

于是 X 服从 $(0-1)$ 分布，其分布律见表 6.1.

表　6.1

X	0	1
p_k	$1-p$	p

而且 $\mu=E(X)=p$.

现 X 为总体，$X_1,X_2,\cdots,X_n$ 为它的样本，利用矩法得 p 的估计量为

$$\hat{p}=\overline{X}=\frac{1}{n}\sum_{i=1}^{n}X_i$$

然而，$\sum_{i=1}^{n}X_i=m$，为 n 次观察中 A 发生的次数，故得 p 的估计量为 $\hat{p}=\dfrac{m}{n}$，即可以用事件 A 在 n 次观察中出现的频率作为事件 A 的概率的估计.

对于二维总体 (X,Y)，设 $(X_1,Y_1),(X_2,Y_2),\cdots,(X_n,Y_n)$ 为从该总体中抽取的容量为 n 的样本. 按矩法，用样本协方差

$$\frac{1}{n}\sum_{k=1}^{n}[(X_k-\overline{X})(Y_k-\overline{Y})]$$

作为 X 和 Y 的协方差 $\mathrm{Cov}(X,Y)$ 的估计量.

用样本相关系数

$$r=\frac{\dfrac{1}{n}\sum_{i=1}^{n}[(X_i-\overline{X})(Y_i-\overline{Y})]}{\sqrt{\dfrac{1}{n}\sum_{i=1}^{n}(X_i-\overline{X})^2}\sqrt{\dfrac{1}{n}\sum_{i=1}^{n}(Y_i-\overline{Y})^2}}$$

作为总体相关系数 ρ_{XY} 的估计量. 这里 $\overline{X}=\frac{1}{n}\sum_{i=1}^{n}X_i$， $\overline{Y}=\frac{1}{n}\sum_{i=1}^{n}Y_i$.

例 4 从一个二维随机变量 (X,Y) 中，抽取一组观察值见表 6.2.

表 6.2

$X=x_k$	110	184	145	122	165	143	78	129	62	130	168
$Y=y_k$	25	81	36	33	70	54	20	44	14	41	75

用矩法求 (X,Y) 的相关系数 ρ_{XY} 的估计值.

解 由表 6.2 中数据求得

$$\bar{x}=\frac{1}{11}\sum_{k=1}^{11}x_k=\frac{1}{11}(110+184+\cdots+168)=130.55$$

$$\bar{y}=\frac{1}{11}\sum_{k=1}^{11}y_k=\frac{1}{11}(25+81+\cdots+75)=43.67$$

$$\sqrt{\frac{1}{11}\sum_{k=1}^{11}(x_k-\bar{x})^2}=\sqrt{\frac{1}{11}\sum_{k=1}^{11}(x_k-130.55)^2}=35.78$$

$$\sqrt{\frac{1}{11}\sum_{k=1}^{11}(y_k-\bar{y})^2}=\sqrt{\frac{1}{11}\sum_{k=1}^{11}(y_k-43.67)^2}=23.45$$

$$\frac{1}{n}\sum_{k=1}^{11}[(x_k-\bar{x})(y_k-\bar{y})=\frac{1}{11}\sum_{k=1}^{n}[(x_k-130.55)(y_k-43.67)=791.89$$

由此可求得 (X,Y) 的相关系数的估计值为

$$\hat{\rho}_{XY}=r=\frac{791.89}{35.78\times 23.45}=0.94$$

三、极大似然估计法

极大似然估计作为一种点估计方法，有许多优良性质，它充分利用了总体分布函数的表达式及样本所提供的信息. 当样本容量较大时，极大似然估计值一般比矩估计值精确. 因而，当总体分布类型已知时，最好采用极大似然估计法来估计总体的未知参数.

1. 似然函数

设总体 X 是离散型随机变量，其分布律为

$$P\{X=x\}=f(x;\theta_1,\theta_2,\cdots,\theta_m),\quad x=x_1,x_2,\cdots$$

其中 $\theta=(\theta_1,\theta_2,\cdots,\theta_m)$ 是未知参数，$(X_1,X_2,\cdots,X_n)$ 是来自总体 X 的样本，则样本 $(X_1,X_2,\cdots,X_n)$ 的联合分布律为

$$\prod_{i=1}^{n} P\{X=x_i\}$$

称为**似然函数**,记为 $L(\theta_1,\theta_2,\cdots,\theta_m)$,即

$$L(\theta_1,\theta_2,\cdots,\theta_m)=\prod_{i=1}^{n} P\{X=x_i\}=\prod_{i=1}^{n} f(x_i;\theta_1,\theta_2,\cdots,\theta_m)$$

若总体 X 是连续型随机变量,其概率密度为 $f(x;\theta_1,\theta_2,\cdots,\theta_m)$,其中 θ_1,$\theta_2,\cdots,\theta_m$ 是未知参数,$(X_1,X_2,\cdots,X_n)$ 是总体 X 的一个样本,则样本 $(X_1,X_2,\cdots,X_n)$ 的联合概率密度为 $\prod_{i=1}^{n} f(x_i;\theta_1,\theta_2,\cdots,\theta_m)$. 当取定 $x_1,x_2,\cdots,x_n$ 后,它只是参数 $(\theta_1,\theta_2,\cdots,\theta_k)$ 的函数,记为 $L(\theta_1,\theta_2,\cdots,\theta_m)$,即

$$L(\theta_1,\theta_2,\cdots,\theta_m)=\prod_{i=1}^{n} f(x_i;\theta_1,\theta_2,\cdots,\theta_m)$$

这个函数 L 称为**似然函数**.

综上所述,**似然函数就是样本的联合分布律或概率密度**.

2. 极大似然估计法

设某个试验有若干个可能结果 A,B,C,若在一次试验中,结果 A 出现,则一般认为 A 出现的概率最大. 这种想法的根据是**"概率最大的事件最有可能出现"**的"统计推断"原理. 极大似然估计法的基本思想就是这个原理的具体应用.

设总体 X 为连续型随机变量,其概率密度 $f(x;\theta_1,\theta_2,\cdots,\theta_m)$ 的形式已知,$\theta_i(i=1,2,\cdots,m)$ 为待估计的参数. 又设 $(x_1,x_2,\cdots,x_n)$ 为其一个样本观察值,那么样本落在点 $(x_1,x_2,\cdots,x_n)$ 的邻域内的概率为

$$\begin{aligned}&P\{x_1-\mathrm{d}x_1<X_1\leqslant x_1,x_2-\mathrm{d}x_2<X_2\leqslant x_2,\cdots,x_n-\mathrm{d}x_n<X_n\leqslant x_n\}=\\&P\{x_1-\mathrm{d}x_1<X_1\leqslant x_1\}P\{x_2-\mathrm{d}x_2<X_2\leqslant x_2\}\cdots P\{x_n-\mathrm{d}x_n<X_n\leqslant x_n\}\approx\\&\prod_{i=1}^{n}[f(x_i;\theta_1,\theta_2,\cdots,\theta_m)]\mathrm{d}x_i=\\&[\prod_{i=1}^{n} f(x;\theta_1,\theta_2,\cdots,\theta_m)][\prod_{i=1}^{n}\mathrm{d}x_i]=L(\theta_1,\theta_2,\cdots,\theta_m)(\prod_{i=1}^{n}\mathrm{d}x_i)\end{aligned}$$

这里取的小区间长度 $\mathrm{d}x_i(i=1,2,\cdots,n)$ 都是固定的量. 既然在一次试验中 x_1,$x_2,\cdots,x_n$ 已经出现,那么 $\theta_1,\theta_2,\cdots,\theta_m$ 的选择应当使这个概率达到最大,也就是选取使似然函数 $L(\theta_1,\theta_2,\cdots,\theta_m)$ 达到最大的参数值作为未知参数的估计值,这种求未知参数的方法称为**极大似然估计法**.

由于 $L(\theta)$ 与 $\ln L(\theta)$ 在同一 θ 处取得极值,因此通常取

$$\ln L(\theta_1,\theta_2,\cdots,\theta_m)=\ln\prod_{i=1}^{n} f(x_i;\theta_1,\theta_2,\cdots,\theta_m)=\sum_{i=1}^{n}\ln f(x_i;\theta_1,\theta_2,\cdots,\theta_m)$$

由多元函数求极值的方法,只须解方程组

$$\begin{cases}\dfrac{\partial \ln L(\theta_1,\theta_2,\cdots,\theta_m)}{\partial \theta_1}=0\\ \dfrac{\partial \ln L(\theta_1,\theta_2,\cdots,\theta_m)}{\partial \theta_2}=0\\ \cdots\cdots\\ \dfrac{\partial \ln L(\theta_1,\theta_2,\cdots,\theta_m)}{\partial \theta_m}=0\end{cases}$$

便可求出 $\hat{\theta}_i(i=1,2,\cdots,k)$.

上述方程称为**似然方程**.

当总体 X 服从离散型分布时，可用类似的方法求其参数的极大似然估计，这时，只须取似然函数为

$$\ln L(\theta_1,\theta_2,\cdots,\theta_m)=\ln\prod_{i=1}^{n}P\{X_i=x_i\}=\sum_{i=1}^{n}\ln P\{X_i=x_i\}$$

定义 6.1 设总体 X 的概率密度(或分布律)为 $f(x;\theta_1,\theta_2,\cdots,\theta_m)$，其中 $\theta_1,\theta_2,\cdots,\theta_m$ 为未知参数. 又设 $(x_1,x_2,\cdots,x_n)$ 是 X 的一个样本观察值，如果似然函数

$$L(\theta_1,\theta_2,\cdots,\theta_m)=\prod_{i=1}^{n}f(x_i;\theta_1,\theta_2,\cdots,\theta_m)$$

在 $(\hat{\theta}_1,\hat{\theta}_2,\cdots,\hat{\theta}_m)$ 达到最大值，则称 $\hat{\theta}_1,\hat{\theta}_2,\cdots,\hat{\theta}_m$ 分别为 $\theta_1,\theta_2,\cdots,\theta_m$ 的**极大似然估计值**，若将样本值 $(x_1,x_2,\cdots,x_n)$ 换成 $(X_1,X_2,\cdots,X_n)$ 所得到的 $\hat{\theta}_i=\hat{\theta}_i(X_1,X_2,\cdots,X_n)(i=1,2,\cdots,m)$ 分别称为 $\theta_i(i=1,2,\cdots,m)$ 的**极大似然估计量**.

由上述讨论可得求极大似然估计量的一般步骤如下：

(1)写出似然函数 $L(\theta_1,\theta_2,\cdots,\theta_m)$；

(2)求出 $\ln L$ 及似然方程 $\dfrac{\partial \ln L(\theta_1,\theta_2,\cdots,\theta_m)}{\partial \theta_i}=0,(i=1,2,\cdots,m)$；

(3)解似然方程得到极大似然估计值 $\hat{\theta}_i(x_1,x_2,\cdots,x_n)(i=1,2,\cdots,m)$；

(4)写出极大似然估计量 $\hat{\theta}_i(X_1,X_2,\cdots,X_n)(i=1,2,\cdots,m)$.

例 5 设总体 X 服从泊松分布 $P(\lambda)$，其分布律为

$$P\{X=k\}=\frac{\lambda^k}{k!}e^{-\lambda},\quad k=0,1,2,\cdots$$

试求参数 λ 的极大似然估计量.

解 设样本 $(X_1,X_2,\cdots,X_n)$ 的一个观察值为 $(x_1,x_2,\cdots,x_n)$，于是得似然函数为

$$L(\lambda)=\prod_{i=1}^{n}P\{X=x_i\}=\prod_{i=1}^{n}\frac{\lambda^{x_i}}{x_i!}e^{-\lambda}=\frac{\lambda^{\sum\limits_{i=1}^{n}x_i}}{\prod\limits_{i=1}^{n}x_i!}e^{-n\lambda}$$

$$\ln L(\lambda) = -n\lambda + \left(\sum_{i=1}^{n} x_i\right)\ln\lambda - \sum_{i=1}^{n}\ln(x_i!\ )$$

由
$$\frac{\mathrm{d}\ln L(\lambda)}{\mathrm{d}\lambda} = -n + \frac{1}{\lambda}\sum_{i=1}^{n} x_i = 0$$

得
$$\hat{\lambda} = \frac{1}{n}\sum_{i=1}^{n} x_i$$

所以 λ 的极大似然估计量为 $\quad \hat{\lambda} = \overline{X} = \frac{1}{n}\sum_{i=1}^{n} X_i$

例 6 设总体 X 服从正态分布 $N(\mu,\sigma^2)$，试求未知参数 μ 和 σ^2 的极大似然估计量.

解 设 $(X_1, X_2, \cdots, X_n)$ 为 X 的一个样本，其观察值为 $(x_1, x_2, \cdots, x_n)$，则似然函数为

$$L(\mu,\sigma^2) = \prod_{i=1}^{n}\frac{1}{\sqrt{2\pi}\sigma}\mathrm{e}^{-\frac{(x_i-\mu)^2}{2\sigma^2}} = \left(\frac{1}{\sqrt{2\pi}\sigma}\right)^n \mathrm{e}^{-\frac{1}{2\sigma^2}\sum_{i=1}^{n}(x_i-\mu)^2}$$

$$\ln L(\mu,\sigma^2) = -n\ln\sqrt{2\pi} - \frac{n}{2}\ln\sigma^2 - \frac{1}{2\sigma^2}\sum_{i=1}^{n}(x_i-\mu)^2$$

则似然方程为

$$\frac{\partial \ln L(\mu,\sigma^2)}{\partial\mu} = \frac{1}{\sigma^2}\sum_{i=1}^{n}(x_i-\mu) = 0$$

$$\frac{\partial \ln L(\mu,\sigma^2)}{\partial\sigma^2} = -\frac{n}{2\sigma^2} + \frac{1}{2(\sigma^2)^2}\sum_{i=1}^{n}(x_i-\mu)^2 = 0$$

解得估计值为 $\quad \hat{\mu} = \frac{1}{n}\sum_{i=1}^{n} x_i = \bar{x}, \qquad \hat{\sigma}^2 = \frac{1}{n}\sum_{i=1}^{n}(x_i-\bar{x})^2$

所求的极大似然估计量为

$$\hat{\mu} = \overline{X}, \qquad \hat{\sigma}^2 = \frac{1}{n}\sum_{i=1}^{n}(X_i-\overline{X})^2 = \frac{n-1}{n}S^2$$

值得注意的是，将极大似然函数取对数，求导或偏导数，并不总是可行的，有时必须直接求似然函数的极大值点，见下例.

例 7(续例 1) 求 θ 的极大似然估计量.

解 总体 X 的概率密度为

$$f(x;\theta) = \begin{cases} \dfrac{1}{\theta}, & 0 < x < \theta \\ 0, & 其他 \end{cases}$$

则极大似然函数为

$$L(\theta)=\begin{cases}\left(\dfrac{1}{\theta}\right)^n, & 0<x_1,x_2,\cdots,x_n<\theta\\ 0, & \text{其他}\end{cases}=$$

$$\begin{cases}\dfrac{1}{\theta^n}, & 0<\max(x_1,x_2,\cdots,x_n)<\theta\\ 0, & \text{其他}\end{cases}$$

显然,这里不能通过对 L 取对数求导来求 $\hat{\theta}$,但是欲使 $L(\theta)$ 达到最大,θ 的取值应尽可能地小,但它又不能小于 $\max(x_1,x_2,\cdots,x_n)$.故只有当 θ 等于 $\max(x_1,x_2,\cdots,x_n)$ 时,$L(\theta)$ 达到最大值.故 θ 的极大似然估计值为

$$\hat{\theta}=\max(x_1,x_2,\cdots,x_n)$$

极大似然估计量为

$$\hat{\theta}=\max(X_1,X_2,\cdots,X_n)$$

3.极大似然估计法的性质

定理 6.1 设 $\hat{\theta}$ 是 θ 的极大似然估计,如果 $g(\theta)$ 是 θ 的连续函数,则 $g(\hat{\theta})$ 是 $g(\theta)$ 的极大似然估计.

例 8 设总体 $X\sim N(\mu,\sigma^2)$,μ,σ^2 未知,$(X_1,X_2,\cdots,X_n)$ 是来自总体 X 的一个样本.试求 $\theta=g(\mu,\sigma^2)=P\{X\geqslant 2\}$ 的极大似然估计.

解 因为 $\theta=g(\mu,\sigma^2)=P\{X\geqslant 2\}=1-P\{X<2\}=$

$$1-P\left\{\frac{X-\mu}{\sigma}<\frac{2-\mu}{\sigma}\right\}=1-\Phi\left(\frac{2-\mu}{\sigma}\right)$$

而

$$\hat{\mu}=\overline{X},\qquad \hat{\sigma}^2=\frac{n-1}{n}S^2$$

故

$$\hat{\theta}=g(\hat{\mu},\hat{\sigma}^2)=1-\Phi\left(\frac{2-\overline{X}}{\sqrt{\frac{n-1}{n}}S}\right)$$

其中 $\Phi(x)$ 是标准正态分布的分布函数.

四、估计量的评选标准

由上面讨论可知,对于总体分布中的同一个未知参数 θ ,用不同的估计方法可能得到不同的估计量 $\hat{\theta}$.那么就产生了这样一个问题:选用哪一个估计量好呢? 为了解决这个问题,首先要明确衡量好坏的标准是什么? 下面介绍几个常见的比较估计量好坏的标准.

1.无偏性

若 $\hat{\theta}$ 是参数 θ 的估计量,我们希望随机变量 $\hat{\theta}$ 在 θ 的附近摆动,而它的数学期望等于未知参数的真值.

定义 6.2 设 $\hat{\theta}(X_1,X_2,\cdots,X_n)$ 是参数 θ 的估计量，若

$$E(\hat{\theta})=\theta$$

则称 $\hat{\theta}$ 是 θ 的**无偏估计量**.

无偏性是对估计量的最基本要求.它的意义在于：当一个无偏估计量被多次重复使用时，其估计值在未知参数真值附近波动，并且这些估计值的理论平均等于被估计参数的真值.在工程技术中 $(E(\hat{\theta})-\theta)$ 称为以 $\hat{\theta}$ 作为 θ 的估计的**系统误差**，无偏估计就是没有系统误差.

例 9 对于均值 μ，方差 $\sigma^2>0$ 都存在的总体，若 μ,σ^2 均为未知，则 σ^2 的估计量 $\hat{\sigma}^2=\dfrac{1}{n}\sum\limits_{i=1}^{n}(X_i-\overline{X})^2$ 是有偏的(即不是无偏估计).

证明 $\hat{\sigma}^2=\dfrac{1}{n}\sum\limits_{i=1}^{n}X_i^2-\overline{X}^2=A_2-\overline{X}^2$，又 $E(A_2)=\upsilon_2=\sigma^2+\mu^2$，且

$$E(\overline{X}^2)=D(\overline{X})+[E(\overline{X})]^2=\sigma^2/n+\mu^2$$

故
$$E(\hat{\sigma}^2)=E(A_2-\overline{X}^2)=E(A_2)-E(\overline{X}^2)=\frac{n-1}{n}\sigma^2\neq\sigma^2$$

所以 $\hat{\sigma}^2$ 是有偏的.

由此例可推得，若 $\hat{\sigma}^2=S^2=\dfrac{1}{n-1}\sum\limits_{i=1}^{n}(X_i-\overline{X})^2$，则 S^2 是 $\hat{\sigma}^2$ 是 σ^2 的无偏估计量.

例 10 设总体 X 服从参数为 θ 的指数分布，概率密度为

$$f(x)=\begin{cases}\dfrac{1}{\theta}e^{-x/\theta}, & x>0\\ 0, & \text{其他}\end{cases}$$

其中，参数 $\theta>0$ 为未知，又设 $X_1,X_2,\cdots,X_n$ 是来自 X 的样本，试证 $\overline{X}$ 和 $nZ=n[\min(X_1,X_2,\cdots,X_n)]$ 都是 θ 的无偏估计量.

证明 因为 $E(\overline{X})=E(X)=\theta$，所以 $\overline{X}$ 是 θ 的无偏估计量.而

$$Z=\min(X_1,X_2,\cdots,X_n)$$

服从参数为 $\dfrac{\theta}{n}$ 的指数分布，即具有概率密度

$$f(z;\theta)=\begin{cases}\dfrac{n}{\theta}e^{-nz/\theta}, & z>0\\ 0, & \text{其他}\end{cases}$$

故知

$$E(Z)=\frac{\theta}{n},\quad E(nZ)=\theta$$

即 nZ 也是参数 θ 的无偏估计.

2. 有效性

若 $\hat{\theta}_1, \hat{\theta}_2$ 都是 θ 的无偏估计量，如果在样本容量 n 相同的情况下，$\hat{\theta}_1$ 的观察值较 $\hat{\theta}_2$ 更密集在真值 θ 的附近，我们就认为 $\hat{\theta}_1$ 比 $\hat{\theta}_2$ 更为有效. 即

定义 6.3 设 $\hat{\theta}_1 = \hat{\theta}_1(X_1, X_2, \cdots, X_n)$ 与 $\hat{\theta}_2 = \hat{\theta}_2(X_1, X_2, \cdots, X_n)$ 都是 θ 的无偏估计量，若有

$$D(\hat{\theta}_1) < D(\hat{\theta}_2)$$

则称 $\hat{\theta}_1$ 较 $\hat{\theta}_2$ 有效.

有效性的直观意义是：一个较好的估计量应当有尽可能小的方差.

例 11 设总体 X 的期望 $E(X)$ 和方差 $D(X)$ 都存在，X_1, X_2 是来自总体 X 的样本. 试证统计量

$$\varphi_1(X_1, X_2) = \frac{1}{4}X_1 + \frac{3}{4}X_2; \qquad \varphi_2(X_1, X_2) = \frac{1}{3}X_1 + \frac{2}{3}X_2$$

$$\varphi_3(X_1, X_2) = \frac{3}{8}X_1 + \frac{5}{8}X_2$$

都是期望 $E(X)$ 的无偏估计量，并说明哪个最有效.

解 由样本的定义知 X_1, X_2 相互独立且与总体 X 同分布. 所以

$$E(X_1) = E(X_2) = E(X), D(X_1) = D(X_2) = D(X)$$

由期望与方差的性质，有

$$E[\varphi_1(X_1, X_2)] = E(\frac{1}{4}X_1 + \frac{3}{4}X_2) = \frac{1}{4}E(X_1) + \frac{3}{4}E(X_2) = E(X)$$

$$E[\varphi_2(X_1, X_2)] = E(\frac{1}{3}X_1 + \frac{2}{3}X_2) = \frac{1}{3}E(X_1) + \frac{2}{3}E(X_2) = E(X)$$

$$E[\varphi_3(X_1, X_2)] = E(\frac{3}{8}X_1 + \frac{5}{8}X_2) = \frac{3}{8}E(X_1) + \frac{5}{8}E(X_2) = E(X)$$

$$D[\varphi_1(X_1, X_2)] = D(\frac{1}{4}X_1 + \frac{3}{4}X_2) = \frac{1}{16}D(X_1) + \frac{9}{16}D(X_2) = \frac{10}{16}D(X)$$

$$D[\varphi_2(X_1, X_2)] = D(\frac{1}{3}X_1 + \frac{2}{3}X_2) = \frac{1}{9}D(X_1) + \frac{4}{9}D(X_2) = \frac{5}{9}D(X)$$

$$D[\varphi_3(X_1, X_2)] = D(\frac{3}{8}X_1 + \frac{5}{8}X_2) = \frac{9}{64}D(X_1) + \frac{25}{64}D(X_2) = \frac{34}{64}D(X)$$

而
$$\frac{10}{16} = \frac{40}{64} > \frac{5}{9} = \frac{35}{63} > \frac{34}{64}$$

所以三个统计量都是 $E(X)$ 的无偏估计量，且 $\varphi_3(X_1, X_2)$ 较其他两个有效.

3. 一致性

我们不仅希望一个估计量是无偏的，且具有有效性，还希望当样本容量 n 无限

增大时,估计量能在某种意义下收敛于被估计的参数值,这就是所谓的一致性.

定义 6.4　设 $\hat{\theta}_n = \hat{\theta}_n(X_1, X_2, \cdots, X_n)$ 是未知参数 θ 的估计量序列,如果 $\{\hat{\theta}_n\}$ 依概率收敛于 θ,即对任意 $\varepsilon > 0$,有

$$\lim_{n \to \infty} P\{|\hat{\theta}_n - \theta| < \varepsilon\} = 1$$

则称 $\hat{\theta}_n$ **是** θ **的一致估计量**.

一致性是在极限意义下引进的,适用于大样本情形.其意义在于:一个较好的估计量应当随着样本容量的增大而愈加精确.

例 12　如果总体 X 的数学期望 $E(X) = \mu$ 和方差 $D(X) = \sigma^2$ 都存在,X_1,X_2,$\cdots$,X_n 为总体 X 的一个样本.试证

$$\overline{X} = \frac{1}{n}\sum_{i=1}^{n} X_i$$

为 μ 的一致估计量.

证明　因为

$$E(\overline{X}) = E\left(\frac{1}{n}\sum_{i=1}^{n} X_i\right) = \frac{1}{n}\sum_{i=1}^{n} E(X_i) = \mu$$

$$D(\overline{X}) = D\left(\frac{1}{n}\sum_{i=1}^{n} X_i\right) = \frac{1}{n^2}\sum_{i=1}^{n} D(X_i) = \frac{\sigma^2}{n}$$

由切比雪夫不等式,对于任意给定的 $\varepsilon > 0$,有

$$P\{|\overline{X} - \mu| \geqslant \varepsilon\} \leqslant \frac{D(\overline{X})}{\varepsilon^2} = \frac{\sigma^2}{n\varepsilon^2}$$

所以

$$\lim_{n \to \infty} P\{|\overline{X} - \mu| \geqslant \varepsilon\} = 0$$

即

$$\lim_{n \to \infty} P\{|X - \mu| < \varepsilon\} = 1$$

故 $\overline{X}$ 为 $E(X) = \mu$ 的一致估计量.

6.2　区间估计

一、基本概念

在参数的点估计中,当 $\hat{\theta}(X_1, X_2, \cdots, X_n)$ 是未知参数的一个估计量时,对于一个样本观察值 $(x_1, x_2, \cdots, x_n)$ 就得到 θ 的一个估计值 $\hat{\theta}(x_1, x_2, \cdots, x_n)$.估计值虽然能给人们一个明确的数量概念,但由于它只是 θ 的一个近似值,与 θ 总有一个正的或负的偏差,我们自然希望估计出它的偏差范围,并希望知道这个范围包含参数 θ 真值的可信程度.这样的范围通常以区间的形式给出,同时还给出此区间包含参数 θ 真值的可信程度.这种形式的估计就是所谓的**区间估计**.

定义 6.5 设总体 X 的分布函数为 $F(x;\theta)$，θ 为未知参数，$X_1,X_2,\cdots,X_n$ 是来自总体 X 的样本. 如果存在两个统计量 $\hat{\theta}_1(X_1,X_2,\cdots,X_n)$ 和 $\hat{\theta}_2(X_1,X_2,\cdots,X_n)$，对于给定的 $\alpha\ (0<\alpha<1)$，使得

$$P\{\hat{\theta}_1(X_1,X_2,\cdots,X_n)<\theta<\hat{\theta}_2(X_1,X_2,\cdots,X_n)\}=1-\alpha \tag{6.1}$$

则称区间 $(\hat{\theta}_1,\hat{\theta}_2)$ **为参数** θ **的置信度为** $1-\alpha$ **的置信区间.** $\hat{\theta}_1$ **称为置信下限，**$\hat{\theta}_2$ **称为置信上限，**$1-\alpha$ **称为置信度，区间** $(\hat{\theta}_1,\hat{\theta}_2)$ **也称为置信度为** $1-\alpha$ **的双侧置信区间.**

所谓 θ 的区间估计，就是在给定 α 值的前提下，去寻找两个统计量 $\hat{\theta}_1$ 和 $\hat{\theta}_2$，使其满足式(6.1)，从而知道 θ 落在区间 $(\hat{\theta}_1,\hat{\theta}_2)$ 中的概率为 $1-\alpha$. 由于 $\hat{\theta}_1$ 和 $\hat{\theta}_2$ 皆为统计量，因而是随机变量. 所以区间 $(\hat{\theta}_1,\hat{\theta}_2)$ 为随机区间. 式(6.1)的含意是指若反复抽样多次，每个样本值取定一个区间 $(\hat{\theta}_1,\hat{\theta}_2)$，每个这样的区间要么包含 θ 的真值，要么不包含 θ 的真值. 按贝努利大数定律，在这样多的区间中，包含真值 θ 的区间约占 $100(1-\alpha)\%$，不包含真值 θ 的区间约占有 $100\alpha\%$.

双侧置信区间有上、下限，即置信区间为 $(\hat{\theta}_1,\hat{\theta}_2)$ 的形式. 但在许多实际问题中，如估计元件、设备的使用寿命，显然平均寿命越长越好. 对于这种情况，我们所关心的是寿命 θ 的"下限" $\hat{\theta}_1$，而将置信上限取为 $+\infty$，置信区间采用 $(\hat{\theta}_1,+\infty)$ 形式；与之相反的，对大批产品的废品率的估计，希望废品率越低越好，此时，我们关心的是废品率的"上限" $\hat{\theta}_2$，而下限取为 $-\infty$，此时置信区间形式为 $(-\infty,\hat{\theta}_2)$. 这类区间估计就是所谓的**单侧置信区间.**

定义 6.6 对于给定值 $\alpha\ (0<\alpha<1)$，若由样本 $X_1,X_2,\cdots,X_n$ 确定的统计量 $\hat{\theta}=\hat{\theta}(X_1,X_2,\cdots,X_n)$ 满足

$$P\{\theta>\hat{\theta}\}=1-\alpha \tag{6.2}$$

称区间 $(\hat{\theta},+\infty)$ **是** θ **的置信度为** $1-\alpha$ **的单侧置信区间，**$\hat{\theta}$ **称为** θ **的置信度为** $1-\alpha$ **的单侧置信下限.**

类似地，若统计量 $\hat{\theta}=\hat{\theta}(X_1,X_2,\cdots,X_n)$ 满足

$$P\{\theta<\hat{\theta}\}=1-\alpha \tag{6.3}$$

称区间 $(-\infty,\hat{\theta})$ **为** θ **的置信度为** $1-\alpha$ **的单侧置信区间，**$\hat{\theta}$ **称为** θ **的置信度为** $1-\alpha$ **的单侧置信上限.**

二、求双侧置信区间的步骤

由上述讨论可知寻求未知参数 θ 的双侧置信区间的一般步骤如下：

(1)设法找到一个样本 $(X_1,X_2,\cdots,X_n)$ 和待估参数 θ 的函数 $U(X_1,X_2,\cdots,X_n;\theta)$，除 θ 外 U 不含有其他未知参数，U 的分布为已知且与 θ 无关；

(2)对于给定的置信度 $1-\alpha$，由等式

$$P\{c<U(X_1,X_2,\cdots,X_n)<d\}=1-\alpha$$

适当地确定两个常数 c,d；

(3)将不等式 $c < U(X_1,X_2,\cdots,X_n;\theta) < d$ 化成等价形式

$$\hat{\theta}_1(X_1,X_2,\cdots,X_n) < \theta < \hat{\theta}_2(X_1,X_2,\cdots,X_n)$$

从而有

$$P\{\hat{\theta}_1(X_1,X_2,\cdots,X_n) < \theta < \hat{\theta}_2(X_1,X_2,\cdots,X_n)\} = 1-\alpha$$

故 $(\hat{\theta}_1,\hat{\theta}_2)$ 就是所求的置信区间.

6.3　正态总体参数的区间估计

一、单个正态总体的情形

(一)总体均值 μ 的置信区间

1.已知 σ^2,求 μ 的置信区间

设总体 $X \sim N(\mu,\sigma^2)$,其中 σ^2 已知,现对总体均值 μ 作区间估计.

设 $X_1,X_2,\cdots,X_n$ 是来自总体 X 的样本,由于 $\overline{X}$ 是 μ 的无偏估计,且

$$\overline{X} \sim N\left(\mu,\frac{\sigma^2}{n}\right)$$

故
$$U = \frac{\overline{X}-\mu}{\sigma/\sqrt{n}} \sim N(0,1)$$

对于给定的 α,存在一个值 $u_{\frac{\alpha}{2}}$,使得

$$P\{|U| < u_{\frac{\alpha}{2}}\} = 1-\alpha$$

这里 $u_{\frac{\alpha}{2}}$ 是标准正态分布的上 $\frac{\alpha}{2}$ 分位点.

于是
$$P\{|\frac{\overline{X}-\mu}{\sigma/\sqrt{n}}| < u_{\frac{\alpha}{2}}\} = 1-\alpha$$

或
$$P\{\overline{X}-u_{\frac{\alpha}{2}}\frac{\sigma}{\sqrt{n}} < \mu < \overline{X}+u_{\frac{\alpha}{2}}\frac{\sigma}{\sqrt{n}}\} = 1-\alpha$$

故 μ **的置信度为** $1-\alpha$ **的置信区间为**

$$\left(\overline{X}-u_{\frac{\alpha}{2}}\frac{\sigma}{\sqrt{n}},\quad \overline{X}+u_{\frac{\alpha}{2}}\frac{\sigma}{\sqrt{n}}\right) \tag{6.4}$$

例 1　某车间生产的滚珠直径 X 服从正态分布 $N(\mu,0.6)$. 现从某天的产品中抽取 5 个,测得直径如下(单位:mm):

14.6,　15.1,　14.8,　15.2,　15.1

试求平均直径置信度为 95%的置信区间.

解 置信度 $1-\alpha=0.95$，$\alpha=0.05$， $\frac{\alpha}{2}=0.025$，查表可得 $u_{0.025}=1.96$. 又由样本观察值得 $\bar{x}=12.96$，$n=5$，$\sigma=\sqrt{0.6}$. 由式(6.4)有

置信下限 $\bar{x}-u_{0.025}\frac{\sigma}{\sqrt{n}}=12.96-1.96\sqrt{\frac{0.6}{5}}=12.28$

置信上限 $\bar{x}+u_{0.025}\frac{\sigma}{\sqrt{n}}=12.96+1.96\sqrt{\frac{0.6}{5}}=13.64$

所以 μ 的置信度为 95% 的置信区间为(12.28, 13.64).

2. σ^2 未知，求 μ 的置信区间

设 $X_1, X_2, \cdots, X_n$ 是来自总体 X 的样本，由于 σ^2 未知，考虑到 S^2 是 σ^2 的无偏估计，用样本标准差 S 来代替 σ，引出随机变量

$$T=\frac{\bar{X}-\mu}{S/\sqrt{n}}\sim t(n-1)$$

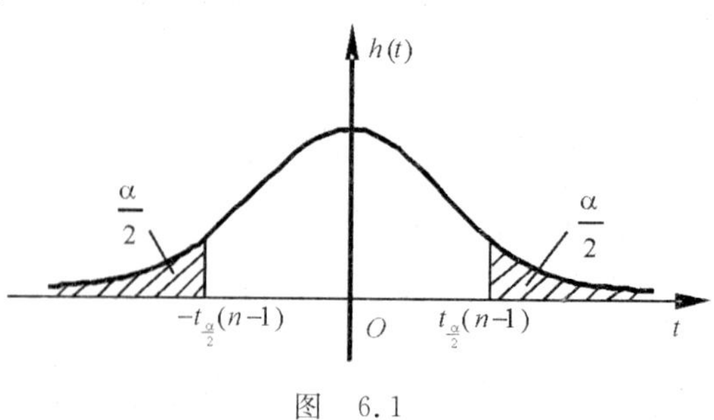

图 6.1

对于给定的置信度 $1-\alpha$，有 $t_{\frac{\alpha}{2}}(n-1)$（见图 6.1），使得

$$P\{|\frac{\bar{X}-\mu}{S/\sqrt{n}}|<t_{\frac{\alpha}{2}}(n-1)\}=1-\alpha$$

即

$$P\{\bar{X}-t_{\frac{\alpha}{2}}(n-1)\frac{S}{\sqrt{n}}<\mu<\bar{X}+t_{\frac{\alpha}{2}}(n-1)\frac{S}{\sqrt{n}}\}=1-\alpha$$

故 μ 的置信度为 $1-\alpha$ 的置信区间为

$$\left(\bar{X}-t_{\frac{\alpha}{2}}(n-1)\frac{S}{\sqrt{n}},\quad \bar{X}+t_{\frac{\alpha}{2}}(n-1)\frac{S}{\sqrt{n}}\right) \tag{6.5}$$

例 2 有一大批糖果. 现从中随机地取 16 袋，称得重量(单位:g)如下:

506, 508, 499, 503, 504, 510, 497, 512
514, 505, 493, 496, 506, 502, 509, 496

设袋装糖果的重量近似地服从正态分布，试求总体均值 μ 的置信度为 0.95 的置信区间.

解 $1-\alpha=0.95$，$\alpha/2=0.025$，$n-1=15$，$t_{0.025}(15)=2.1315$，由给出的数据算得 $\bar{x}=503.75$，$s=6.2022$. 由式(6.5)得均值 μ 的置信度为 0.95 的置信区间为

$$(503.75\pm\frac{6.2022}{\sqrt{16}}\times 2.1315)$$

即
$$(500.4, 507.1)$$

这就是说估计袋装糖果重量的均值在500.4g与507.1g之间，这个估计的可信度为95%．若以此区间内任一值作为的近似值，其误差不大于$\frac{6.2022}{\sqrt{16}}\times 2.1315\times 2=6.61$g，这个误差估计的可信度为95%．

（二）方差σ^2的置信区间

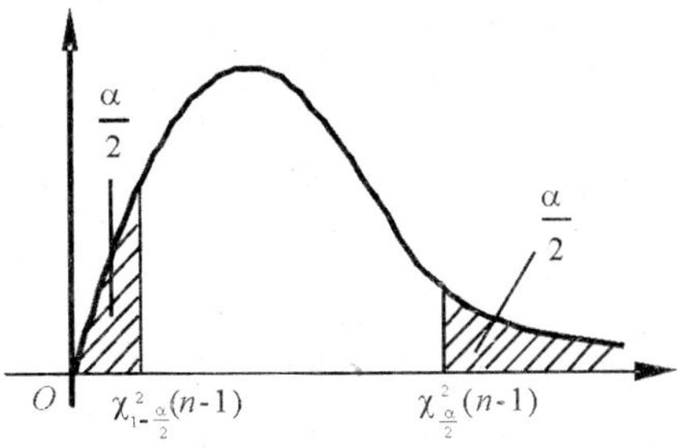

设μ未知，由于S^2为σ^2的无偏估计和一致估计，故有

$$\chi^2=\frac{(n-1)S^2}{\sigma^2}\sim\chi^2(n-1)$$

对于给定的置信度$1-\alpha$，有$\chi^2_{\frac{\alpha}{2}}(n-1)$，$\chi^2_{1-\frac{\alpha}{2}}(n-1)$（见图6.2），使得

$$P\{\chi^2_{1-\frac{\alpha}{2}}(n-1)<\frac{(n-1)S^2}{\sigma^2}<\chi^2_{\frac{\alpha}{2}}(n-1)\}=1-\alpha$$

图　6.2

即
$$P\{\frac{(n-1)S^2}{\chi^2_{\frac{\alpha}{2}}(n-1)}<\sigma^2<\frac{(n-1)S^2}{\chi^2_{1-\frac{\alpha}{2}}(n-1)}\}=1-\alpha$$

故σ^2的一个置信度为$1-\alpha$的置信区间为

$$\left(\frac{(n-1)S^2}{\chi^2_{\frac{\alpha}{2}}(n-1)},\quad\frac{(n-1)S^2}{\chi^2_{1-\frac{\alpha}{2}}(n-1)}\right)\tag{6.6}$$

标准差σ的置信度为$1-\alpha$的置信区间为

$$\left(\frac{\sqrt{(n-1)S^2}}{\sqrt{\chi^2_{\frac{\alpha}{2}}(n-1)}},\quad\frac{\sqrt{(n-1)S^2}}{\sqrt{\chi^2_{1-\frac{\alpha}{2}}(n-1)}}\right)\tag{6.7}$$

例3　从自动机床加工的同类零件中抽取16件，测得长度值（单位:mm）为

12.15，　12.12，　12.01，　12.08，　12.09，　12.16，　12.06，　12.13
12.07，　12.11，　12.08，　12.01，　12.03，　12.01，　12.03，　12.06

假设零件长度服从正态分布$N(\mu,\sigma^2)$，分别求零件长度方差σ^2和标准差的置信度为95%的置信区间．

解　根据题意$n=16, 1-\alpha=0.95, \alpha=0.05$，查表得

$$\chi^2_{0.025}(15)=27.488,\quad \chi^2_{0.975}(15)=6.262$$

又$\bar{x}=\frac{1}{n}\sum_{i=1}^{n}x_i=12.075$，　$(n-1)s^2=\sum_{i=1}^{n}(x_i-\bar{x})^2=0.0366$，由式(6.6)得

置信下限　$$\frac{(n-1)s^2}{\chi^2_{\frac{\alpha}{2}}(n-1)}=\frac{0.0366}{27.488}\approx 0.0013$$

置信上限　$$\frac{(n-1)s^2}{\chi^2_{1-\frac{\alpha}{2}}(n-1)}=\frac{0.0366}{6.262}\approx 0.0059$$

故 σ^2 的置信区间为(0.001 3, 0.005 9),σ 的置信区间为(0.036, 0.077).

二、两个正态总体 $N(\mu_1,\sigma_1^2)$ 和 $N(\mu_2,\sigma_2^2)$ 的情形

(一)两个总体均值差的区间估计

设有两个正态总体 $X\sim N(\mu_1,\sigma_1^2)$,$Y\sim N(\mu_2,\sigma_2^2)$,$X$ 与 Y 相互独立,X_1,X_2,…,X_{n_1} 和 Y_1,Y_2,…,Y_{n_2} 分别为 X,Y 的样本.现对总体均值差 $\mu_1-\mu_2$ 作区间估计.

1. σ_1^2,σ_2^2 均已知

由于 $\overline{X}$,$\overline{Y}$ 分别为 μ_1,μ_2 的无偏估计,故 $\overline{X}-\overline{Y}$ 是 $\mu_1-\mu_2$ 的无偏估计.由 $\overline{X}$,$\overline{Y}$ 的独立性及 $\overline{X}\sim N(\mu_1,\frac{\sigma_1^2}{n_1})$,$\overline{Y}\sim N(\mu_2,\frac{\sigma_2^2}{n_2})$,得

$$\overline{X}-\overline{Y}\sim N(\mu_1-\mu_2,\frac{\sigma_1^2}{n_1}+\frac{\sigma_2^2}{n_2})$$

即

$$U=\frac{\overline{X}-\overline{Y}-(\mu_1-\mu_2)}{\sqrt{\frac{\sigma_1^2}{n_1}+\frac{\sigma_2^2}{n_2}}}\sim N(0,1)$$

对于给定的置信度 $1-\alpha$,有 $u_{\frac{\alpha}{2}}$ 使得

$$P\left\{\left|\frac{\overline{X}-\overline{Y}-(\mu_1-\mu_2)}{\sqrt{\sigma_1^2/n_1+\sigma_2^2/n_2}}\right|<u_{\frac{\alpha}{2}}\right\}=1-\alpha$$

即得 $\mu_1-\mu_2$ **的一个置信度为** $1-\alpha$ **的置信区间为**

$$\left(\overline{X}-\overline{Y}-u_{\frac{\alpha}{2}}\sqrt{\frac{\sigma_1^2}{n_1}+\frac{\sigma_2^2}{n_2}},\quad \overline{X}-\overline{Y}+u_{\frac{\alpha}{2}}\sqrt{\frac{\sigma_1^2}{n_1}+\frac{\sigma_2^2}{n_2}}\right) \tag{6.8}$$

2. σ_1^2,σ_2^2 均未知

当 n_1,n_2 很大(一般 $n_1\geqslant 50$,$n_2\geqslant 50$ 即可)时,由于 S_1^2,S_2^2 分别为 σ_1^2,σ_2^2 的无偏估计,则可用 S_1^2,S_2^2 分别代替 σ_1^2,σ_2^2,即得 $\mu_1-\mu_1$ **的置信度为** $1-\alpha$ **的置信区间**

$$\left(\overline{X}-\overline{Y}\pm u_{\frac{\alpha}{2}}\sqrt{\frac{S_1^2}{n_1}+\frac{S_2^2}{n_2}}\right) \tag{6.9}$$

3. $\sigma_1^2=\sigma_2^2=\sigma^2$ 但 σ^2 未知

此时,有

$$T=\frac{(\overline{X}-\overline{Y})-(\mu_1-\mu_2)}{S_\omega\sqrt{\frac{1}{n_1}+\frac{1}{n_2}}}\sim t(n_1+n_2-2)$$

对于给定的置信度 $1-\alpha$,有 $t_{\frac{\alpha}{2}}(n_1+n_2-2)$ 使得

$$P\{|T|<t_{\frac{\alpha}{2}}(n_1+n_2-2)\}=1-\alpha$$

即得 $\mu_1-\mu_2$ **的置信度为** $1-\alpha$ **的置信区间为**

$$\left(\overline{X}-\overline{Y}\pm t_{\frac{\alpha}{2}}(n_1+n_2-2)S_\omega\sqrt{\frac{1}{n_1}+\frac{1}{n_2}}\right) \tag{6.10}$$

其中
$$S_\omega^2=\frac{(n_1-1)S_1^2+(n_2-1)S_2^2}{n_1+n_2-2}$$

例 4 为比较Ⅰ,Ⅱ两种型号步枪子弹的枪口速度,随机地抽取Ⅰ型子弹 10 发,得到枪口速度的平均值为 $\overline{x}_1=500$(m/s),标准差 $s_1=1.10$(m/s),随机地抽取Ⅱ型子弹 20 发,得到枪口速度的平均值为 $\overline{x}_2=496$(m/s),标准差 $s_2=1.20$(m/s).假设两总体都可认为近似地服从正态分布,且由生产过程可认为它们的方差相等.求两总体均值差 $\mu_1-\mu_2$ 的置信度为 0.95 的置信区间.

解 按实际情况,可认为分别来自两个总体的样本一般是相互独立的.又因由假设两总体的方差相等,但数值未知,故可用式(6.10)求均值差的置信区间.
由于 $1-\alpha=0.95$, $\alpha/2=0.025$, $n_1=10$, $n_2=20$, $n_1+n_2-2=28$

$t_{0.025}(28)=2.0484$, $s_w^2=(9\times1.10^2+19\times1.20^2)/28$, $s_w=1.1688$

故所求的两总体均值差 $\mu_1-\mu_2$ 的置信度为 0.95 的置信区间是

$$\left(\overline{x}_1-\overline{x}_2\pm t_{0.025}(28)s_\omega\sqrt{\frac{1}{10}+\frac{1}{20}}\right)=(4\pm0.93)$$

即
$$(3.07,\ 4.93)$$

例 5 机床厂某日从两台机器加工的同一种零件中,分别抽取若干个样品,测得零件尺寸如下(单位:mm):

第一台机器: 6.2,5.7,6.5,6.0,6.3,5.8,5.7,6.0,6.0 5.8,6.0

第二台机器: 5.6,5.9,5.6,5.7,5.8,6.0,5.5,5.7,5.5

假设两台机器加工的零件尺寸均服从正态分布,且方差相同.取置信度为 0.95,试对两种机器加工的零件尺寸之差作区间估计.

解 用 X 表示第一台机器加工的零件尺寸,Y 表示第二台机器加工的零件尺寸.由题设 $n_1=11$, $n_2=9$; $1-\alpha=0.95$, $\alpha=0.05$, $t_{0.025}(18)=2.1009$.计算得

$$\overline{x}=6.0,\quad (n_1-1)s_1^2=\sum_{i=1}^{n_1}x_i^2-n_1\overline{x}^2=0.64$$

$$\overline{y}=5.7,\quad (n_2-1)s_2^2=\sum_{i=1}^{n_2}y_i^2-n_2\overline{y}^2=0.24$$

$$s_\omega=\sqrt{\frac{(n_1-1)s_1^2+(n^2-1)s_2^2}{n_1+n_2-2}}=\sqrt{\frac{0.64+0.24}{11+9-2}}=0.221$$

$$\sqrt{\frac{1}{n_1}+\frac{1}{n_2}}=\sqrt{\frac{1}{11}+\frac{1}{9}}=0.449$$

置信下限

$$\bar{x}-\bar{y}-t_{\frac{\alpha}{2}}(n_1+n_2-2)s_{\omega}\sqrt{\frac{1}{n_1}+\frac{1}{n_2}}=$$

$$6.0-5.7-2.1009\times0.221\times0.449=0.0915$$

置信上限

$$\bar{x}-\bar{y}+t_{\frac{\alpha}{2}}(n_1+n_2-2)s_{\omega}\sqrt{\frac{1}{n_1}+\frac{1}{n_2}}=$$

$$6.0-5.7+2.1009\times0.221\times0.449=0.5085$$

故第一台机器加工的零件尺寸与第二台机器加工的零件尺寸的均值之差的置信区间为(0.091 5，0.508 5).

(二)两个总体方差比的置信区间

设两个正态总体 $X\sim N(\mu_1,\sigma_1^2)$，$Y\sim N(\mu_2,\sigma_2^2)$，$X$ 与 Y 相互独立，$\mu_1,\mu_2,\sigma_1^2,\sigma_2^2$ 为未知参数，$X_1,X_2,\cdots,X_{n_1}$ 和 $Y_1,Y_2,\cdots,Y_{n_2}$ 分别是来自总体 X 和 Y 的样本.

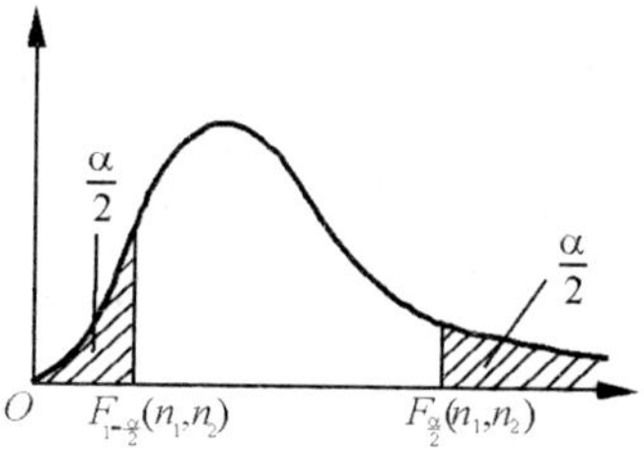

由于 $\dfrac{(n_1-1)S_1^2}{\sigma_1^2}\sim\chi^2(n_1-1)$，$\dfrac{(n_2-1)S_2^2}{\sigma_2^2}\sim\chi^2(n_2-1)$，且 $\dfrac{(n_1-1)S_1^2}{\sigma_1^2}$ 与 $\dfrac{(n_2-1)S_2^2}{\sigma_2^2}$ 相互独立，则统计量

图 6.3

$$F=\frac{S_1^2/\sigma_1^2}{S_2^2/\sigma_2^2}=\frac{\dfrac{(n_1-1)S_1^2}{\sigma_1^2}\Big/(n_1-1)}{\dfrac{(n_2-1)S_2^2}{\sigma_2^2}\Big/(n_2-1)}\sim F(n_1-1,n_2-1).$$

故对于给定的置信度 $1-\alpha$，如图 6.3 所示，选取 $F_{\frac{\alpha}{2}}(n_1-1,n_2-1)$，$F_{1-\frac{\alpha}{2}}(n_1-1,n_2-1)$，使得

$$P\{F_{1-\frac{\alpha}{2}}<\frac{S_1^2/\sigma_1^2}{S_2^2/\sigma_2^2}<F_{\frac{\alpha}{2}}\}=1-\alpha$$

故 $\dfrac{\sigma_1^2}{\sigma_2^2}$ **的置信度为** $1-\alpha$ **的置信区间为**

$$\left(\frac{S_1^2}{S_2^2}\cdot\frac{1}{F_{\frac{\alpha}{2}}(n_1-1,n_2-1)},\quad\frac{S_1^2}{S_2^2}\cdot\frac{1}{F_{1-\frac{\alpha}{2}}(n_1-1,n_2-1)}\right)\tag{6.11}$$

例 6 为了考察温度对某物体断裂强力的影响，在 70℃ 与 80℃ 分别重复做了 8 次试验，测得断裂强力的数据如下(单位：kg)：

70°C：　20.5，18.8，19.8，20.9，21.5，19.5，21.0，21.2

80°C：　17.7，20.3，20.0，18.8，19.0，20.1，20.2，19.1

假定 70°C 下的断裂强力用 X 表示，且服从 $N(\mu_1,\sigma_1^2)$ 分布，80°C 下的断裂强力用 Y 表示，且服从 $N(\mu_2,\sigma_2^2)$ 分布．试求方差比 $\frac{\sigma_1^2}{\sigma_2^2}$ 的置信度为 90%的置信区间．

解　由样本观察值计算得

$$\bar{x}=20.4,\qquad s_1^2=0.885\ 7$$

$$\bar{y}=19.4,\qquad s_2^2=0.828\ 6$$

由 $n_1=n_2=8$，$1-\alpha=0.90$，$\alpha=0.10$，查表得

$$F_{\frac{\alpha}{2}}(n_1-1,n_2-1)=F_{0.05}(7,7)=3.79$$

而 $F_{1-\frac{\alpha}{2}}(n_1-1,n_2-1)=F_{0.95}(7,7)$ 在表中不能直接查到，由 F 分布的性质，得

$$F_{0.95}(7,7)=\frac{1}{F_{0.05}(7,7)}=\frac{1}{3.79}=0.263\ 9$$

将以上计算结果代入式(6.11)得 $\frac{\sigma_1^2}{\sigma_2^2}$ 的置信区间为

$$\left(0.263\ 9\times\frac{0.885\ 7}{0.828\ 6},\quad 3.79\times\frac{0.885\ 9}{0.828\ 6}\right)=(0.282\ 1,\quad 4.051\ 2)$$

对于参数的双侧置信区间估计小结见附录 1.

三、单侧置信区间的求法

单侧置信区间的求法与双侧置信区间的求法类似，这里仅举例说明。

设总体 $X\sim N(\mu,\sigma^2)$，μ,σ^2 均为未知，$X_1,X_2,\cdots,X_n$ 是来自总体 X 的样本，有

$$\frac{\overline{X}-\mu}{S/\sqrt{n}}\sim t(n-1)$$

对给定置信度 $1-\alpha$，有 $t_\alpha(n-1)$．如图 6.4 所示，使得

$$P\left\{\frac{\overline{X}-\mu}{S/\sqrt{n}}<t_\alpha(n-1)\right\}=1-\alpha$$

即
$$P\left\{\overline{X}-t_\alpha(n-1)\frac{S}{\sqrt{n}}<\mu<+\infty\right\}=1-\alpha$$

故 μ **的置信度为** $1-\alpha$ **的单侧置信下限为**

$$\underline{\mu}=\overline{X}-\frac{S}{\sqrt{n}}t_\alpha(n-1)\tag{6.12}$$

单侧置信区间为
$$\left(\overline{X}-\frac{S}{\sqrt{n}}t_\alpha(n-1),\quad +\infty\right)$$

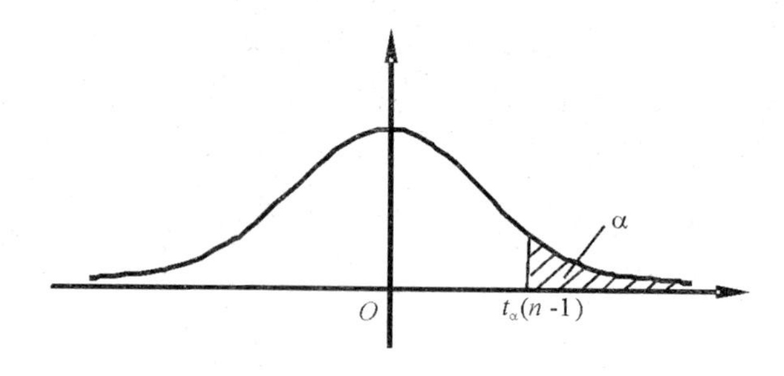

图 6.4

由于 t 分布关于纵轴对称，有 $t_\alpha(n-1)=-t_{1-\alpha}(n-1)$，故

$$P\left\{\frac{\overline{X}-\mu}{S/\sqrt{n}}>-t_{1-\alpha}(n-1)\right\}=1-\alpha$$

即
$$P\{-\infty<\mu<\overline{X}+t_\alpha(n-1)\frac{S}{\sqrt{n}}\}=1-\alpha$$

故 μ 的单侧置信上限为
$$\bar{\mu}=\overline{X}+t_\alpha(n-1)\frac{S}{\sqrt{n}} \tag{6.13}$$

单侧置信区间为
$$\left(-\infty,\quad \overline{X}+t_\alpha(n-1)\frac{S}{\sqrt{n}}\right)$$

例 7 从一批灯泡中随机地抽取 5 只做寿命试验，测得寿命(单位:h)为

1 050，　1 100，　1 120，　1 250，　1 280

设灯泡寿命服从正态分布. 求灯泡寿命平均值的置信度为 0.95 的单侧置信下限.

解 这里 $1-\alpha=0.95, n=5$，$t_\alpha(n-1)=t_{0.05}(4)=2.131\ 8$，$\bar{x}=1\ 160$，$s^2=9\ 950$. 由式(6.12)得所求单侧置信下限为

$$\underline{\mu}=\bar{x}-\frac{s}{\sqrt{n}}t_\alpha(n-1)=1\ 065$$

四、样本容量的确定

在实际问题中，确定适当的样本容量 n 是十分重要的问题. 下面讨论在给定精度的条件下，确定 n 的方法. 所谓**精度**即就是参数置信区间长度的一半，常记为 Δ.

对于一个正态总体，参数 μ（均值）在 σ^2（方差）已知的情况下，置信度为 $1-\alpha$ 的置信区间的长度 L 为

$$L=\text{置信上限}-\text{置信下限}=\left(\overline{X}+\frac{\sigma}{\sqrt{n}}u_{\frac{\alpha}{2}}\right)-\left(\overline{X}-\frac{\sigma}{\sqrt{n}}u_{\frac{\alpha}{2}}\right)=2\frac{\sigma}{\sqrt{n}}u_{\frac{\alpha}{2}}$$

所以，此时

$$\Delta=\frac{1}{2}L=\frac{\sigma}{\sqrt{n}}u_{\frac{\alpha}{2}} \tag{6.14}$$

在方差 σ^2 未知的情况下，置信度为 $1-\alpha$ 的置信区间的长度 L 为

$$L=\text{置信上限}-\text{置信下限}=\left(\overline{X}+\frac{S}{\sqrt{n}}t_{\frac{\alpha}{2}}(n-1)\right)-\left(\overline{X}-\frac{S}{\sqrt{n}}t_{\frac{\alpha}{2}}(n-1)\right)=$$

$$2\frac{S}{\sqrt{n}}t_{\frac{\alpha}{2}}(n-1)$$

这时

$$\Delta=\frac{1}{2}L=\frac{S}{\sqrt{n}}t_{\frac{\alpha}{2}}(n-1) \tag{6.15}$$

一般来讲，在容量 n 确定的情况下，置信度越大，置信区间越长，即精度越差；反之，置信度越小，置信区间越短，即精度越高.欲同时提高置信区间的置信度和精度，只有加大样本容量 n.

若给定精度 Δ，则由式(6.14)可得

$$n=\frac{\sigma^2}{\Delta^2}(u_{\frac{\alpha}{2}})^2 \tag{6.16}$$

这是在 σ^2 为已知的情况下求 n 的公式.

例8　若已知某稀有金属矿砂每桶含该金属量的总体方差 $\sigma^2=9\times10^{-4}$，要求估计每桶含量的置信度95%的置信区间的长度为2%.问要检查多少桶才能满足上述要求？

解　由题意知，$1-\alpha=0.95$，$\alpha=0.05$，$\Delta=1\%$.查表知，$u_{\frac{\alpha}{2}}=u_{0.025}=1.96$，$\sigma^2=9\times10^{-4}$.

所以
$$n=\frac{9\times10^{-4}}{(0.01)^2}\times1.96^2\approx34.6\approx35$$

故大约要检验35桶，才能满足精度1%的要求.

若 σ^2 未知，由式(6.15)解出

$$n=\frac{S^2}{\Delta^2}\left[t_{\frac{\alpha}{2}}(n-1)\right]^2 \tag{6.17}$$

这里，实际上 n 尚未解出，因为 $t_{\frac{\alpha}{2}}(n-1)$ 本身是与 n 有关的，且样本方差 S^2 也依赖于 n.

对于 $\alpha\leqslant0.05$，$n>30$ 时，$t_{\frac{\alpha}{2}}(n-1)\approx2$.因此可近似地给出公式

$$n\approx\frac{4S^2}{\Delta^2} \tag{6.18}$$

为了得到 S^2，往往试抽一个小样本，由该小样本算出一个 S^2，将给定的 Δ 及 S^2 代入式(6.18)，得出 n.若 $n>30$，就以这个 n 值作为样本容量，若 $n\leqslant30$，以此

n 来查 $t_{\frac{\alpha}{2}}(n-1)$，将 $t_{\frac{\alpha}{2}}(n-1)$ 值代入式(6.17)算出 n 值，再由此 n 值查 $t_{\frac{\alpha}{2}}(n-1)$ 之值，再将 $t_{\frac{\alpha}{2}}(n-1)$ 值代入式(6.17)计算 n. 如此循环，直至式(6.17)两边的 n 相同，或差异不大为止. 这种确定 n 的方法，通常称为**"试差法"**. 用试差法计算出的 n 值一般不要小于5.

6.4 截尾寿命试验和平均寿命估计

作为参数估计理论的应用，本节讨论用截尾寿命试验的方法求平均寿命的点估计和区间估计.

一、截尾寿命试验及其样本分布

截尾寿命试验分为定时截尾和定数截尾两种.

1. 定时截尾寿命试验

定义 6.7 取 n 个元件或设备同时进行寿命试验. 若从 $t=0$ 开始试验，在 $t=t_0$ 时试验结束，在这一段时间内共有 m 个元件失效. 这种试验方法称为**定时截尾寿命试验**.

设 n 个元件的寿命为 $\tau_1,\tau_2,\cdots,\tau_n$，它们均服从参数为 λ 的指数分布，而且相互独立，到 t_0 为止失效的 m 个元件的寿命分别为 $\tau_1^* \leqslant \tau_2^* \leqslant \cdots \leqslant \tau_n^*(m \leqslant n)$，则 $\tau_1^*,\tau_2^*,\cdots,\tau_n^*$ 的联合概率密度为

$$f_1^*(t_1,t_2,\cdots,t_m)=\frac{n!}{(n-m)!\ \theta^m}\cdot e^{-\frac{1}{\theta}[\sum_{i=1}^{m}t_i+(n-m)t_0]} \qquad (6.19)$$

$$0 \leqslant t_1 \leqslant t_2 \leqslant \cdots \leqslant t_m \leqslant t_0$$

其中，$\theta=\dfrac{1}{\lambda}$ 为元件的平均寿命.

2. 定数截尾寿命试验

定义 6.8 取 n 个元件或设备同时进行寿命试验，若从 $t=0$ 开始试验，在有 m 个元件失效后立即结束试验，这种试验方法称为**定数截尾寿命试验**.

设 n 个元件的寿命为 $X_1,X_2,\cdots,X_n$，它们均服从参数为 λ 的指数分布，而且相互独立，前 m 个失效元件的寿命分别为 $\tau_1^* \leqslant \tau_2^* \leqslant \cdots \leqslant \tau_n^*(m \leqslant n)$，则 τ_1^*，$\tau_2^*,\cdots,\tau_m^*$ 的联合概率密度为

$$f_2^*(t_1,t_2,\cdots,t_m)=\frac{n!}{(n-m)!\ \theta^m}\cdot e^{-\frac{1}{\theta}[\sum_{i=1}^{m}t_i+(n-m)t_m]}, \qquad (6.20)$$

$$(0 \leqslant t_1 \leqslant t_2 \leqslant \cdots \leqslant t_m)$$

二、平均寿命的点估计

1.定时截尾寿命试验方法

设在 $t=t_0$ 之前失效的 m 个元件的寿命观察值分别为 $t_1,t_2,\cdots,t_m$，对式(4.1)求 θ 的极大似然估计

$$\frac{\mathrm{d}\ln f_1^*}{\mathrm{d}\theta}=\frac{\mathrm{d}}{\mathrm{d}\theta}\{\ln\frac{n!}{(n-m)!}-m\ln\theta-\frac{1}{\theta}[\sum_{i=1}^{m}t_i+(n-m)t_0]\}=0$$

即

$$\frac{-m\theta+\sum_{i=1}^{m}t_i+(n-m)t_0}{\theta^2}=0$$

得 θ 的估计值为

$$\hat{\theta}=\frac{\sum_{i=1}^{m}t_i+(n-m)t_0}{m}$$

令 $T_1=\sum_{i=1}^{m}t_i+(n-m)t_0$，则 T_1 为积累总试验时间，从而有

$$\hat{\theta}=\frac{T_1}{m}\tag{6.21}$$

2.定数截尾寿命试验方法

设前 m 个失效元件的寿命观察值分别为 $t_1,t_2,\cdots,t_m$，对式(4.2)求 θ 的极大似然估计

$$\frac{\mathrm{d}\ln f_2^*}{\mathrm{d}\theta}=\frac{\mathrm{d}}{\mathrm{d}\theta}\{\ln\frac{n!}{(n-m)!}-m\ln\theta-\frac{1}{\theta}[\sum_{i=1}^{m}t_i+(n-m)t_m]\}=0$$

即

$$\frac{-m\theta+\sum_{i=1}^{m}t_i+(n-m)t_m}{\theta^2}=0$$

得 θ 的估计值为

$$\hat{\theta}=\frac{\sum_{i=1}^{m}t_i+(n-m)t_m}{m}$$

令 $T_2=\sum_{i=1}^{m}t_i+(n-m)t_m$，为积累总试验时间，则

$$\hat{\theta}=\frac{T_2}{m}\tag{6.22}$$

例1　设电阻器的寿命服从指数分布，对20个电阻器进行了3 000h的120°C高温试验，失效了12个，其失效时间列表如下：

时间：　270，　420，　500，　920，　1 380，　1 510

　　　　1 650，　1 760，　2 100，　2 320，　2 350，　2 650

求电阻器的平均寿命 MTTF.

解 这是一个定时截尾寿命试验，$n=20$，$m=12$，则

$$T_1=270+420+\cdots+2\ 650+(20-12)\times 3\ 000=41\ 830$$

故平均寿命 θ 的估计值为

$$\hat{\theta}=\frac{41\ 830}{12}=3\ 486$$

三、平均寿命的区间估计

为了求平均寿命 θ 的区间估计,必须寻找一个适当的统计量.

1. 对定数截尾试验

选择统计量

$$\chi^2=\frac{2m\hat{\theta}}{\theta}$$

其中，$\hat{\theta}=\dfrac{\sum_{i=1}^{m}\tau_i^*+(n-m)\tau_m^*}{m}$. 可以证明 $\chi^2\sim\chi^2(2m)$. 对于给定的置信度 $1-\alpha$，有 $\chi^2_{1-\frac{\alpha}{2}}(2m)$，$\chi^2_{\frac{\alpha}{2}}(2m)$ 使得

$$P\{\chi^2_{1-\frac{\alpha}{2}}(2m)<\chi^2=\frac{2m\hat{\theta}}{\theta}<\chi^2_{\frac{\alpha}{2}}(2m)\}=1-\alpha$$

即

$$P\{\frac{2m\hat{\theta}}{\chi^2_{\frac{\alpha}{2}}(2m)}<\theta<\frac{2m\hat{\theta}}{\chi^2_{1-\frac{\alpha}{2}}(2m)}\}=1-\alpha$$

故得 θ 的置信度为 $1-\alpha$ 的置信区间为

$$\left(\frac{2m\hat{\theta}}{\chi^2_{\frac{\alpha}{2}}(2m)},\quad \frac{2m\hat{\theta}}{\chi^2_{1-\frac{\alpha}{2}}(2m)}\right)\tag{6.23}$$

2. 对定时截尾寿命试验

估计 θ 的统计量较为复杂,只给出它的置信度为 $1-\alpha$ 的置信下限和置信上限的计算方法：

$$\begin{cases}\text{置信上限}\quad \hat{\theta}_2=\dfrac{2m\hat{\theta}}{\chi^2_{1-\frac{\alpha}{2}}(2m)}\\ \text{置信下限}\quad \hat{\theta}_1=\dfrac{2m\hat{\theta}}{\chi^2_{\frac{\alpha}{2}}(2m+2)}\end{cases}\tag{6.24}$$

θ 的置信度为 $1-\alpha$ 的置信区间为 $(\hat{\theta}_1,\hat{\theta}_2)$.

例 2 在例 1 中,求 θ 的置信度为 90%的区间估计.

解 这是一个定时截尾寿命试验. $2m=24$，$=0.1$. 根据式(4.6)查表得 $\chi^2_{0.95}(24)=13.848$，$\chi^2_{0.05}(26)=38.885$. 代入得 $\hat{\theta}=3\ 485$.

故 θ 的置信度为 90% 的置信区间为

$$\left(\frac{24\times 3\ 485}{38.885},\quad \frac{24\times 3\ 485}{13.848}\right),\quad 即\quad (2\ 151,\quad 6\ 040).$$

3. 单侧区间估计

1)对定数截尾寿命试验,它的置信度为 $1-\alpha$ 的置信下限为 $\hat{\theta}_1=\dfrac{2m\hat{\theta}}{\chi_{\alpha}^{2}(2m)}$.

2)对定时截尾寿命试验,它的置信度为 $1-\alpha$ 的置信下限为 $\hat{\theta}_1=\dfrac{2m\hat{\theta}}{\chi_{\alpha}^{2}(2m+2)}$.

例 3　有某种电子设备 100 台,产品说明书上保证平均寿命 MTTF 达到3 000h. 今从中任取 5 台进行寿命试验,在不发生一次故障的条件下,至少试验多少 h 才算合格(取 $\alpha=0.1$)?

解　在 100 台电子设备中任取 5 台,由于 $100\div 5=20>10$,从而可以认为总体为无穷总体. 故样本 $\tau_1,\tau_2,\tau_3,\tau_4,\tau_5$ 相互独立. 电子设备寿命服从指数分布,于是问题化为"已知总体的寿命服从指数分布,从中任取容量为 5 的样本进行定时截尾试验". 如果寿命的置信度为 90% 的置信下限为 3 000h,且试验中故障元件数 $m=0$,求最少试验时间 t_0.

θ 的置信下限为 $\dfrac{2m\hat{\theta}}{\chi_{\alpha}^{2}(2m+2)}=\dfrac{2T}{\chi_{\alpha}^{2}(2m+2)}$. 其中 T 为积累总试验时间,当 $m=0$ 时,$T=nt_0=5t_0$,$\chi_{0.1}^{2}(2)=4.605$. 故

$$\frac{2T}{\chi_{0.1}^{2}(2)}=300$$

这里把置信下限取作平均寿命,实际上提高了要求. 由此得

$$T=\frac{1}{2}\times 3\ 000\times \chi_{0.1}^{2}(2)=6\ 908,\quad t_0=\frac{T}{5}=\frac{6\ 908}{5}=1\ 382$$

故最少试验时间为 1 382h.

附录 6.1 正态总体参数的双侧置信区间估计一览表

估计对象	对总体（或样本的要求）	所用统计量及其分布	根据置信度 $1-\alpha$ 求临界值	置信区间
均值 μ	正态总体 σ^2 已知	$U=\dfrac{\overline{X}-\mu}{\sigma/\sqrt{n}}\sim N(0,1)$	$P\{\lvert U\rvert<\lambda\}=1-\alpha$ $\lambda=u_{\frac{\alpha}{2}}$	$\left(\overline{X}\pm\dfrac{\sigma}{\sqrt{n}}u_{\frac{\alpha}{2}}\right)$
均值 μ	正态总体 σ^2 未知	$T=\dfrac{\overline{X}-\mu}{S/\sqrt{n}}\sim t(n-1)$	$P\{\lvert T\rvert<\lambda\}=1-\alpha$ $\lambda=t_{\frac{\alpha}{2}}(n-1)$	$\left(\overline{X}\pm\dfrac{S}{\sqrt{n}}t_{\frac{\alpha}{2}}(n-1)\right)$
均值 μ	大样本 σ^2 已知	$U=\dfrac{\overline{X}-\mu}{\sigma/\sqrt{n}}\overset{近似}{\sim}N(0,1)$	$P\{\lvert U\rvert<\lambda\}=1-\alpha$ $\lambda=u_{\frac{\alpha}{2}}$	$\left(\overline{X}\pm\dfrac{\sigma}{\sqrt{n}}u_{\frac{\alpha}{2}}\right)$
均值 μ	大样本 σ^2 未知	$U=\dfrac{\overline{X}-\mu}{S/\sqrt{n}}\overset{近似}{\sim}N(0,1)$	$P\{\lvert U\rvert<\lambda\}=1-\alpha$ $\lambda=u_{\frac{\alpha}{2}}$	$\left(\overline{X}\pm\dfrac{S}{\sqrt{n}}u_{\frac{\alpha}{2}}\right)$
方差 σ^2	正态总体	$\chi^2=\dfrac{(n-1)S^2}{\sigma^2}\sim$ $\chi^2(n-1)$	$P\{\lambda_1<\chi^2<\lambda_2\}=1-\alpha$ $\lambda_1=\chi^2_{1-\frac{\alpha}{2}}$， $\lambda_2=\chi^2_{\frac{\alpha}{2}}$，	$\left(\dfrac{(n-1)S^2}{\lambda_2},\right.$ $\left.\dfrac{(n-1)S^2}{\lambda_1}\right)$
均值差 $\mu_1-\mu_2$	两个正态总体，方差已知	$U=\dfrac{(\overline{X}-\overline{Y})-(\mu_1-\mu_2)}{\sqrt{\dfrac{\sigma_1^2}{n_1}+\dfrac{\sigma_2^2}{n_2}}}\sim$ $N(0,1)$	$P\{\lvert U\rvert<\lambda\}=1-\alpha$ $\lambda=u_{\frac{\alpha}{2}}$	$(\overline{X}-\overline{Y}\pm$ $\left.u_{\frac{\alpha}{2}}\sqrt{\dfrac{\sigma_1^2}{n_1}+\dfrac{\sigma_2^2}{n_2}}\right)$
均值差 $\mu_1-\mu_2$	两个正态总体，方差相等，但未知	$T=\dfrac{(\overline{X}-\overline{Y})-(\mu_1-\mu_2)}{S_\omega\sqrt{\dfrac{1}{n_1}+\dfrac{1}{n_2}}}\sim$ $t(n_1+n_2-2)$	$P\{\lvert T\rvert<\lambda\}=1-\alpha$ $\lambda=t_{\frac{\alpha}{2}}(n_1+n_2-2)$，	$(\overline{X}-\overline{Y}\pm$ $\left.\lambda S_\omega\cdot\sqrt{\dfrac{1}{n_1}+\dfrac{1}{n_2}}\right)$
均值差 $\mu_1-\mu_2$	大样本	$Z=\dfrac{(\overline{X}-\overline{Y})-(\mu_1-\mu_2)}{\sqrt{\dfrac{S_1^2}{n_1}+\dfrac{S_2^2}{n_2}}}\sim$ $N(0,1)$	$P\{\lvert Z\rvert<\lambda\}=1-\alpha$ $\lambda=u_{\frac{\alpha}{2}}$	$(\overline{X}-\overline{Y}\pm$ $\left.u_{\frac{\alpha}{2}}\sqrt{\dfrac{S_1^2}{n_1}+\dfrac{S_2^2}{n_2}}\right)$
方差比 $\dfrac{\sigma_1^2}{\sigma_2^2}$	两个正态总体	$F=\dfrac{S_1^2/\sigma_1^2}{S_2^2/\sigma_2^2}\sim$ $F(n_1-1,n_2-1)$	$P\{\lambda_1<F<\lambda_2\}=1-\alpha$ $\lambda_1=F_{1-\frac{\alpha}{2}}(n_1+n_2-2)$ $\lambda_2=F_{\frac{\alpha}{2}}(n_1+n_2-2)$	$\left(\dfrac{S_1^2}{S_2^2}\cdot\dfrac{1}{\lambda_2},\quad\dfrac{S_1^2}{S_2^2}\cdot\dfrac{1}{\lambda_1}\right)$

附录6.2　正态总体参数的单侧置信区间估计一览表

估计对象	对总体（或样本的要求）	所用统计量及其分布	单侧置信上限	单侧置信下限
均值 μ	正态总体 σ^2 已知	$U=\dfrac{\overline{X}-\mu}{\sigma/\sqrt{n}}\sim N(0,1)$	$\left(-\infty,\overline{X}+\dfrac{\sigma}{\sqrt{n}}u_\alpha\right)$	$\left(\overline{X}-\dfrac{\sigma}{\sqrt{n}}u_\alpha,\quad+\infty\right)$
均值 μ	正态总体 σ^2 未知	$T=\dfrac{\overline{X}-\mu}{S/\sqrt{n}}\sim t(n-1)$	$\left(-\infty,\ \overline{X}+\dfrac{S}{\sqrt{n}}t_\alpha(n-1)\right)$	$\left(\overline{X}-\dfrac{S}{\sqrt{n}}t_\alpha(n-1),\ +\infty\right)$
均值 μ	大样本	$U=\dfrac{\overline{X}-\mu}{S/\sqrt{n}}\overset{\text{近似}}{\sim}N(0,1)$	$\left(-\infty,\overline{X}+\dfrac{S}{\sqrt{n}}u_\alpha\right)$	$\left(\overline{X}-\dfrac{S}{\sqrt{n}}u_\alpha,+\infty\right)$
方差 σ^2	正态总体	$\chi^2=\dfrac{(n-1)S^2}{\sigma^2}\sim\chi^2(n-1)$	$\left(-\infty,\ \dfrac{(n-1)S^2}{\chi^2_{1-\alpha}(n-1)}\right)$	$\left(\dfrac{(n-1)S^2}{\chi^2_\alpha(n-1)},\quad+\infty\right)$
均值差 $\mu_1-\mu_2$	两个正态总体，方差相等	$T=\dfrac{(\overline{X}-\overline{Y})-(\mu_1-\mu_2)}{S_\omega\sqrt{\dfrac{1}{n_1}+\dfrac{1}{n_2}}}\sim t(n_1+n_2-2)$	$\left(-\infty,\ \overline{X}-\overline{Y}+\lambda S_\omega\cdot\sqrt{\dfrac{1}{n_1}+\dfrac{1}{n_2}}\right)$ $\lambda=t_\alpha(n_1+n_2-2)$，	$\left(\overline{X}-\overline{Y}-\lambda S_\omega\cdot\sqrt{\dfrac{1}{n_1}+\dfrac{1}{n_2}},+\infty\right)$ $\lambda=t_\alpha(n_1+n_2-2)$
均值差 $\mu_1-\mu_2$	大样本	$Z=\dfrac{(\overline{X}-\overline{Y})-(\mu_1-\mu_2)}{\sqrt{\dfrac{S_1^2}{n_1}+\dfrac{S_2^2}{n_2}}}\sim N(0,1)$	$\left(-\infty,\ \overline{X}-\overline{Y}+u_\alpha\sqrt{\dfrac{S_1^2}{n_1}+\dfrac{S_2^2}{n_2}}\right)$	$\left(\overline{X}-\overline{Y}-u_{\frac{\alpha}{2}}\sqrt{\dfrac{S_1^2}{n_1}+\dfrac{S_2^2}{n_2}},\ +\infty\right)$
方差比 $\dfrac{\sigma_1^2}{\sigma_2^2}$	两个正态总体	$F=\dfrac{S_1^2/\sigma_1^2}{S_2^2/\sigma_2^2}\sim F(n_1-1,n_2-1)$	$\left(-\infty,\quad\dfrac{S_1^2}{S_2^2}\cdot\dfrac{1}{\lambda_1}\right)$ $\lambda_1=F_\alpha(n_1-1,\ n_2-1)$	$\left(\dfrac{S_1^2}{S_2^2}\cdot\dfrac{1}{\lambda_2},+\infty\right)$ $\lambda_1=F_{1-\alpha}(n_1-1,\ n_2-1)$

习　题　6

1. 设总体 X 服从指数分布，它的概率密度为

$$f(x;\lambda)=\begin{cases}e^{-\lambda x}, & x\geqslant 0\\ 0, & x<0\end{cases}$$

其中 $\lambda>0$. 试求参数 λ 的矩估计量.

2. 设样本 (1.3,0.6,1.7,2.2,0.3,1.1) 是来自具有概率密度

$$f(x;\beta)=\begin{cases}\dfrac{1}{\beta} & 0\leqslant x\leqslant\beta\\ 0, & \text{其他}\end{cases}$$

的总体. 试用矩估计法求总体均值、方差及参数 β 的估计值.

3. 设总体 X 服从几何分布

$$P\{X=k\}=p(1-p)^{k-1},\qquad k=1,2,\cdots$$

试求参数 p 的极大似然估计量.

4. (1)设总体 X 具有分布律见表 6.3.

表　6.3

X	1	2	3
p_k	θ^2	$2\theta(1-\theta)$	$(1-\theta)^2$

其中 $\theta(0<\theta<1)$ 为未知参数. 已知取得了样本值 $x_1=1,x_2=2,x_3=1$. 试求 θ 的矩估计值和极大似然估计值.

(2)设 $X_1,X_2,\cdots,X_n$ 是来自参数为 λ 的泊松分布总体的一个样本，试求 λ 的矩估计量和极大似然估计量.

5. 随机地从一批钉子中抽取 16 枚，测得其长度(单位:cm)为

2.14,　2.10,　2.13,　2.15,　2.13,　2.12,　2.13,　2.10

2.15,　2.12,　2.14,　2.10,　2.13,　2.11,　2.14,　2.11

设钉长服从正态分布 $N(\mu,\sigma^2,)$. 试用极大似然估计法估计 μ 与 σ^2.

6. 设总体 X 服从 $[\alpha,\beta]$ 上的均匀分布，其密度函数为

$$f(x;\alpha,\beta)=\begin{cases}\dfrac{1}{\beta-\alpha}, & \alpha\leqslant x\leqslant\beta\\ 0, & \text{其他}\end{cases}$$

试求参数 α,β 的极大似然估计量.

7. (1)设 $Z=\ln X\sim N(\mu,\sigma^2)$，即 X 服从对数正态分布. 验证

$$E(X)=\exp\{\mu+\frac{1}{2}\sigma^2\}$$

(2)设从(1)的总体X中任取一容量为n的样本$X_1,X_2,\cdots,X_n$.求$E(X)$的极大似然估计量.此处μ,σ^2均未知.

(3)已知在文学家肖伯纳的 An Intelligent Woman's Guide To Socialism 一书中,一个句子的单词数近似地服从对数正态分布.设μ和σ^2未知,今自该书中随机地取20个句子的单词数分别为

52, 24, 15, 67, 15, 22, 63, 26, 16, 32

33, 28, 14, 7, 29, 10, 6, 7, 59, 30

问这本书中,一个句子单词数均值的极大似然估计值等于多少?

8. 设总体$X\sim N(\mu,\sigma^2)$,$X_1,X_2,\cdots,X_n$为它的一个样本,试选择适当常数C,使$C\sum_{i=1}^{n-1}(X_{i+1}-X_i)^2$为$\sigma^2$的无偏估计.

9. 设总体X的均值$E(X)=\mu$及方差$D(X)=\sigma^2$存在,X_1,X_2,X_3为来自总体X的样本,试验证下面3个估计量:

$$\hat{\mu}_1=\frac{1}{3}X_1+\frac{1}{3}X_2+\frac{1}{3}X_3$$

$$\hat{\mu}_2=\frac{1}{5}X_1+\frac{2}{5}X_2+\frac{2}{5}X_3$$

$$\hat{\mu}_3=\frac{1}{6}X_1+\frac{1}{3}X_2+\frac{1}{2}X_3$$

都是μ的无偏估计量,并判断$\hat{\mu}_1,\hat{\mu}_2,\hat{\mu}_3$作为$\mu$的估计量,哪一个最有效.

10. 设有一批产品,从中任取一件,X表示这一件中的废品数,则X服从(0—1)分布,其中参数p为废品率.为估计其废品率,随机取一样本$X_1,X_2,\cdots,X_n$.证明$X=\frac{1}{n}\sum_{i=1}^{n}X_i$是$p$的一致无偏估计量.

11. 设总体$X\sim N(\mu,\sigma^2)$,从中抽出容量为8的样本,其值为9, 14, 10, 12, 7, 13, 11, 12.求均值μ的95%的置信区间.

12. 从某批产品中随机抽取100个,其中一等品为60个,试求这批产品一等品率p的置信区间(置信度为95%).

13. 为比较两种牌子的香烟的尼古丁含量(单位:mg/支),测得如表6.4所示的数据.

设两样本独立,又设所涉及的总体都服从正态分布,且具有相同的方差.求两总体均值差$\mu_A-\mu_B$的95%的置信区间,这里μ_A,μ_B分别表示A,B两种牌子香烟的尼古丁含量的均值.

表 6.4

牌号	支数	样本均值	样本标准差
A	50	$\overline{x}_1=2.61$	$s_1=0.12$
B	40	$\overline{x}_2=2.38$	$s_2=0.14$

14. 一批钢件的 20 个样品的屈服点(t/cm)为

4.98，5.11，5.20，5.11，5.00，5.61，4.88，5.27，5.38，5.46

5.27，5.23，4.96，5.35，5.15，5.35，4.77，5.38，5.54，5.20

设屈服点服从正态分布 $N(\mu,\sigma^2)$. 求屈服点总体均值 μ 和标准差 σ 的置信度为 0.95的置信区间.

15. 炮弹速度 $v\sim N(\mu,\sigma^2)$. 取 9 发炮弹做试验,算得样本标准差为 $s=11$(m/s). 求炮弹速度的方差 σ^2 与标准差 σ 的 90%置信区间.

16. 两台机床加工同一种零件,分别抽取 6 个和 9 个零件. 测量其长度计算得 $s_1=0.245$, $s_2=0.357$. 假定各台机床加工的零件长度服从正态分布. 试求两个总体方差比 $\dfrac{\sigma_1^2}{\sigma_2^2}$ 的置信度为 95%的置信区间.

17. 为估计一批钢索能承受的平均张力,从中取样做 10 次试验,由试验值算得平均张力为 6 700kg/cm^2,标准差为 $s=220$kg/cm^2. 设张力服从正态分布,求平均张力的单侧置信下限(置信度为 0.95).

18. 从一批某种型号电子管中抽出容量为 10 的样本,计算出标准差 $s=45$ 小时,设整批电子管寿命服从正态分布,试求这批电子管寿命标准差 σ 的单侧置信上限(置信度为 95%).

第7章 假设检验

统计推断的另一类重要问题是假设检验，本章主要阐述假设检验的基本概念、基本思想、参数的假设检验法和非参数的假设检验法.

7.1 假设检验的基本概念

一、检验问题

在科学研究，工农业生产及生活中，常常要对一些问题作出肯定或否定的回答. 如：某种药物有疗效吗？一些型号的汽车比另一种更安全吗？一批产品的次品率符合规定的标准吗？为了回答这些问题，就要做试验，根据试验的结果，对所关心的问题作出肯定或否定的回答的过程，叫做**假设检验**.

我们把任何一个有关总体的未知分布的假设称为**统计假设**. 关于总体的假设可分为两类：①对总体分布中的参数作某项假设. 用总体中的样本检验此项假设是否成立，称这类为**总体参数的假设检验**；②对总体的分布做某项假设，用来自总体的样本检验此项假设是否成立，称这类为**总体分布的假设检验**，**或称为非参数的假设检验**.

说明：在本章中，一般不区分随机变量及其观察值的记号，统一用小写字母表示.

例1 某电器零件的平均电阻一直保持在 2.64Ω，改变加工工艺后，测得 100 个零件的平均电阻为 2.62Ω，如改变工艺前后电阻的均方差保持在 0.06Ω 不变，且零件的电阻服从正态分布. 问新工艺对零件的电阻有无显著的影响？

改变工艺后零件的电阻 $x \sim N(\mu, 0.06^2)$，这里 μ 未知. 问题是要根据样本值来判断 $\mu = \mu_0 = 2.64$ 还是 $\mu \neq \mu_0$. 为此我们提出假设

$$H_0: \mu = \mu_0 = 2.64, \quad H_1: \mu \neq \mu_0$$

这是两个对立的假设.

二、假设检验的基本思想和基本方法

为了在 H_0（称为**原假设或零假设**）与 H_1（**备择假设**）之间作出一个抉择，就要有一个合理的法则，利用这个法则，根据已知的一组样本观察值 $x=(x_1,x_2,\cdots,x_n)$ 来作出判断，是接受 H_0 还是拒绝 H_0. 这样的法则称为**检验**.

现在具体通过例 1 中的问题来说明假设检验的基本思想和方法.

由于要检验的假设涉及到总体的均值 μ，而我们知道，$\bar{x}$ 是 μ 的无偏估计量，且 $D(\bar{x})=\dfrac{\sigma^2}{n}$，这反映了 $\bar{x}$ 比每个 x_i 更集中在 μ 附近. 因此，如果假设 H_0 成立，则观察值 $\bar{x}$ 与 μ 的偏差 $|\bar{x}-\mu_0|$ 一般不应太大. 当偏差 $|\bar{x}-\mu_0|$ 过分大，我们就怀疑 H_0 的正确性而拒绝 H_0.

又当 H_0 为真时，$u=\dfrac{\bar{x}-\mu_0}{\sigma/\sqrt{n}}\sim N(0,1)$，而衡量 $|\bar{x}-\mu_0|$ 的大小可归结为衡量 $\dfrac{\bar{x}-\mu_0}{\sigma/\sqrt{n}}$ 的大小. 基于上面的想法，我们可适当选定一正数 k，使当 $\bar{x}$ 满足 $\dfrac{|\bar{x}-\mu_0|}{\sigma/\sqrt{n}}\geqslant k$ 时，就拒绝 H_0，反之，若 $\dfrac{|\bar{x}-\mu_0|}{\sigma/\sqrt{n}}<k$ 时，就接受假设 H_0（见图 7.1）.

怎样选定这一正数 k 呢？由于我们作出决策的依据是一个样本，而实际上 H_0 为真时，仍可能作出拒绝 H_0 的决策，我们无法排除犯这类错误的可能性. 因此自然希望将犯这类错误的概率控制在一定限度之内，为此，我们给出一个较小的数 $\alpha(0<\alpha<1)$，使

$$P\{拒绝 H_0 \mid H_0 为真\}\leqslant\alpha \quad (7.1)$$

事实上，因只允许犯这类判断错误的概率最大为 α，令式(7.1)取等号，即令

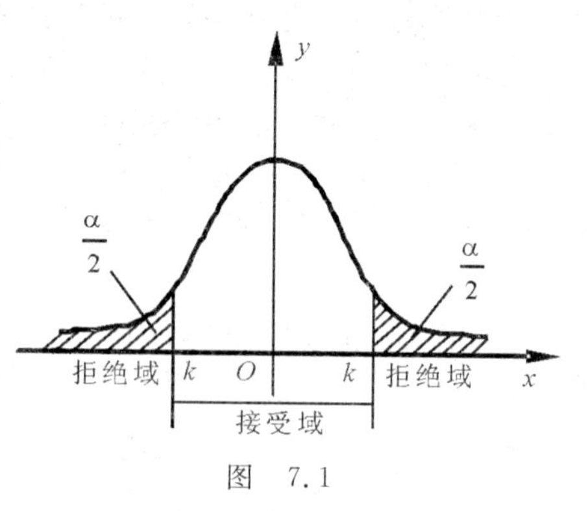

图 7.1

$$P\left\{\frac{|\bar{x}-\mu_0|}{\sigma/\sqrt{n}}\geqslant k\right\}=\alpha$$

取 $\alpha=0.05$，由标准正态分布的上 α 分位点知 $k=u_{0.05/2}=u_{0.025}=1.96$，而

$$u=\frac{|2.62-2.64|}{0.06/\sqrt{100}}=3.33>1.96$$

在 H_0 成立的条件下，事件 $\left\{\dfrac{\bar{x}-2.64}{0.06/\sqrt{100}}\geqslant 1.96\right\}$ 是一概率为 0.05 的小概率事

件,即平均在20次抽样中大约有一次发生.而在一次抽样中,该小概率事件竟然发生了,这自然使人感到不正常,究其原因,只能认为原假设 $H_0: \mu=\mu_0=2.64$ 有问题,因此拒绝原假设 H_0,即不能认为新工艺对零件的电阻无显著影响.

上例中的检验法则是符合**实际推断原理**(概率很小的事件在一次试验中实际上几乎是不可能发生的)的.数 α 称为**显著性水平**,一般常取 $\alpha=0.05, 0.01, 0.1$ 等一些较小的数.上面关于 $\bar{x}$ 与 μ_0 有无显著性差异的判断就是在显著性水平 α 之下作出的.

用于作假设检验的统计量称为**检验统计量**,如统计量 $u=\dfrac{\bar{x}-\mu_0}{\sigma/\sqrt{n}}$ 就是一检验统计量.

当检验统计量取某一区域 W 中的值时,我们拒绝原假设 H_0,则称区域 W 为**拒绝域**.拒绝域的边界点称为**临界点**.如上例中的拒绝域为 $|u| \geqslant u_{\alpha/2}$,而 $u=u_{\alpha/2}$ 及 $u=-u_{\alpha/2}$ 为临界点.

例1中的备择假设 H_1,表示 μ 可能大于 μ_0,也可能小于 μ_0,形如这样的假设称为**双边备择假设**,而称形如

$$H_0: \mu=\mu_0, \quad H_1: \mu \neq \mu_0 \tag{7.2}$$

的假设检验为**双边假设检验**.有时我们只关心总体的均值是否会增大,如试验新工艺以提高材料的强度,此时根据需要提出假设

$$H_0: \mu=\mu_0, \quad H_1: \mu > \mu_0 \tag{7.3}$$

(这里作了不言而喻的假定,即新工艺不可能比旧的更差,而是看是否有明显的提高)形如式(7.3)的假设检验称为**右边检验**.类似地,形如

$$H_0: \mu=\mu_0, \quad H_1: \mu < \mu_0 \tag{7.4}$$

的假设检验称为**左边检验**,右边检验和左边检验统称为**单边检验**.

例2 某工厂生产的固体燃料推进器的燃烧率 x 服从正态分布,$x \sim N(\mu, \sigma^2)$,$\mu=40\text{cm/s}$,$\sigma=2\text{cm/s}$,现在用新方法生产了一批推进器,从中随机取25只,测得燃烧率的样本均值为 $\bar{x}=41.25\text{cm/s}$,设新方法下总体的均方差仍为2cm/s.问这批推进器的燃烧率是否较以往生产的推进器的燃烧率有明显的提高?取显著性水平 $\alpha=0.05$.

解 按题意提出假设

$$H_0: \mu=\mu_0=40, \quad H_1: \mu > \mu_0$$

在 H_0 成立的条件下,检验统计量 $u=\dfrac{\bar{x}-\mu_0}{\sigma/\sqrt{n}} \sim N(0,1)$.

在 $\alpha=0.05$ 的显著性水平下,拒绝域为

$$u=\frac{\bar{x}-\mu_0}{\sigma/\sqrt{n}}\geqslant u_{0.05}=1.645$$

而现在 $u=\dfrac{41.25-40}{2/\sqrt{25}}=3.125>1.645$ 即 u 落在拒绝域中，所以在显著性水平 $\alpha=0.05$ 下拒绝 H_0，即认为这批推进器的燃烧率较以往有明显的提高.

处理参数的假设检验问题的步骤如下：

(1)根据实际问题提出假设 H_0 和备择假设 H_1；

(2)在 H_0 成立的条件下，确定检验统计量及其分布；

(3)按 $P\{拒绝\ H_0 \mid H_0\ 为真\}=\alpha$ 求出拒绝域；

(4)根据样本观察值是否落在拒绝域中来确定是拒绝还是接受 H_0.

三、假设检验可能犯的两类错误

一个检验的性能，可以用它作出正确判断的频率来衡量. 由于假设检验作出是拒绝还是接受 H_0 决策的重要根据是统计量，而总体的随机性决定了样本具有随机性，因此在进行判断时，我们可能犯两类错误.

在假设 H_0 实际上为真时，我们却拒绝了 H_0，称这类“弃真”的错误为**第Ⅰ类错误**，犯第Ⅰ类错误的概率也称为弃真概率，其值恰好等于显著性水平 α，见式(7.1).

在假设 H_0 实际上不真时，我们却接受了 H_0，称这类“取伪”的错误为**第Ⅱ类错误**. 犯第Ⅱ类错误的概率记为 β，即

$$\beta=P\{接受\ H_0 \mid H_0\ 不真\}$$

于是例 1 中，若 $\mu=\mu_1\neq\mu_0$，有

$$\beta=P\{接受\ H_0 \mid \mu=\mu_1\}=P\left\{\frac{|\bar{x}-\mu_0|}{\sigma/\sqrt{n}}<u_{\frac{\alpha}{2}} \mid \mu=\mu_1\right\}=$$

$$P\left\{\mu_0-u_{\frac{\alpha}{2}}\frac{\sigma}{\sqrt{n}}<\bar{x}<\mu_0+u_{\frac{\alpha}{2}}\frac{\sigma}{\sqrt{n}} \mid \mu=\mu_1\right\}=$$

$$P\left\{\frac{\mu_0-\mu_1}{\sigma/\sqrt{n}}-u_{\frac{\alpha}{2}}<\frac{\bar{x}-\mu_1}{\sigma/\sqrt{n}}<\frac{\mu_0-\mu_1}{\sigma/\sqrt{n}}+u_{\frac{\alpha}{2}}\right\}=$$

$$\Phi\left(\frac{\mu_0-\mu_1}{\sigma/\sqrt{n}}+u_{\frac{\alpha}{2}}\right)-\Phi\left(\frac{\mu_0-\mu_1}{\sigma/\sqrt{n}}-u_{\frac{\alpha}{2}}\right).$$

比如 $\alpha=0.05$，$\mu_0=2.64$，$\mu_1=2.61$ 代入上式，就有 $\beta=0.0012$.

在确定检验法则时，我们应尽可能使犯两类错误的概率都较小. 但是，一般来说，当样本容量固定时，如果 α 的值取得越小，引起接受域变大，β 的值必定变大；β 的值取得越小也会引起 α 的值变大. 因此，当样本容量固定时同时希望犯这两类错

误的概率都很小是不可能的.若要同时使犯这两类错误的概率都很小,除非增加样本的容量,而实际问题中样本的容量总不能无限度地增加,所以这两类错误必然总是伴随着假设检验而存在着.通常的做法是事先给定显著性水平 α,而一般不去计算 β,但 n 最好不要小于5,否则 β 就会太大.

以下我们只讨论正态总体参数的假设检验问题.

7.2 正态总体参数的假设检验

一、单个正态总体 $N(\mu,\sigma^2)$ 均值与方差的假设检验

1. σ^2 已知,关于 μ 的检验(U检验)

在7.1节中已讨论过正态总体 $N(\mu,\sigma^2)$ 当 σ^2 已知时,关于 $\mu=\mu_0$ 的检验问题式(7.2)、式(7.3)、式(7.4),在这些问题中我们利用了当 H_0 为真时,用检验统计量

$$u=\frac{\bar{x}-\mu_0}{\sigma/\sqrt{n}}\sim N(0,1)$$

来确定拒绝域的,这种检验法称为U**检验法**.对此不再详述,只补充讲一个要注意的问题.

比较正态总体 $N(\mu,\sigma^2)$ 在方差 σ^2 已知时,对均值的两种检验问题

$$H_0:\mu=\mu_0,\quad H_1:\mu>\mu_0 \tag{7.5}$$

和

$$H_0:\mu\leqslant\mu_0,\quad H_1:\mu>\mu_0 \tag{7.6}$$

我们看到尽管两者原假设 H_0 的形式不一样,实际意义也不一定相同,但对于相同的显著性水平 α,它们的拒绝域是相同的,因此遇到像式(7.6)这样的问题,均可归结为式(7.3)来讨论.对于下面将要讨论的有关正态总体参数的检验问题也有类似的结果(参见附录).

2. σ^2 未知,关于 μ 的检验(T 检验)

设总体 $x\sim N(\mu,\sigma^2)$,其中 μ,σ^2 均为未知参数,$x_1,x_2,\cdots,x_n$ 是来自总体 x 的样本,检验假设 $H_0:\mu=\mu_0$,$H_1:\mu\neq\mu_0$.

由于 s^2 是 σ^2 的无偏估计,于是用 s 代替统计量中的 σ 构造统计量

$$t=\frac{\bar{x}-\mu_0}{s/\sqrt{n}} \tag{7.7}$$

其中,$s^2=\frac{1}{n-1}\sum_{k=1}^{n}(x_k-\bar{x})^2$.当 H_0 为真时 $t\sim t(n-1)$,当 $|t|$ 的值过分大时

就拒绝 H_0，对给定的显著性水平 $\alpha(0<\alpha<1)$，由 t 分布表查得检验的临界值 $t_{\frac{\alpha}{2}}(n-1)$，即

$$P\{|t| \geqslant t_{\frac{\alpha}{2}}(n-1)\}=\alpha \quad 或 \quad P\left\{\frac{|\bar{x}-\mu_0|}{s/\sqrt{n}} \geqslant t_{\frac{\alpha}{2}}(n-1)\right\}=\alpha$$

得拒绝域
$$W=\{t \mid |t| \geqslant t_{\frac{\alpha}{2}}(n-1)\} \tag{7.8}$$

例 1 按照规定每瓶番茄汁罐头(250g)微生素 C(V_C)的含量不少于 21mg. 现从某厂生产的一批罐头中随机抽取 17 瓶，测得 V_C 的含量(单位：mg)如下：

16，22，21，20，23，21，19，15，13，23，17，20，29，18，22，16，25

已知 V_C 的含量 x 服从正态分布，试以 0.05 的显著性水平检验该批罐头的 V_C 含量是否合格.

解 (1)依据题意提出假设

$$H_0:\mu=\mu_0=21, \quad H_1:\mu<21$$

(2)在 H_0 成立的条件下，检验统计量

$$t=\frac{\bar{x}-\mu_0}{s/\sqrt{n}} \sim t(n-1)$$

(3)现在 $n=17$，$t_{0.05}(16)=1.745\ 9$，得此检验问题的拒绝域为

$$W=\left\{t \mid t=\frac{\bar{x}-\mu_0}{s/\sqrt{n}}<-1.745\ 9\right\}$$

(4)计算得 $\bar{x}=20$，$s=3.984\ 3$. 有 $\dfrac{20-21}{3.984\ 3/\sqrt{17}}=-1.034\ 8>-1.745\ 9$ 没有落在拒绝域中，故在 0.05 的显著性水平下，可以认为该批罐头 V_C 的含量是合格的.

3. σ^2，μ 均为未知，关于 σ^2 的检验(χ^2 检验)

设总体 $x \sim N(\mu,\sigma^2)$，μ,σ^2 均为未知，$x_1,x_2,\cdots,x_n$ 是来自总体 x 的样本，要求检验

$$H_0:\sigma^2=\sigma_0^2, \quad H_1:\sigma^2 \neq \sigma_0^2$$

其中，σ_0^2 为已知常数，显著性水平为 α.

由于 s^2 是 σ^2 的无偏估计，当 H_0 为真时，比值 $\dfrac{s^2}{\sigma_0^2}$ 一般来说应在 1 附近摆动，而不应过分大于 1 或过分小于 1. 由第 5 章 5.4 节定理 5.4 知，当 H_0 为真时，有

$$\frac{(n-1)s^2}{\sigma_0^2} \sim \chi^2(n-1) \tag{7.9}$$

于是，取 $\chi^2=\dfrac{(n-1)s^2}{\sigma_0^2}$ 作为检验统计量，检验问题的拒绝域就具有以下形式：

$$\frac{(n-1)S^2}{\sigma_0^2} \leqslant k_1 \quad 或 \quad \frac{(n-1)s^2}{\sigma_0^2} \geqslant k_2$$

此处的 k_1, k_2 怎样确定呢？

$$P\{拒绝 H_0 \mid H_0 为真\} = P\left\{\left(\frac{(n-1)s^2}{\sigma_0^2} \leqslant k_1\right) \cup \left(\frac{(n-1)s^2}{\sigma_0^2} \geqslant k_2\right)\right\} = \alpha$$

为了计算方便起见，习惯上取

$$P\left\{\frac{(n-1)s^2}{\sigma_0^2} \leqslant k_1\right\} = \alpha/2$$

$$P\left\{\frac{(n-1)S^2}{\sigma_0^2} \geqslant k_2\right\} = \alpha/2$$

故得 $k_1 = \chi^2_{1-\alpha/2}(n-1), k_2 = \chi^2_{\alpha/2}(n-1)$（见图7.2），于是得拒绝域为

$$W = \{\chi^2 \mid \chi^2 \leqslant \chi^2_{1-\alpha/2}(n-1) \quad 或 \quad \chi^2 \geqslant \chi^2_{\alpha/2}(n-1)\}$$

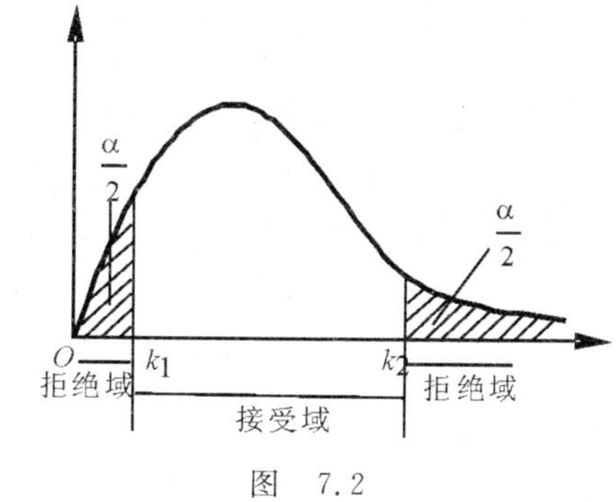

图 7.2

上述的检验法称为 χ^2 **检验法**，关于 χ^2 的单边检验的拒绝域由附录给出.

例 2 美国民政部门对某住宅区住户的消费情况进行的调查报告中，抽出9户为样本，其每年开支除去税款和住宅等费用外，依次为(单位：千元)：

4.9， 5.3， 6.5， 5.2， 7.4， 5.4， 6.8， 5.4， 6.3

假定住户消费数据服从正态分布 $N(\mu, \sigma^2)$，给定显著性水平 $\alpha = 0.05$，试问：所有住户消费数据的总体方差 $\sigma^2 = 0.3$ 是否可信？

解 (1)要检验假设

$$H_0: \sigma^2 = \sigma_0^2 = 0.3, \quad H_1: \sigma^2 \neq \sigma_0^2$$

(2)在 H_0 成立的条件下

$$\chi^2 = \frac{(n-1)s^2}{\sigma_0^2} \sim \chi^2(n-1)$$

(3)对于 $\alpha = 0.05$，查表得 $\chi^2_{\alpha/2}(8) = 17.535$，$\chi^2_{1-\alpha/2}(8) = 2.18$，即得此检验问题的拒绝域为

$$W = \{\chi^2 \mid \chi^2 \leqslant 2.18, 或 \chi^2 \geqslant 17.535\}$$

(4)计算得 $\bar{x} = 5.91$，且

$$(n-1)s^2 = (4.9-5.91)^2 + (5.3-5.91)^2 + \cdots + (6.3-5.91)^2 = 6.05$$

$$\chi^2 = \frac{(n-1)s^2}{\sigma_0^2} = \frac{6.05}{0.3} = 20.17 > 17.535$$

落在拒绝域中，故拒绝 H_0，即认为在 $\alpha = 0.05$ 的显著性水平下所有住户的消费数据的总体方差 $\sigma_0^2 = 0.3$ 不可信.

二、两个正态总体 $N(\mu_1,\sigma_1^2)$，$N(\mu_1,\sigma_2^2)$ 的情形

1. 两个正态总体均值差的检验（T 检验）

设 $x_1,x_2,\cdots,x_{n_1}$ 是来自总体 $x\sim N(\mu_1,\sigma^2)$ 的样本，$y_1,y_2,\cdots,y_{n_2}$ 是来自总体 $y\sim N(\mu_2,\sigma^2)$ 的样本，且这两个样本独立，它们的样本均值为 $\bar{x},\bar{y}$，样本方差为 s_1^2,s_2^2，设 μ_1,μ_2,σ 均为未知. 要特别注意的是，在这里假设两个总体的方差是相等的. 现在讨论检验问题：

$$H_0:\mu_1-\mu_2=\delta,\quad H_1:\mu_1-\mu_2>\delta$$

的拒绝域（其中 δ 为已知常数）. 取显著性水平为 α.

引入检验统计量：

$$t=\frac{(\bar{x}-\bar{y})-\delta}{s_\omega\sqrt{1/n_1+1/n_2}}\tag{7.10}$$

其中
$$s_\omega^2=\frac{(n_1-1)s_1^2+(n_2-1)s_2^2}{n_1+n_2-2}$$

当 H_0 为真时，由第 5 章 5.4 节定理 5.6 知，$t\sim t(n_1+n_2-2)$，与单个总体的 T 检验相仿，其拒绝域的形式可由

$$P\{拒绝\ H_0\mid H_0\ 为真\}=P\left\{\frac{(\bar{x}-\bar{y})-\delta}{s_\omega\sqrt{1/n_1+1/n_2}}\geqslant t_\alpha(n_1+n_2-2)\right\}=\alpha$$

得拒绝域为
$$W=\left\{t\mid t=\frac{(\bar{x}-\bar{y})-\delta}{s_\omega\sqrt{1/n_1+1/n_2}}\geqslant t_\alpha(n_1+n_2-2)\right\}\tag{7.11}$$

例 3 比较两种安眠药 A 与 B 的疗效，对两种药物分别抽取 10 个失眠者为试验对象. 以 x 表示使用 A 后延长的睡眠时间，y 表示使用 B 后延长的睡眠时间，由试验方案知 x 与 y 独立，且服从正态分布，方差相等，试验的结果如下（单位：h）：

x：1.9，0.8，1.1，0.1，−0.1，4.4，5.5，1.6，4.6，3.4

y：0.7，−1.6，−0.2，−1.2，−0.1，3.4，3.7，0.8，0，2.0

试问：在 $\alpha=0.01$ 的显著性水平下这两种药物的疗效有无显著的差异？

解 (1)依题意提出假设

$$H_0:\mu_1=\mu_2,\quad H_1:\mu_1\neq\mu_2$$

(2)在 H_0 成立的条件下，检验统计量

$$t=\frac{\bar{x}-\bar{y}}{\sqrt{(n_1-1)s_1^2+(n_2-1)s_2^2}}\sqrt{\frac{n_1n_2(n_1+n_2-2)}{n_1+n_2}}\sim t(n_1+n_2-2)$$

(3)由 $P\{拒绝\ H_0\mid H_0\ 为真\}=P\{|t|\geqslant k\}=\alpha=0.01$. 求得该检验问题的拒绝域为

$$W=\{t\mid |t|\geqslant t_{\alpha/2}(n_1+n_2-2)=t_{0.005}(18)=2.8784\}$$

(4)计算得 $\bar{x}=3.33, s_1^2=4.132, \bar{y}=0.75, s_2^2=3.201$，故

$$t=\frac{\bar{x}-\bar{y}}{\sqrt{(n_1-1)s_1^2+(n_2-1)s_2^2}}\sqrt{\frac{n_1n_2(n_1+n_2-2)}{n_1+n_2}}=$$

$$\frac{2.33-0.75}{\sqrt{(4.132+3.201)9}}\sqrt{\frac{10\times10(10+10-2)}{10+10}}=2.2613$$

于是 $|t|=2.2613<2.8784$，即没有落在拒绝域中，所以接受 H_0，即认为两种药物的疗效无显著性的差异.

关于均值差的左边检验的拒绝域在附录中给出. 常用的是 $\delta=0$ 的情况. 当两个正态总体的方差为已知时，检验统计量

$$u=\frac{(\bar{x}-\bar{y})-(\mu_1-\mu_2)}{\sqrt{\dfrac{\sigma_1^2}{n_1}+\dfrac{\sigma_2^2}{n_2}}}\sim N(0,1)$$

我们可用 U 检验法来检验两个正态总体均值差的的问题，见附录.

2. 两个正态总体方差的检验(F 检验)

设 $x_1,x_2,\cdots,x_{n_1}$ 是来自总体 $x\sim N(\mu_1,\sigma_1^2)$ 的样本，$y_1,y_2,\cdots,y_{n_2}$ 是来自总体 $y\sim N(\mu_2,\sigma_2^2)$ 的样本，且两个样本独立，其样本方差为 s_1^2,s_2^2，且设 $\mu_1,\mu_2,\sigma_1^2,\sigma_2^2$ 均为未知，现要检验假设

$$H_0:\sigma_1^2=\sigma_2^2,\quad H_1:\sigma_1^2\neq\sigma_2^2$$

由 s_1^2,s_2^2 的独立性及 $\dfrac{(n_i-1)s_i^2}{\sigma_i^2}\sim\chi^2(n_i-1), i=1,2$ 得知

$$\frac{s_1^2/\sigma_1^2}{s_2^2/\sigma_2^2}\sim F(n_1-1,n_2-1) \tag{7.12}$$

故当 H_0 为真时，有 $F=\dfrac{s_1^2}{s_2^2}\sim F(n_1-1,n_2-1)$. 我们就取 $F=\dfrac{s_1^2}{s_2^2}$ 作为检验统计量. 当 H_0 为真时，$E(s_1^2)=\sigma_1^2=\sigma_2^2=E(s_2^2)$；而 H_1 为真时，$E(s_1^2)=\sigma_1^2\neq\sigma_2^2=E(s_2^2)$，$\dfrac{s_1^2}{s_2^2}$ 有偏大或偏小的趋势，因此

$$P\{拒绝\ H_0\mid H_0\ 为真\}=P\left\{\left(\frac{s_1^2}{s_2^2}\geqslant k_2\right)\cup\left(\frac{s_1^2}{s_2^2}\leqslant k_1\right)\right\}=\alpha$$

为了计算方便，通常取

$$P\left\{\frac{s_1^2}{s_2^2}\geqslant k_2\right\}=\frac{\alpha}{2},\quad P\left\{\frac{s_1^2}{s_2^2}\leqslant k_1\right\}=\frac{\alpha}{2}$$

即有(见图 7.3)

$$k_2=F_{\frac{\alpha}{2}}(n_1-1,n_2-1),\quad k_1=F_{1-\frac{\alpha}{2}}(n_1-1,n_2-1)$$

得该问题的拒绝域为

$$W=\{F \mid F \leqslant F_{1-\frac{\alpha}{2}}(n_1-1,n_2-1)$$
$$\text{或} \quad F \geqslant F_{\frac{\alpha}{2}}(n_1-1,n_2-1)\} \tag{7.13}$$

上述的检验法称为 F **检验法**. 关于另外两个问题(左边检验及右边检验)的拒绝域在附录中给出.

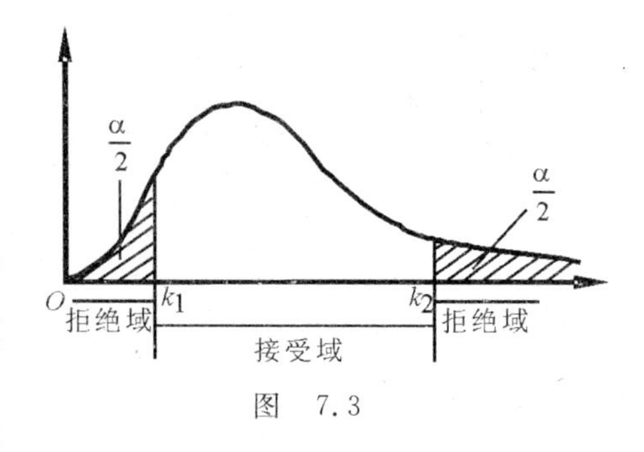

图 7.3

例 4 为了考察温度对某物体的断裂强力的影响在 70℃ 与 80℃ 下分别重复作了 8 次试验,得断裂强力的数据如下(单位:kg):

70℃: 20.5, 18.8, 19.8, 20.9, 21.5, 19.5, 21.0, 2.2

80℃: 17.7, 20.3, 20.0, 18.8, 19.0, 20.1, 20.2, 19.1

假定 70℃,80℃ 下断裂强力分别记为 x,y ,且 $x\sim N(\mu_1,\sigma_1^2)$,$y\sim N(\mu_2,\sigma_2^2)$,若取 $\alpha=0.05$,试问 x 与 y 的方差有无显著的差异?

解 依题意提出假设

$$H_0:\sigma_1^2=\sigma_2^2, \quad H_1:\sigma_1^2\neq\sigma_2^2$$

由所给数据计算得

$$n_1=8,\ \bar{x}=20.4,\ s_1^2=\frac{6.20}{7},\ n_2=8,\ \bar{y}=19.4$$

$$s_2^2=\frac{5.80}{7}, F=\frac{s_1^2}{s_2^2}=\frac{6.20}{5.80}=1.07$$

对于 $\alpha=0.05$,查表得 $F_{0.025}(7,7)=4.99$, $F_{0.975}(7,7)=\frac{1}{4.99}$ 即该检验问题的拒绝域为 $W=\{F \mid F\geqslant 4.99 \text{ 或 } F\leqslant \frac{1}{4.99}\}$,显然 $F=1.07$ 没有落在拒绝域中,故应接受 H_0,即认为在 70℃ 与 80℃ 下物体的断裂强力的方差无显著的差异.

7.3 分布的假设检验

前文所述的各种检验法都是在正态总体的前提下进行讨论的,但在实际问题中有时不能预知总体服从什么样的分布,这时就要根据样本来检验有关总体分布的各种假设. 这就是分布的假设检验问题. 这里我们仅介绍 χ^2 **检验法**.

χ^2 检验法是在总体 x 的分布为未知时,根据 x 的 n 个观察值 $x_1,x_2,\cdots,x_n$ 来检验关于总体分布的假设.

$$H_0: \text{总体 } x \text{ 的分布函数为 } F(x) \tag{7.14}$$

注意:若总体分布为离散型,则上述假设相当于

$$H_0:\text{总体 } x \text{ 的分布律为 } P\{x=\alpha_i\}=p_i,\quad i=1,2,\cdots \tag{7.15}$$

若总体的分布为连续型,则式(7.14)的假设相当于

$$H_0:\text{总体的概率密度为 } f(x) \tag{7.16}$$

χ^2 检验法的基本思想是把随机试验结果的全体分成 k 个互不相容的事件 $A_1,A_2,\cdots,A_k$. 在 H_0 成立的条件下,计算 $p_i=P(A_i)$,$i=1,2,\cdots,k$. 显然,在 n 次试验中,事件 A_i 出现的频率 $\frac{n_i}{n}$ 与概率 p_i 有差异,一般说来,若 H_0 真,这种差异就小,若 H_0 不真,这种差异就较大. 基于这种想法,皮尔逊(Pearson)使用统计量

$$\chi^2=\sum_{i=1}^{k}\frac{(n_i-np_i)^2}{np_i} \tag{7.17}$$

来检验 H_0,并证明了如下定理.

定理 3.1 若 n 充分大 $(n\geqslant 50)$,则不论总体是什么分布,统计量式(7.17)总是近似地服从自由度为 $k-r-1$ 的 χ^2 分布,其中 r 是 $F(x)$ 中所含未知参数的个数.

于是,若在 H_0 成立的条件下,由式(7.17)算得

$$\chi^2>\chi^2_\alpha(k-r-1) \tag{7.18}$$

则在显著性水平 α 下拒绝 H_0;否则就接受 H_0.

χ^2 **检验法**的基本步骤为(对连续型随机变量):

(1)根据一般情况,将 $(-\infty,+\infty)$ 分成 k 个区间:

$$(-\infty,y_1],(y_1,y_2],\cdots,\quad(y_{k-1},+\infty)$$

用 n_i 表示样本落在第 i 个区间的频数. 一般希望 $n_i\geqslant 5$,$i=1,2,\cdots,k$. 若不满足这个条件,可将相邻的区间适当合并.

(2)若 $F(x)$ 中有 $r(0\leqslant r\leqslant k)$ 个未知参数,即 $F(x;\theta_1,\theta_2,\cdots,\theta_r)$. 利用极大似然估计法,求出 θ_i 的估计值 $\hat{\theta}_i$,$i=1,2,\cdots,r$,从而总体的分布假设为

$$H_0:\text{总体 } x \text{ 的分布函数为 } F(x;\hat{\theta}_1,\hat{\theta}_2,\cdots,\hat{\theta}_r)$$

(3)在 H_0 成立的条件下,计算理论概率

$$\hat{p}_1=P\{x\leqslant y_1\}=F(y_1;\hat{\theta}_1,\hat{\theta}_2,,\cdots\hat{\theta}_r)$$

$$\hat{p}_i=P\{y_{i-1}<x\leqslant y_i\}=F(y_i;\hat{\theta}_1,\cdots\hat{\theta}_r)-F(y_{i-1};\hat{\theta}_1,,\cdots\hat{\theta}_r)$$

$$\hat{p}_k=P\{y_{k-1}\leqslant x\}=1-F(y_{k-1};\hat{\theta}_1,\cdots\hat{\theta}_r)$$

并计算出理论频数 $n\hat{p}_i$,$i=1,2,\cdots,k$

(4)计算统计量

$$\chi^2=\sum_{i=1}^{k}\frac{(n_i-n\hat{p}_i)^2}{n\hat{p}_i} \tag{7.19}$$

(5)对给定的 α，查 χ^2 分布表得 $\chi^2_\alpha(k-r-1)$，则拒绝域为

$$(\chi^2(k-r-1), +\infty)$$

若 $\chi^2 > \chi^2_\alpha(k-r-1)$，则拒绝 H_0；否则接受 H_0.

读者一定会问，k 通常取多大？通常取 $5 \leqslant k \leqslant 15$，$n$ 越大，k 也应相应越大，有时检验结果会受到分组数目与分点的影响，这正是 χ^2 检验法的缺点.

请看以下例题.

例 1 在某黑盒子中存放着黑球和白球. 现做下面这样的试验：用返回抽取的方式从此黑盒子中抽取，直到摸取的是白球为止，记录下抽取的次数，重复如此的试验 100 次，其结果见表 7.1.

表 7.1

抽取的次数	1	2	3	4	≥5
频数	43	31	15	6	5

试问：盒中的白球和黑球的个数是否相等（$\alpha = 0.05$）？

解 设总体 x 表示首次出现白球所摸取的次数. 若白球和黑球一样多，则 x 服从几何分布.

$$P\{x=k\} = \left(1-\frac{1}{2}\right)^{k-1}\frac{1}{2} = \left(\frac{1}{2}\right)^2, \quad k=1,2,\cdots$$

由于总体的分布律中不含未知参数，即 $r=0$，则分布假设为

$$H_0: x \text{ 的分布律为 } P\{x=k\} = \left(\frac{1}{2}\right)^k, \quad k=1,2,\cdots$$

(1)依假设，将 x 的所有可能取值分成 5 个随机事件：

$$A_1=\{x=1\},\ A_2=\{x=2\},\ A_3=\{x=3\},\ A_4=\{x=4\},\ A_5=\{x \geqslant 5\}$$

且 $$n_1=3,\ n_2=31,\ n_3=15,\ n_4=6,\ n_5=5,\ n=\sum_{i=1}^{5} n_i=100.$$

(2)在 H_0 成立的条件下，

$$p_1=P(A_1)=P\{x=1\}=\frac{1}{2}, \qquad p_2=P(A_2)=P\{x=2\}=\frac{1}{4}$$

$$p_3=P(A_3)=P\{x=3\}=\frac{1}{8}, \qquad p_4=P(A_4)=P\{x=4\}=\frac{1}{16}$$

$$p_5=P(A_5)=P\{x \geqslant 5\}=1-P\{x<5\}=1-\frac{15}{16}=\frac{1}{16}$$

从而理论频数为

$$np_1=100\times\frac{1}{2}=50, \qquad np_2=100\times\frac{1}{4}=25$$

$$np_3=100\times\frac{1}{8}=12.5,\qquad np_4=100\times\frac{1}{16}=6.25$$

$$np_5=100\times\frac{1}{16}=6.25$$

(3)统计量

$$\chi^2=\sum_{i=1}^{5}\frac{(n_i-np_i)^2}{np_i}=3.2$$

(4)对给定 $\alpha=0.05$,查 χ^2 分布表得 $\chi^2_{0.05}(5-1)=\chi^2_{0.05}(4)=9.448$.

由于 $\chi^2=3.2<9.448$,故接受假设 H_0,即认为盒中白球和黑球个数相同.

例2　某种型号的商船,在400天的航行期间,由于阴沉的坏天气,冰冻,火灾,搁浅,机器故障等事故面临着风险,每一只船发生事故的次数 X 可以看做一随机变量,据报告记录的数据见表7.2.这些数据能否证实 x 具有泊松分布的假设是正确的?

表　7.2

事故次数(x)	发生 x 次事故的商船数
0	1 448
1	805
2	206
3	34
4	4
5	2
6	1

解　(1)依题设,将 x 所有可能的取值分成5个随机事件:

$$A_1=\{x=0\},\ A_2=\{x=1\},\ A_3=\{x=2\},\ A_4=\{x=3\},\ A_5=\{x\geqslant 4\}$$

且
$$n_1=1448,\ n_2=805,\ n_3=206,\ n_4=34,\ n_5=7$$

从而
$$n=\sum_{i=1}^{5}n_i=2\ 500$$

(2)由于要检验 x 是否服从泊松分布,即

$$P\{x=k\}=\frac{\lambda^k}{k!}\mathrm{e}^{-\lambda},\quad k=0,1,2,\cdots$$

则该分布律中含有 $r=1$ 个未知参数,由第6章知

$$\hat{\lambda}_{极}=\bar{x}=\frac{1}{n}\sum_{i=1}^{5}x_i=$$

$$\frac{0\times 1\,448+1\times 805+2\times 206+3\times 34+4\times 4+5\times 2+6\times 1}{2\,500}=0.54$$

故分布假设如下：

H_0： 总体 x 的分布律为

$$P\{x=k\}=\frac{0.54^k}{k!}\mathrm{e}^{-0.54},\quad k=1,2,\cdots$$

(3)在 H_0 成立的条件下，理论概率为

$$\hat{p}_1=P(A_1)=P\{x=0\}=\mathrm{e}^{-0.54}\approx 0.58$$

$$\hat{p}_2=P(A_2)=P\{x=1\}=0.54\times \mathrm{e}^{-0.54}\approx 0.31$$

$$\hat{p}_3=P(A_3)=P\{x=2\}=\frac{0.54^2}{2!}\mathrm{e}^{-0.54}\approx 0.08$$

$$\hat{p}_4=P(A_4)=P\{x=3\}=\frac{0.54^3}{2!}\mathrm{e}^{-0.54}\approx 0.02$$

$$\hat{p}_5=P(A_5)=P\{x\geqslant 4\}=1-P\{x<4\}\approx 0.01$$

从而理论频数为

$$n\hat{p}_1=2500\times 0.58=1450,\qquad n\hat{p}_2=2500\times 0.31=775$$

$$n\hat{p}_3=2500\times 0.08=200,\qquad n\hat{p}_4=2500\times 0.22=50$$

$$n\hat{p}_5=2500\times 0.01=25$$

(4)
$$\chi^2=\sum_{i=1}^{5}\frac{(n_i-n\hat{p}_i)^2}{n\hat{p}_i}=19.873$$

(5)对给定的 $\alpha=0.05$，查 χ^2 分布表得 $\chi^2_{0.05}(5-1-1)=\chi^2_{0.05}(3)=7.815$.

由于 $\chi^2=19.873>7.815$，故拒绝 H_0，即认为 x 具有泊松分布的假设是不正确的.

从以上两例看出，严格按照步骤进行 χ^2 检验，显然过于繁琐. 为此，人们将所需要计算的量分项列入表内，可使过程明了，也方便计算，请看下例.

例 3 研究混凝土抗压强度的分布，200 件混凝土的抗压强度（单位：$\mathrm{kg/cm^2}$）以分组的形式列于表 7.3 中.

表 7.3

区间	190 ～ 200	200 ～ 210	210 ～ 220	220 ～ 230	230 ～ 240	240 ～ 250
频数	10	26	56	64	30	14

$n=\sum_{i=1}^{6}n_i=200$，问混凝土制件的强度是否服从正态 $N(\mu,\sigma^2)$ 分布（$\alpha=0.05$）？

解 设 x 表示混凝土制件的抗压强度，我们要检验假设

$$H_0:\text{总体 } x \text{ 服从正态 } N(\mu,\sigma^2)\text{ 分布}$$

由于 μ 和 σ^2 未知，因此要先求它们的极大似然估计，即

$$\hat{\mu}=\frac{1}{n}\sum_{i=1}^{n}x_i=\bar{x},\quad \hat{\sigma}^2=\frac{1}{n}\sum_{i=1}^{n}(x_i-\bar{x})^2$$

用 x_i^* 表示第 i 组的组中值，有

$$\hat{\mu}=\bar{x}=\frac{1}{n}\sum_{i=1}^{6}n_ix_i^*=\frac{1}{200}(195\times10+205\times26+215\times56+$$

$$225\times64+235\times30+245\times14)=221$$

$$\hat{\sigma}^2=\frac{1}{n}\sum_{i=1}^{6}(x_1^*-\bar{x})^2n_i=$$

$$\frac{1}{200}[(-26)^2\times10+(-16)^2\times26+(-6)^2\times56+$$

$$4^2\times64+14^2\times30+24^2\times14]=152$$

$$\hat{\sigma}=12.33$$

原假设 H_0 成立的条件下，$x\sim N(221,12.33^2)$.

计算出每个区间的理论概率值如下：

$$\hat{p}_1=P\{x\leqslant200\}=P\left\{\frac{x-221}{12.33}<\frac{200-221}{12.33}\right\}=\Phi(-1.70)=0.045$$

$$\hat{p}_2=P\{200<x\leqslant210\}=\Phi\left(\frac{210-221}{12.33}\right)-\Phi\left(\frac{200-221}{12.33}\right)=$$

$$\Phi(-0.89)-\Phi(-1.70)=0.142$$

$$\hat{p}_3=P\{210<x\leqslant220\}=\Phi\left(\frac{220-221}{12.33}\right)-\Phi\left(\frac{210-221}{12.33}\right)=$$

$$\Phi(-0.08)-\Phi(-0.89)=0.281$$

$$\hat{p}_4=P\{220<x\leqslant230\}=\Phi\left(\frac{230-221}{12.33}\right)-\Phi\left(\frac{220-221}{12.33}\right)=$$

$$\Phi(0.73)-\Phi(-0.08)=0.299$$

$$\hat{p}_5=P\{230<x\leqslant240\}=\Phi\left(\frac{240-221}{12.33}\right)-\Phi\left(\frac{230-221}{12.33}\right)=$$

$$\Phi(1.54)-\Phi(0.73)=0.171$$

$$\hat{p}_6=P\{x<240\}=1-\Phi\left(\frac{240-221}{12.33}\right)=1-\Phi(1.54)=0.062$$

将计算结果列于表7.4中，且计算得 $\chi^2=\sum\limits_{i=1}^{6}\frac{(n_i-n\hat{p}_i)^2}{n\hat{p}_i}=1.33$

表 7.4

压强区间 x	频数 n_i	标准化区间 $(u_i, u_{i+1}]$	$\hat{p}_i$	$n\hat{p}_i$	$(n_i - n\hat{p}_i)$	$(n_i - n\hat{p}_i)^2$	$\frac{(n_i - n\hat{p}_i)^2}{n\hat{p}_i}$
190－200	10	$(-\infty, -1.70]$	0.045	9	1	1	0.11
200－210	26	$(-1.70, -0.89]$	0.142	28.4	－2.4	5.76	0.20
210－220	56	$(-0.89, -0.08]$	0.281	56.2	－0.2	0.04	0.00
220－230	64	$(-0.08, 0.73]$	0.299	59.8	4.2	17.64	0.29
230－240	30	$(0.73, 1.54]$	0.171	34.2	－4.2	17.64	0.52
240－250	14	$(1.54, +\infty)$	0.062	12.4	1.6	2.56	0.21
$\sum$	200		1.00	200			1.33

对 $\alpha = 0.05$，查 χ^2 分布表得 $\chi^2_{0.05}(6-2-1) = \chi^2_{0.05}(3) = 7.815$. 由于 $\chi^2 = 1.33 < 7.815 = \chi^2_{0.05}(3)$．故接受原假设，即认为混凝土制件的受压强度的分布是正态 $N(221, 12.33^2)$ 分布.

附录　正态总体数学期望　方差的假设检验一览表（显著性水平为 α）

	原假设 H_0	检验统计量	H_0 为真时统计量的分布	备择假设 H_1	拒绝域
1	$\mu = \mu_0$ (σ^2 已知)	$u = \frac{\bar{x} - \mu_0}{s/\sqrt{n}}$	$N(0,1)$	$\mu \neq \mu_0$ $\mu > \mu_0$ $\mu < \mu_0$	$\lvert u \rvert \geqslant u_{\alpha/2}$ $u \geqslant u_\alpha$ $u \leqslant -u_\alpha$
2	$\mu = \mu_0$ (σ^2 未知)	$t = \frac{\bar{x} - \mu_0}{s/\sqrt{n}}$	$t(n-1)$	$\mu \neq \mu_0$ $\mu > \mu_0$ $\mu < \mu_0$	$\lvert t \rvert \geqslant t_{\alpha/2}(n-1)$ $t \geqslant t_\alpha(n-1)$ $t \leqslant -t_\alpha(n-1)$
3	$\mu_1 - \mu_2 = \delta$ (σ_1^2, σ_2^2 已知)	$t = \frac{(\bar{x} - \bar{y}) - \delta}{s_\omega \sqrt{\frac{\sigma_1^2}{n_1} + \frac{\sigma_2^2}{n_2}}}$	$N(0,1)$	$\mu_1 - \mu_2 \neq \delta$ $\mu_1 - \mu_2 > \delta$ $\mu_1 - \mu_2 < \delta$	$\lvert u \rvert \geqslant u_{\alpha/2}$ $u \geqslant u_\alpha$ $u \leqslant -u_\alpha$
4	$\mu_1 - \mu_2 = \delta$ ($\sigma_1^2 = \sigma_2^2 = \sigma^2$ 未知)	$t = \frac{\bar{x} - \bar{y}) - \delta}{s_\omega \sqrt{\frac{1}{n_1} + \frac{1}{n_2}}}$ $s_\omega^2 = \frac{(n_1-1)s_1^2 + (n_2-1)s_2^2}{n_1 + n_2 - 2}$	$t(n_1 + n_2 - 2)$	$\mu_1 - \mu_2 \neq \delta$ $\mu_1 - \mu_2 > \delta$ $\mu_1 - \mu_2 < \delta$	$\lvert t \rvert \geqslant t_{\alpha/2}(n_1 + n_2 - 2)$ $t \geqslant t_\alpha(n_1 + n_2 - 2)$ $t \leqslant -t_\alpha(n_1 + n_2 - 2)$

续表

	原假设 H_0	检验统计量	H_0 为真时统计量的分布	备择假设 H_1	拒绝域
5	$\sigma^2=\sigma_0^2$ (μ未知)	$\chi^2=\frac{(n-1)s^2}{\sigma_0^2}$	$\chi^2(n-1)$	$\sigma^2\neq\sigma_0^2$ $\sigma^2>\sigma_0^2$ $\sigma^2<\sigma_0^2$	$\chi^2\geqslant\chi^2_{\alpha/2}(n-1)$ 或 $\chi^2\leqslant\chi^2_{1-\alpha/2}(n-1)$ $\chi^2\geqslant\chi^2_{\alpha}(n-1)$ $\chi^2\leqslant\chi^2_{1-\alpha}(n-1)$
6	$\sigma_1^2=\sigma_2^2$ (μ_1,μ_2 未知)	$F=\frac{s_1^2}{s_2^2}$	$F(n_1-1,n_2-1)$	$\sigma_1^2\neq\sigma_2^2$ $\sigma_1^2>\sigma_2^2$ $\sigma_1^2<\sigma_2^2$	$F\geqslant F_{\alpha/2}(n_1-1,n_2-1)$ 或 $F\leqslant F_{1-\alpha/2}(n_1-1,n_2-1)$ $F\geqslant F_{\alpha}(n_1-1,n_2-1)$ $F\leqslant F_{1-\alpha}(n_1-1,n_2-1)$

习　题　7

1. 已知正常生产的情况下，某种零件的重量服从正态分布 $N(54,0.75^2)$．在某日生产的零件中抽取10件测得重量(单位:g)如下：

54.0，55.1，53.8，54.2，52.1，54.2，55.0，55.8，55.1，55.3

若方差不变，该日生产的零件的平均重量是否有显著差异？($\alpha=0.05$)

2. 在正态总体 $N(\mu,1)$ 中取100个样品，计算得样本均值 $x=5.32$. 试检验 $H_0:\mu=5$ 是否成立 ($\alpha=0.01$)？

3. 从某种试验物中取出24个样品，测量其发热量，计算得 $\bar{x}=11\ 956$cal，样本标准差 $s=323$cal，问以 $\alpha=0.05$ 的显著性水平是否可以认为发热量的期望值是12 100cal(假设发热量服从正态分布)？

4. 测定某种溶液中的水分，它的10个测定值给出 $\bar{x}=0.452\%$，$s=0.037\%$，设测定值总体为正态分布，μ 为总体均值，σ^2 为总体方差，设在水平 $\alpha=0.05$ 下检验假设：

(1) $H_0:\mu\geqslant 0.5\%$，　　$H_1:\mu<0.5\%$；

(2) $H_0:\sigma\geqslant 0.4\%$，　　$H_1:\sigma<0.4\%$.

5. 设 $(-4.4,4.0,2.0,-4.8)$ 是来自总体 $x\sim N(\mu_1,4)$ 的样本，$(6.0,1.0,3.2,-0.4)$ 是来自总体 $y\sim N(\mu_2,5)$ 的样本，试检验假设 H_0:两总体均值之差不大于1($\alpha=0.05$).

6. 对两批同类型电子元件的电阻(Ω)进行测试，各取六件测得结果如下：

A 批：0.140，0.138，0.143，0.141，0.144，0.137；

B 批：0.135，0.140，0.142，0.136，0.138，0.141.

已知元件服从正态分布，检验：

(1)两批电子元件的电阻的方差是否相等（$\alpha=0.05$）？

(2)两批元件的平均电阻是否有显著差异（$\alpha=0.05$）？

7. 某苗圃用两种育苗方案做杨树育苗试验．在两组育苗试验中，已知苗高服从正态分布，标准差分别为 $\sigma_1=20$，$\sigma_2=18$．现各取 60 株作样本，求出苗高的平均值 $\bar{x}=59.34\text{cm}$，$\bar{y}=49.16\text{cm}$．问两种育苗方案对平均苗高的影响有无显著差异（$\alpha=0.05$）？

8. 某种物品在处理前后，分别取样本分析其含脂率如下：

处理前：0.19，0.18，0.21，0.30，0.66，0.42，0.08，0.12，0.30，0.27；

处理后：0.15，0.13，0.00，0.07，0.24，0.24，0.19，0.04，0.08，0.20，0.12.

假定处理前后含脂率服从正态分布，且方差不变．问处理前后含脂率的平均值有无显著变化（$\alpha=0.05$）？

9. 已知维尼纶纤度在正常条件下分布正态分布 $N(1.405, 0.048^2)$，某天抽取 5 根纤维，测得其纤度如下：

1.32，1.55，1.36，1.40，1.44

问该天纤度总体的标准差是否正常（$\alpha=0.05$）？

10. 化学试验中用两种方法对 8 个样品进行了同样方式的分析，得到下面结果（百分含量）：

第一种方法 x：15，20，16，22，24，14，18，20；

第二种方法 y：15，22，14，25，29，16，20，24．

假定百分含量服从正态分布，要求在显著水平 0.05 下判断分析结果的均值是否有显著差异？

11. 如果一批产品的废品率不超过 0.02，这批产品即可被接受．今随机地抽取 480 件产品检查发现有 12 件废品，问这批产品可以被接受吗（$\alpha=0.05$）？

12. 从自动精密机床产品的传递带中取出 200 个零件，以 $1\mu\text{m}$ 以内的测量精度检查零件尺寸，把测量与额定尺寸按每隔 $5\mu\text{m}$ 进行分组，计算这种偏差落在各组内的数额 n_i，列于表 7.5 中．试检验尺寸偏差是否服从正态分布（$\alpha=0.05$）.

13. 检查产品时，每抽取 10 个产品来检查，共取 100 次，得到每 10 个产品中次品数 x 的分布见表 7.6.

表　7.5

组号	1	2	3	4	5	6	7	8	9	10
组限	−20～−15	−15～−10	−10～−5	−5～0	0～5	5～10	10～15	15～20	20～25	25～30
n_i	7	11	15	24	49	41	26	17	7	3

表　7.6

$x=x_i$	0	1	2	3	4	5	6	7	8	9	10
频数 n_i	35	40	18	5	1	1	0	0	0	0	0

试检验生产过程中出现次品的概率是否可以认为是不变的，即次品数 x 是否服从二项分布（$\alpha=0.05$）？

14. 表 7.7 记录了某城市 2003 年的各天报火警的次数.

表　7.7

一天报火警数	0	1	2	3	$\geqslant 4$	
天数	151	118	77	19	0	共计 365

试检验假设 H_0：报火警次数服从泊松分布（$\alpha=0.01$）.

第8章 方差分析

方差分析(analysis of variance,缩写 ANOVA)是20世纪20年代发展起来的分析试验(或观测)数据的一种统计方法,它是通过检验各总体的均值是否相等来判断各种因素及因素间的交互作用对研究对象的某些指标是否有显著影响。已被广泛应用到工农业生产和科学研究之中.当方差分析中只涉及一个因素时,称为单因素方差分析(one-way analysis of vaniance);当涉及两个因素时,称为双因素方差分析(two-way analysis of vaniance).

8.1 单因素试验及其模型

一、单因素试验

在第7章,我们曾讨论过两个正态总体的数学期望有无显著性差异的检验问题.一种是在已知 σ_1^2,σ_2^2 的条件下,检验 $H_0: \mu_1=\mu_0$,使用 u 检验法;另一种是未知 σ_1^2,σ_2^2,但知 $\sigma_1^2=\sigma_2^2$,检验 $H_0: \mu_1=\mu_2$. 使用 t 检验法.

然而,在实际应用中,会遇到许多个总体的数学期望有无显著差异的问题,方差分析就是处理这类统计推断问题的有效方法.

如果在一个试验中,只有一个因素在改变,其他因素保持不变,这样的试验就叫做**单因素试验**.因素所处的状态叫做**因素的水平**.如下例就是单因素试验.

例1 一工厂用3种不同的工艺生产某种类型电池.从各种工艺生产的电池中分别抽取样品并测得样品寿命(使用时间)如下(单位:h):

工艺一	40	46	38	42	44
工艺二	26	34	30	28	32
工艺三	39	40	43	48	50

在这里,我们感兴趣的指标是电池的寿命,而把"工艺"作为对它可能影响的一个"因素".这个因素有3个水平:工艺一是水平1,工艺二是水平2,工艺三是水平3.自然对电池寿命有影响的其他因素还有,但在此我们都不去考虑.

研究人员感兴趣的问题是:由这些样本观测值,如何判断"工艺"这个因素对

“寿命”这个指标有无影响？如无，就没有什么可进一步考虑的问题；若有，则可进一步考虑采用哪一种工艺最有利于提高寿命.

这就是方差分析所要讨论的问题.

二、单因素试验的一般模型

由例1的分析，现在考虑一般的问题.

设因素 A 有 m 个水平：$A_1,A_2,\cdots,A_m$. 我们考察 $A_1,A_2,\cdots,A_m$ 对随机变量 X 的影响. 其模型如下：

(1)设在每个水平 A_i 下的总体 $X_i\sim N(\mu_i,\sigma^2)$，$i=1,2,\cdots,m$. 其中 μ_i 及 σ^2 均为未知. 这里 m 个总体方差相同，称为**方差齐性**. 方差齐性是进行方差分析的前提.

(2)在每个水平 A_i 下，抽取一个样本

$$X_{i1},X_{i2},\cdots,X_{in_i}$$

将 m 个样本观测值见表8.1.

表8.1

水平	A_1	A_2	$\cdots$	A_m
观测值	x_{11} x_{12} $\cdots$ x_{1n_1}	x_{21} x_{22} $\cdots$ x_{2n_2}	$\vdots$	x_{m1} x_{m2} $\cdots$ x_{mn_m}

其中，n_i 是从总体 X_i 中抽取的样本容量.

(3)方差分析的主要内容. 根据这 m 组观测值来检验因素 A 对 X 的影响是否显著，即检验假设

$$H_0:\mu_1=\mu_2=\cdots=\mu_m$$

是否成立.

当 $m=2$ 时，即检验假设 $H_0:\mu_1=\mu_2$. 这一问题在前一章已解决. 方差分析的作用在于解决 $m>2$ 的上述假设检验的问题.

8.2 单因素方差分析

8.1节中给出了单因素试验的模型，而如何具体检验模型中的假设 H_0 是否成立，在这一节给出具体的方法——单因素方差分析，并说明其理论根据及一般

步骤.

一、单因素方差分析的理论推证

对于 8.1 节中的模型,设试验总次数为 n ,则由表 8.1 知

$$n=\sum_{i=1}^{m} n_i \tag{8.1}$$

记在水平 A_i 下总体 X_i 的样本均值为 $\overline{x}_i$,则

$$\overline{x}_i=\frac{1}{n_i}\sum_{j=1}^{n_i} x_{ij} \tag{8.2}$$

于是全部样本的总平均值为

$$\overline{x}=\frac{1}{n}\sum_{i=1}^{m}\sum_{j=1}^{n_i} x_{ij}=\frac{1}{n}\sum_{i=1}^{m} n_i\overline{x}_i \tag{8.3}$$

考察全部样本观测值 x_{ij} 对总平均值 $\overline{x}$ 的离差平方和 S_T ,有

$$S_T=\sum_{i=1}^{m}\sum_{j=1}^{n_i}(x_{ij}-\overline{x})^2 \tag{8.4}$$

S_T **叫做总平方和**,它反映了整个数据的波动程度.

若对 S_T 进行分析,就能给出 8.1 节提出的假设检验问题的一个检验方法. 为此,对 S_T 进行分解.

因为

$$S_T=\sum_{i=1}^{m}\sum_{j=1}^{n_i}(x_{ij}-\overline{x})^2=\sum_{i=1}^{m}\sum_{j=1}^{n_i}[(x_{ij}-\overline{x}_i)+(\overline{x}_i-\overline{x})]^2=$$

$$\sum_{i=1}^{m}\sum_{j=1}^{n_i}(x_{ij}-\overline{x}_i)^2+\sum_{i=1}^{m}\sum_{j=1}^{n_i}(\overline{x}_i-\overline{x})^2+2\sum_{i=1}^{m}\sum_{j=1}^{n_i}(x_{ij}-\overline{x}_i)(\overline{x}_i-\overline{x})$$

又因为

$$\sum_{i=1}^{m}\sum_{j=1}^{n_i}(\overline{x}_i-\overline{x})^2=\sum_{i=1}^{m} n_i(\overline{x}_i-\overline{x})^2$$

$$\sum_{i=1}^{m}\sum_{j=1}^{n_i}(x_{ij}-\overline{x}_i)(\overline{x}_i-\overline{x})=\sum_{i=1}^{m}(\overline{x}_i-\overline{x})\sum_{j=1}^{n_i}(x_{ij}-\overline{x}_i)=$$

$$\sum_{i=1}^{m}(\overline{x}_i-\overline{x})\left(\sum_{j=1}^{n_i}x_{ij}-n_i\overline{x}_i\right)=$$

$$\sum_{i=1}^{m}(\overline{x}_i-\overline{x})(n_i\overline{x}_i-n_i\overline{x}_i)=0$$

所以得 S_T 的分解式为

$$S_T=\sum_{i=1}^{m} n_i(\overline{x}_i-\overline{x})^2+\sum_{i=1}^{m}\sum_{j=1}^{n_i}(x_{ij}-\overline{x}_i)^2=S_A+S_E$$

其中
$$S_A=\sum_{i=1}^{m}n_i(\overline{x}_i-\overline{x})^2 \tag{8.5}$$
表示各水平的平均值 $\overline{x}_i$ 对总平均值 $\overline{x}$ 的离差平方和，称为**组间平方和**，它反映了各组样本之间差异的程度，即由于 A 的不同水平效应引起的变差.
$$S_E=\sum_{i=1}^{m}\sum_{j=1}^{n_i}(x_{ij}-\overline{x}_i)^2 \tag{8.6}$$
表示各观测值 x_{ij} 对本水平平均值 $\overline{x}_i$ 的离差平方和的总和，称为**样本组内平方和**或**误差平方和**，它反映了试验过程中各水平内样本的随机波动，即试验过程中各种随机因素所引起的随机误差.

如果假设 H_0 是正确的，即
$$\mu_1=\mu_2=\cdots=\mu_m=\mu$$
则所有的样本 X_{ij} 可看做是来自同一正态总体 $N(\mu_i,\sigma^2)$.
又因为它们相互独立，且有
$$S_T=\sum_{i=1}^{m}\sum_{j=1}^{n_i}(x_{ij}-\overline{x})^2=(n-1)S^2$$
其中，S^2 是样本方差
$$S^2=\frac{1}{n-1}\sum_{i=1}^{m}\sum_{j=1}^{n_i}(x_{ij}-\overline{x})^2 \tag{8.7}$$
所以由第5章定理5.4可知
$$\frac{(n-1)S^2}{\sigma^2}=\frac{S_T}{\sigma^2}\sim\chi^2(n-1) \tag{8.8}$$
还可证明
$$\frac{S_A}{\sigma^2}\sim\chi^2(m-1) \tag{8.9}$$
$$\frac{S_E}{\sigma^2}\sim\chi^2(n-m) \tag{8.10}$$
而且 $\frac{S_A}{\sigma^2}$ 与 $\frac{S_E}{\sigma^2}$ 相互独立.

所以当 H_0 为真时，由式(8.9)、式(8.10)及 F 分布的定义，有统计量
$$F=\frac{\dfrac{S_A}{(m-1)\sigma^2}}{\dfrac{S_E}{(n-m)\sigma^2}}=\frac{(n-m)S_A}{(m-1)S_E}\sim F(m-1,n-m) \tag{8.11}$$

如果因素 A 的各水平对总体的影响差不多，则组间平方和 S_A 应较小，因而统计量 $F=\frac{(n-m)S_A}{(m-1)S_E}$ 的取值应较小；若因素 A 的各水平对总体的影响显著不同，则

组间平方和 S_A 应较大，因而统计量 F 的取值应较大，由此可以用式(8.11)的大小来检验 H_0 是否成立. 从而有

结论 若样本观测值使得

$$F=\frac{(n-m)S_A}{(m-1)S_E}>F_\alpha(m-1,n-m) \tag{8.12}$$

则在水平 α 下拒绝 H_0，即认为因素 A 的不同水平对总体有显著影响.

若式(8.12)不成立，则接受 H_0，即认为因素 A 的不同水平对总体无显著影响.

上述结果见表 8.2，称为**方差分析表**.

表 8.2 单因素方差分析表

方差来源	平方和	自由度	均方	F 比
组间	$S_A=Q-P$	$m-1$	$\overline{S}_A=\frac{S_A}{m-1}$	$F=\frac{\overline{S}_A}{\overline{S}_E}$
组内	$S_E=R-Q$	$n-m$	$\overline{S}_E=\frac{S_E}{n-m}$	
总和	$S_T=S_A+S_E$	$n-1$		

其中：

(1)各平方和 S_T,S_E,S_A 的自由度计算如下：

S_T 的自由度为 $n-1$，因它仅有一个约束条件，即

$$\overline{x}=\frac{1}{n}\sum_{i=1}^{m}\sum_{j=1}^{n_i}x_{ij}$$

在 S_E 中，n 个变量 $x_{ij}-\overline{x}_i$ 间有 m 个约束条件，即

$$\overline{x}_i=\frac{1}{n_i}\sum_{j=1}^{n_i}x_{ij}$$

故 S_E 的自由度为 $n-m$.

在 S_A 中为 m 个变量 $\sqrt{n_i}(\overline{x}_i-\overline{x})$ 的平方和，它们之间有一个线性约束条件：

$$\sum_{i=1}^{m}\sqrt{n_i}[\sqrt{n_i}(\overline{x}_i-\overline{x})]=0$$

故 S_A 的自由度为 $m-1$.

(2)表 8.2 中有关平方和可如下计算，若记

$$P=\frac{1}{n}\left(\sum_{i=1}^{m}\sum_{j=1}^{n_i}x_{ij}\right)^2$$

$$Q=\sum_{i=1}^{m}\frac{1}{n_i}\left(\sum_{j=1}^{n_i}x_{ij}\right)^2$$

$$R=\sum_{i=1}^{m}\sum_{j=1}^{n_i}x_{ij}^2$$

其中

$$n=\sum_{i=1}^{m}n_i$$

则可证明

$$S_T=R-P$$

$$S_A=Q-P$$

$$S_E=R-Q$$

证明

$$S_T=\sum_{i=1}^{m}\sum_{j=1}^{n_i}(x_{ij}-\bar{x})^2=$$

$$\sum_{i=1}^{m}\sum_{j=1}^{n_i}x_{ij}^2-2\bar{x}\sum_{i=1}^{m}\sum_{j=1}^{n_i}x_{ij}+\sum_{i=1}^{m}\sum_{j=1}^{n_i}\bar{x}^2=$$

$$\sum_{i=1}^{m}\sum_{j=1}^{n_i}x_{ij}^2-2\bar{x}\sum_{i=1}^{m}\sum_{j=1}^{n_i}x_{ij}+n\bar{x}^2=$$

$$\sum_{i=1}^{m}\sum_{j=1}^{n_i}x_{ij}^2-\frac{2}{n}\left(\sum_{i=1}^{m}\sum_{j=1}^{n_i}x_{ij}\right)^2+\frac{1}{n}\left(\sum_{i=1}^{m}\sum_{j=1}^{n_i}x_{ij}\right)^2=$$

$$R-P$$

类似可证其他等式.

(3)运用方差分析时,必须满足以下条件:

1)各总体 X_i 都服从正态分布;

2)各总体 X_i 的方差相等;

3)各次试验相互独立.

二、单因素方差分析的一般步骤

总结以上讨论,将单因素方差分析的一般步骤归纳如下:

(1)提出假设:$H_0:\mu_1=\mu_2=\cdots=\mu_m$;

(2)由样本观测值 $x_{ij}(i=1,\cdots,m;j=1,\cdots,n_i)$.计算 S_A,S_E,从而算得 F 值,并列出单因素方差分析表8.2;

(3)由事先给定的 α,查 F 分布表得 $F_\alpha(m-1,n-m)$;

(4)判断:若 $F>F_\alpha(m-1,n-m)$,则拒绝 H_0,即认为因素 A 的不同水平(共 m 个)对试验结果有显著的影响.

若 $F\leqslant F_\alpha(m-1,n-m)$,则接受 H_0,即认为因素 A 的不同水平对试验结果

无显著影响.

例 1 针对 8.1 节例 1,现在 $\alpha=0.05$ 的水平下,检验三种工艺生产的电池,在寿命上有无显著差异.

解 以 μ_1,μ_2,μ_3 分别表示 3 种工艺生产的电池的寿命的均值,即题目所要求的是在水平 $\alpha=0.05$ 下检验:

$$H_0:\mu_1=\mu_2=\mu_3 \text{ 是否成立}$$

由 8.1 节例 1 已知,"工艺"这一因素有 $m=3$ 个水平,在每个水平下,都抽取了容量为 $n_i=5$ 的样本,即 $n_1=n_2=n_3=5$. 所以

$$n=15$$

由样本观测值得方差分析计算见表 8.3.

表 8.3

水平	A_1	A_2	A_3	$\sum$
观察值	40	26	39	
	46	34	40	
	38	30	43	
	42	28	48	
	44	32	50	
$\sum$	210	150	220	580
$(\sum)^2$	44 100	22 500	48 400	115 000
$\sum^2$	8 860	4 540	9 774	23 174

则

$$P=\frac{1}{n}\left(\sum_{i=1}^{m}\sum_{j=1}^{n_i}x_{ij}\right)^2=\frac{1}{15}\times 580^2=22\ 426.67$$

$$Q=\sum_{i=1}^{m}\frac{1}{n_i}\left(\sum_{j=1}^{n_i}x_{ij}\right)^2=\frac{1}{5}\times 115\ 000=23\ 000$$

$$R=\sum_{i=1}^{m}\sum_{j=1}^{n_i}x_{ij}^2=\sum_{i=1}^{3}\sum_{j=1}^{5}x_{ij}^2=23\ 174$$

故

$$S_A=Q-P=573.3$$

$$S_E=R-Q=174$$

$$S_T = R - P = 747.3$$

于是得方差分析表,见表 8.4.

表　8.4

方差来源	平方和	自由度	均方	F 比
组　间	$S_A = 573.3$	$m-1=2$	$\overline{S}_A = 286.67$	$F = \dfrac{\overline{S}_A}{\overline{S}_E} = 19.77$
组　内	$S_E = 174$	$n-m=12$	$\overline{S}_E = 14.5$	
总　和	$S_T = 747.3$	$n-1=14$		

对给定的水平 $\alpha = 0.05$,查 F 分布表得

$$F_\alpha(m-1, n-m) = F_{0.05}(2,12) = 3.89$$

显然　$19.77 > 3.89$,即 $F > F_{0.05}(2,12)$

则拒绝 H_0,即认为 3 种工艺生产的电池寿命上确有显著差异.

例 2　有 3 个试验员对同样机器生产的建筑材料进行长度测量,结果见表 8.5.

表　8.5

试验员＼产品	1	2	3	4	5	6
A	42	43	45	44	41	44
B	43	45	41	42	45	47
C	41	42	44	43	43	48

问:3 个试验员的测量结果有无显著差异?($\alpha = 0.01$)

解　设 μ_1, μ_2, μ_3 分别为 3 个试验员测量结果总体的均值,即问题为

在水平 $\alpha = 0.01$ 下,检验假设

$$H_0: \mu_1 = \mu_2 = \mu_3$$

由题设知,$m=3, n_i=6, i=1,2,3$. 所以

$$n = \sum_{i=1}^{3} n_i = 18$$

又由样本观测值,列方差分析计算表见表 8.6. 则

$$P = \frac{1}{18} \times 783^2 = 34\ 060.50;\quad Q = \frac{1}{6} \times 204\ 371 = 34\ 061.83;\quad R = 34\ 127.00$$

所以　$S_A = Q - P = 1.33$;　$S_E = R - Q = 65.17$;　$S_T = Q - P = 66.50$

表 8.6

水平	A	B	C	$\sum$
观察值	42	43	41	
	43	45	42	
	45	41	44	
	44	42	43	
	41	45	43	
	44	47	48	
$\sum$	259	263	261	783
$(\sum)^2$	67 081	69 169	68 121	204 371
$\sum^2$	11 191	11 553	11 383	34 127

于是得方差分析表，见表 8.7.

表 8.7

方差来源	平方和	自由度	均方	F 比
组　间	$S_A=1.33$	$m-1=2$	$\overline{S}_A=0.67$	$F=\dfrac{\overline{S}_A}{\overline{S}_E}=0.15$
组　内	$S_E=65.17$	$n-m=15$	$\overline{S}_E=4.34$	
总　和	$S_T=66.5$	$n-1=17$		

据 $\alpha=0.01$，查 F 分布表得　$F_\alpha(m,n-m)=F_{0.01}(2,15)=6.36$

由于
$$0.15<6.36\text{，即 }F<F_{0.01}(2,15)$$
则接受 H_0，即认为三个试验员测量结果无显著差异.

8.3　双因素试验的方差分析

一、总论

前两节介绍了单因素试验的方差分析方法，但在许多实际问题中，常常要同时研究几种因素的影响.

例如，在农业试验中，有时要同时研究几种不同品种的种子和几种不同种类的肥料对农作物收获量的影响.

这里就有两个因素,一个是种子的品种,另一个是肥料的种类,它们两者同时影响着农作物的收获量.

与前面单因素影响的情况类似,我们希望通过试验选取使收获量达到最高的种子品种和肥料种类.这里由于存在两个因素的影响,就产生了一个新问题:不同品种的种子和不同种类的肥料对收获量的联合影响是否正好是它们每个因素分别对收获量的影响的叠加呢?也就是说,是否会产生这种情况,分别使收获量达到最高的种子品种与肥料类型搭配在一起会使收获量大幅度提高,或者反而使收获量下降,而看来不是最好(即收获量不是最高)的种子品种和肥料类型搭配在一起,由于搭配得当而得到最高的收获量.这种各个因素的不同水平的搭配所产生的新的影响在统计学上称为**交互作用**.

各因素之间是否存在交互作用这是多因素方差分析中产生的新问题.这个问题在上面所讲的单因素方差分析中不存在.由于多因素方差分析问题要复杂的多,而解决的思想和基本方法又类同,所以我们仅介绍双因素方差分析问题.

在双因素的方差分析中,只有当在每个因素的不同水平上进行重复观察时,才能分析出是否存在交互作用影响.为了更好地了解双因素方差分析的方法,我们分两步,先介绍没有重复观察时的方差分析,再介绍具有相等重复观察次数的方差分析.

二、双因素试验(无交互作用)的方差分析

1.双因素试验的模型

设因素 A 有 m 个不同的水平

$$A_1, A_2, \cdots, A_m$$

因素 B 有 r 个不同的水平

$$B_1, B_2, \cdots, B_r$$

对每种情况 $A_i \times B_j$ 进行一次独立试验,共得 mr 个试验结果 x_{ij},见表8.8.

表　8.8

		B因素				平均值 $\bar{x}_{k\cdot}$
		B_1	B_2	$\cdots$	B_r	
A因素	A_1	x_{11}	x_{12}	$\cdots$	x_{1r}	$\bar{x}_{1\cdot}$
	A_2	x_{21}	x_{22}	$\cdots$	x_{2r}	$\bar{x}_{2\cdot}$
	$\vdots$	$\vdots$	$\vdots$		$\vdots$	$\vdots$
	A_m	x_{m1}	x_{m2}	$\cdots$	x_{mr}	$\bar{x}_{m\cdot}$
平均值 $\bar{x}_{\cdot l}$		$\bar{x}_{\cdot 1}$	$\bar{x}_{\cdot 2}$	$\cdots$	$\bar{x}_{\cdot r}$	$\bar{x}$

其中

$$\bar{x}_{k\cdot}=\frac{1}{r}\sum_{j=1}^{r}x_{kj}, \quad k=1,2,\cdots,m$$

$$\bar{x}_{\cdot l}=\frac{1}{m}\sum_{i=1}^{m}x_{il}, \quad l=1,2,\cdots,r$$

$$\bar{x}=\frac{1}{mr}\sum_{i=1}^{m}\sum_{j=1}^{r}x_{ij}$$

可以这样分析，X_{ij} 一方面受到 A 和 B 这两个因素的作用，另一方面也受到许多次要的随机因素的作用. 在这里，我们假设 X_{ij} 是相互独立的 $N(\mu_{ij},\sigma^2)$ 随机变量，即 X_{ij} 是服从 $N(\mu_{ij},\sigma^2)$ 的总体中抽得的样本，且是相互独立的.

由于我们认为 A,B 两因素之间不存在交互作用，故假定其均值

$$\mu_{ij}=\mu+\alpha_i+\beta_j, \quad i=1,2,\cdots,m,j=1,2,\cdots,r$$

其中 α_i,β_j 满足

$$\sum_{i=1}^{m}\alpha_i=0, \quad \sum_{j=1}^{r}\beta_j=0$$

这里，参数 μ 是 mr 个总体的均值的平均，

参数 α_i 表示因素 A 的各不同水平影响的大小，

参数 β_j 表示因素 B 的各不同水平影响的大小.

因此，我们要判断因素 A 的影响是否显著就等价于要检验假设

$$H_{01}: \alpha_1=\alpha_2=\cdots=\alpha_m=0$$

类似地，要判断因素 B 的影响是否显著就等价于检验假设

$$H_{02}: \beta_1=\beta_2=\cdots=\beta_r=0$$

显然，如 H_{01} 成立，则表明因素 A 的影响无显著差异；如 H_{02} 成立，则表明因素 B 的影响无显著差异；如 H_{01},H_{02} 成立，则表明因素 A 及因素 B 的影响都无显著差异.

2. 双因素试验方差分析的主要依据

同单因素方差分析一样，我们考察全部的样本观测值 x_{ij}，对总平均值 $\bar{x}$ 的离差平方和 S_T，有

$$S_T=\sum_{k=1}^{m}\sum_{l=1}^{r}(x_{kl}-\bar{x})^2$$

若对 S_T 进行分析，就能给出上述模型的一个检验方法. 为此，先对 S_T 进行分解.

由单因素方差分析可知，因素 A 及因素 B 所对应的离差平方和形式应分别为

$$(\overline{x}_{k\cdot}-\overline{x}),\qquad(\overline{x}_{\cdot l}-\overline{x})$$

变量的平方和.

因此

$$x_{kl}-\overline{x}=(\overline{x}_{k\cdot}-\overline{x})+(\overline{x}_{\cdot l}-\overline{x})+(x_{kl}-\overline{x}_{k\cdot}-\overline{x}_{\cdot l}+\overline{x})$$

代入 S_T 化简得

$$S_T=r\sum_{k=1}^{m}(\overline{x}_{k\cdot}-\overline{x})^2+m\sum_{l=1}^{r}(\overline{x}_{\cdot l}-\overline{x})^2+\sum_{k=1}^{m}\sum_{l=1}^{r}(x_{kl}-\overline{x}_{k\cdot}-\overline{x}_{\cdot l}+\overline{x})^2$$

其中交叉乘积项之和等于0.

若令

$$S_A=r\sum_{k=1}^{m}(\overline{x}_{k\cdot}-\overline{x})^2$$

$$S_B=m\sum_{l=1}^{r}(\overline{x}_{\cdot l}-\overline{x})^2$$

$$S_E=\sum_{k=1}^{m}\sum_{l=1}^{r}(x_{kl}-\overline{x}_{k\cdot}-\overline{x}_{\cdot l}+\overline{x})^2$$

则

$$S_T=S_A+S_B+S_E$$

注意:(1) S_A 称为因素 A 的**离差平方和**,它反映了 A 的不同水平所引起的变差;

(2) S_B 称为因素 B 的**离差平方和**,它反映了 B 的不同水平所引起的变差;

(3) S_E 称为**误差平方和**,它表示除去因素 A 和因素 B 的随机波动所引起的变差外,其他各种偶然性所引起的变差.

下面我们看一下 S_T,S_A,S_B 及 S_E 的自由度.在 S_T 中有线性关系

$$\sum_{k=1}^{m}\sum_{l=1}^{r}(x_{kl}-\overline{x})=0$$

故 S_T 的自由度为 $mr-1$.

在 S_A 中有线性关系

$$\sum_{k=1}^{m}(\overline{x}_{k\cdot}-\overline{x})=0$$

故 S_A 的自由度为 $m-1$.

在 S_B 中有线性关系

$$\sum_{l=1}^{r}(\overline{x}_{\cdot l}-\overline{x})=0.$$

故 S_B 的自由度为 $r-1$

而在 S_E 中的线性关系有

$$\sum_{k=1}^{m}(x_{kl}-\bar{x}_{k\cdot}-\bar{x}_{\cdot l}+\bar{x})=0;\quad l=1,\cdots,r \tag{8.13}$$

$$\sum_{l=1}^{r}(x_{kl}-\bar{x}_{k\cdot}-\bar{x}_{\cdot l}+\bar{x})=0.\quad k=1,2,\cdots,m \tag{8.14}$$

但这 $r+m$ 个线性关系不是独立的,因线性关系式(8.14)可由其他 $r+m-1$ 个线性关系推出.故 S_E 的自由度为

$$mr-(m+r-1)=(m-1)(r-1)$$

我们还可以证明

$$\frac{S_A}{\sigma^2},\quad \frac{S_B}{\sigma^2},\quad \frac{S_E}{\sigma^2}\ \text{相互独立}$$

且

$$\frac{S_A}{\sigma^2}\sim\chi^2(m-1)$$

$$\frac{S_B}{\sigma^2}\sim\chi^2(r-1)$$

$$\frac{S_E}{\sigma^2}\sim\chi^2((m-1)(r-1))$$

故当 H_{01},H_{02} 都为真时,由 $\frac{S_T}{\sigma^2}\sim\chi^2(mr-1)$ 及 F 分布的定义得统计量

$$F_A=\frac{\dfrac{S_A}{(m-1)\sigma^2}}{\dfrac{S_E}{(m-1)(r-1)\sigma^2}}=\frac{(r-1)S_A}{S_E}\sim F(m-1,(m-1)(r-1))$$

于是当

$$F_A=\frac{(r-1)S_A}{S_E}>F_\alpha(m-1,(m-1)(r-1))$$

时,就在水平 α 下拒绝 H_{01}.

同理,当

$$F_B=\frac{\dfrac{S_B}{(r-1)\sigma^2}}{\dfrac{S_E}{(m-1)(r-1)\sigma^2}}=\frac{(m-1)S_B}{S_E}\sim F(r-1,(m-1)(r-1))$$

且当

$$F_B=\frac{(m-1)S_B}{S_E}>F_\alpha(r-1,(m-1)(r-1))$$

时，就在水平 α 下拒绝 H_{02}.

上述结果可汇总成方差分析表，见表 8.9.

表 8.9　双因素方差分析表

方差来源	平方和	自由度	均方	F 比
因素 A	S_A	$m-1$	$\bar{S}_A=\dfrac{S_A}{m-1}$	$F_A=\dfrac{\bar{S}_A}{\bar{S}_E}$
因素 B	S_B	$r-1$	$\bar{S}_B=\dfrac{S_B}{r-1}$	$F_B=\dfrac{\bar{S}_B}{\bar{S}_E}$
误差	S_E	$(m-1)(r-1)$	$\bar{S}_E=\dfrac{S_E}{(m-1)(r-1)}$	
总和	S_T	$mr-1$		

3. 双因素方差分析的方法步骤

(1)列方差分析计算表见表 8.10，简化计算公式

$$S_A=Q_A-P$$
$$S_B=Q_B-P$$
$$S_E=S_T-S_A-S_B=R-Q_A-Q_B+P$$

其中

$P=\dfrac{1}{mr}\left(\sum\limits_{i=1}^{m}\sum\limits_{j=1}^{r}x_{ij}\right)^2$—— 全部数据之和的平方再除以总和的数据个数；

$Q_A=\dfrac{1}{r}\sum\limits_{i=1}^{m}\left(\sum\limits_{j=1}^{r}x_{ij}\right)^2$——$A$ 的同一水平数据之和的平方除以参加求和的数据的个数再相加；

$Q_B=\dfrac{1}{m}\sum\limits_{j=1}^{r}\left(\sum\limits_{i=1}^{m}x_{ij}\right)^2$——$B$ 的同一水平数据之和的平方除以参加求和的数据的个数再相加；

$R=\sum\limits_{i=1}^{m}\sum\limits_{j=1}^{r}x_{ij}^2$—— 全部数据的平方和.

(2)列方差分析表见表 8.9.

(3)进行显著性检验：查 F 分布表得

$$F_{A\alpha}(m-1,(m-1)(r-1)),\quad F_{B\alpha}(r-1,(m-1)(r-1))$$

当 $F_A>F_{A\alpha}$，A 显著；　当 $F_B>F_{B\alpha}$，B 显著；

当 $F_A < F_{A\alpha}$,A 不显著； 当 $F_B < F_{B\alpha}$,B 不显著.

表 8.10

<table>
<tr><td colspan="2" rowspan="2"></td><td colspan="4">B 因素</td><td rowspan="2">$\sum$</td><td rowspan="2">$(\sum)^2$</td></tr>
<tr><td>B_1</td><td>B_2</td><td>…</td><td>B_r</td></tr>
<tr><td rowspan="4">A 因素</td><td>A_1</td><td>x_{11}</td><td>x_{12}</td><td>…</td><td>x_{1r}</td><td></td><td></td></tr>
<tr><td>A_2</td><td>x_{21}</td><td>x_{22}</td><td>…</td><td>x_{2r}</td><td></td><td></td></tr>
<tr><td>⋮</td><td>⋮</td><td>⋮</td><td></td><td>⋮</td><td></td><td></td></tr>
<tr><td>A_m</td><td>x_{m1}</td><td>x_{m2}</td><td>…</td><td>x_{mr}</td><td></td><td></td></tr>
<tr><td colspan="2">$\sum$</td><td colspan="4"></td><td></td><td></td></tr>
<tr><td colspan="2">$(\sum)^2$</td><td colspan="4"></td><td></td><td></td></tr>
<tr><td colspan="2">$\sum^2$</td><td colspan="4"></td><td></td><td></td></tr>
</table>

例 1 有 5 种不同的油菜籽品种,分别在 4 块试验田里种植,所得产量见表 8.11. 设 A_i,$i=1,2,3,4,5$. 表示油菜籽的 5 个品种,即 A 有 5 个水平,B_j,$j=1,2,3,4$. 表示 4 块试验田. 问 5 种菜籽品种对亩产量有无显著影响 ($\alpha_1=0.05$,$\alpha_2=0.01$).

表 8.11

B \ A	A_1	A_2	A_3	A_4	A_5
B_1	256	244	250	288	206
B_2	222	300	277	280	212
B_3	280	290	230	315	220
B_4	278	275	322	259	212

解 这是不同地块,不同品种所作的试验(是双因素无交互作用的试验). A 有 5 个水平,即 $m=5$,B 有 4 个水平,即 $r=4$.

(1)列方差分析计算表.

由于离差平方和不受原点选取的影响,同理可取原点为 263. 从而简化表 8.11 如表 8.12 所示.

表 8.12

		B因素				$\sum$	$(\sum)^2$
		B_1	B_2	B_3	B_4		
A因素	A_1	−7	41	17	15	−16	256
	A_2	−19	37	27	12	57	3 249
	A_3	−13	14	−33	59	27	729
	A_4	25	17	52	−4	90	8 100
	A_5	−57	−51	−43	−51	−202	40 804
$\sum$		−71	−41	20	31	−44	53 138
$(\sum)^2$		5 041	576	400	961	6 978	
$\sum^2$		4 453	6 136	6 660	6 467	23 716	

得

$$P=\frac{1}{mr}\Big(\sum_{i=1}^{m}\sum_{j=1}^{r}x_{ij}\Big)^2=\frac{1}{4\times 5}\times(-44)^2=96.8$$

$$Q_A=\frac{1}{r}\sum_{i=1}^{m}\Big(\sum_{j=1}^{r}x_{ij}\Big)^2=\frac{1}{4}\times 53\ 138=13\ 284.5$$

$$Q_B=\frac{1}{m}\sum_{j=1}^{r}\Big(\sum_{i=1}^{m}x_{ij}\Big)^2=\frac{1}{5}\times 6\ 978=1\ 395.6$$

$$R=\sum_{i=1}^{m}\sum_{j=1}^{r}x_{ij}^2=23\ 716$$

故

$$S_A=Q_A-P=13\ 187.7$$

$$S_B=Q_B-P=1\ 298.8$$

$$S_T=R-P=23\ 619.2$$

$$S_E=S_T-S_A-S_B=9\ 132.7$$

(2)列方差分析表见表 8.13.

表 8.13

方差来源	平方和	自由度	均方	F比
因素 A	13 187.70	4	3 296.93	$F_A=4.33$
因素 B	1 298.80	3	432.93	$F_B=0.57$
误差	9 132.70	12	761.06	
总和	23 619.20	19		

(3)查 F 分布表,进行推断

$$F_{0.05}(4,12)=3.26,\quad F_{0.05}(3,12)=3.49$$

$$F_{0.01}(4,12)=5.41,\quad F_{0.01}(3,12)=5.95$$

所以
$$F_{0.05}(4.12)<F_A<F_{0.01}(4,12)$$

所以 A 显著. $F_B<F_{0.05}$,B 不显著.

故油菜籽的品种对亩产量影响显著,土地对亩产量影响不显著.

例 2 在合成反应中,合成反应温度与催化剂的种类是否影响合成物的出产量.现以 3 种不同的催化剂同四个水平的反应温度做试验,试验结果见表 8.14.

设 $A_i, i=1,2,3,4$, 为反应温度的 4 个水平.

设 $B_j, j=1,2,3$, 为催化剂的 3 个水平.(取 $\alpha=0.01$)

表 8.14

B \ A	A_1	A_2	A_3	A_4
B_1	71	78	80	77
B_2	75	81	86	83
B_3	67	79	78	72

解 (1)列方差分析计算表(见表 8.15),为简化计算作数值变换, $x_{ij}-77$.已知,$m=4,r=3$.

表 8.15

B \ A	A_1	A_2	A_3	A_4	$\sum$	$(\sum)^2$
B_1	−6	1	3	0	−2	4
B_2	−2	4	9	6	17	289
B_3	−10	2	1	−5	−12	144
$\sum$	−18	7	13	1	3	437
$(\sum)^2$	324	49	169	1	543	
$\sum^2$	140	21	91	61	313	

得

$$P=\frac{1}{mr}\left(\sum_{i=1}^{r}\sum_{j=1}^{m}x_{ij}\right)^2=\frac{1}{4\times 3}\times 3^3=0.75$$

$$Q_A=\frac{1}{r}\sum_{j=1}^{m}\left(\sum_{i=1}^{r}x_{ij}\right)^2=\frac{1}{3}\times 543=181$$

$$Q_B=\frac{1}{m}\sum_{i=1}^{r}\left(\sum_{j=1}^{m}x_{ij}\right)^2=\frac{1}{4}\times 437=109.25$$

$$R=\sum_{i=1}^{r}\sum_{j=1}^{m}x_{ij}^2=313$$

故
$$S_A=Q_A-P=180.25$$
$$S_B=Q_B-P=108.5$$
$$S=R-P=312.25$$
$$S_E=S-S_A-S_B=23.5$$

(2)列方差分析表(见表8.16).

表　8.16

方差来源	平方和	自由度	均方	F 比
因素 $A(S_A)$	180.25	3	60.08	15.33
因素 $B(S_B)$	108.5	2	54.25	13.84
误差(S_E)	23.5	6	3.92	
总和(S_T)	312.25	11		

(3)对给定 $\alpha=0.01$,查 F 分布表进行检验.

$$F_{0.01}(3,6)=9.78\qquad \text{所以 } F_A>F_{0.01}$$

故反应温度对合成物有特别显著的影响.

$$F_{0.01}(2,6)=10.92\qquad \text{所以 } F_B>F_{0.01}$$

故不同催化剂对合成物也有特别显著的影响.

注意本例 P,Q_A,Q_B,R 与例1表达式的不同.

三、具有交互作用的双因素试验的方差分析

在上面的讨论中,由于对 A,B 的两因素的各种水平的组合仅进行一次观察,所以不能了解 A,B 两因素之间是否存在交互作用的影响,而交互作用的影响正是单因素分析与多因素分析的本质区别所在。为了考察交互作用的影响,对两个因素的各种水平 (A_k,B_l) 重复进行 c 次观察,其观察值记为

$$x_{klj},\quad j=1,2,\cdots,c,\ l=1,2,\cdots,r,\ k=1,2,\cdots,m$$

在这里我们假定

(1) X_{klj}, $k=1,2,\cdots,m$, $l=1,2,\cdots,r$, $j=1,2,\cdots,c$ 相互独立,分别服从 $N(\mu_{kl},\sigma^2)$ 分布.

(2) $\mu_{kl}=\mu+\alpha_k+\beta_l+\delta_{kl}$. 且

$$\sum_{k=1}^{m}\alpha_k=0,\quad \sum_{l=1}^{r}\beta_l=0$$

$$\sum_{k=1}^{m}\delta_{kl}=\sum_{l=1}^{r}\delta_{kl}=0,\quad l=1,2,\cdots,r,k=1,2,\cdots,m$$

其中：$\alpha_k,k=1,2,\cdots,m$，分别表示因素 A 的各水平影响；

$\beta_l,l=1,2,\cdots,r$，分别表示因素 B 的各水平影响；

$\delta_{kl},k=1,2,\cdots,m,l=1,2,\cdots,r$，分别表示因素 A,B 各水平之间的交互作用的影响.

因此要判断因素 A,B 的影响及交互作用的影响是否显著分别等价于检验假设：

$$H_{01}:\alpha_1=\alpha_2=\cdots=\alpha_m=0$$

$$H_{02}:\beta_1=\beta_2=\cdots=\beta_m=0$$

$$H_{03}:\delta_{kl}=0,k=1,2,\cdots,m,l=1,2,\cdots,r$$

为了检验这些假设，类似地我们将离差的总平方和 S_T 进行分解：

$$S_T=\sum_{k=1}^{m}\sum_{l=1}^{r}\sum_{j=1}^{c}(x_{klj}-\bar{x})^2=$$

$$\sum_{k=1}^{m}\sum_{l=1}^{r}\sum_{j=1}^{c}[(\bar{x}_{k\cdot\cdot}-\bar{x})+(\bar{x}_{\cdot l\cdot}-\bar{x})+(\bar{x}_{kl\cdot}-\bar{x}_{k\cdot\cdot}-\bar{x}_{\cdot l\cdot}+\bar{x})+(x_{klj}-\bar{x}_{kl\cdot})]^2=$$

$$S_A+S_B+S_I+S_E$$

其中

$$S_A=rc\sum_{k=1}^{m}(\bar{x}_{k\cdot\cdot}-\bar{x})^2$$

$$S_B=mc\sum_{l=1}^{r}(\bar{x}_{\cdot l\cdot}-\bar{x})^2$$

$$S_I=c\sum_{k=1}^{m}\sum_{l=1}^{r}\sum_{j=1}^{c}(\bar{x}_{kl\cdot}-\bar{x}_{k\cdot\cdot}-\bar{x}_{\cdot l\cdot}+\bar{x})^2$$

$$S_E=\sum_{k=1}^{m}\sum_{l=1}^{r}\sum_{j=1}^{c}(x_{klj}-\bar{x}_{kl\cdot})^2$$

$$\bar{x}_{kl\cdot}=\frac{1}{c}\sum_{j=1}^{c}x_{klj},\ k=1,2,\cdots,m,\quad r=1,2,\cdots,r$$

$$\bar{x}_{k\cdot\cdot}=\frac{1}{r}\sum_{l=1}^{r}\bar{x}_{kl\cdot},\ k=1,2,\cdots,m$$

$$\bar{x}_{\cdot l\cdot}=\frac{1}{m}\sum_{k=1}^{m}\bar{x}_{kl\cdot},\ l=1,2,\cdots,r$$

$$\bar{x}=\frac{1}{mrc}\sum_{k=1}^{m}\sum_{l=1}^{r}\sum_{kj1}^{c}x_{klj}$$

类似可证 S_A,S_B,S_I,S_E 的自由度依次为

$$m-1,\quad r-1,\quad (r-1)(m-1),\quad mr(c-1)$$

若记 $\bar{S}_A=\dfrac{S_A}{m-1}$，$\bar{S}_B=\dfrac{S_B}{r-1}$，$\bar{S}_I=\dfrac{S_I}{(m-1)(r-1)}$，$\bar{S}_E=\dfrac{S_E}{mr(c-1)}$

则可使用统计量

$$F_A=\frac{\bar{S}_A}{\bar{S}_E}\quad 检验假设\ H_{01}$$

$$F_B=\frac{\bar{S}_B}{\bar{S}_E}\quad 检验假设\ H_{02}$$

$$F_I=\frac{\bar{S}_I}{\bar{S}_E}\quad 检验假设\ H_{03}$$

现在通过例题说明有交互作用的双因素方差分析的解题步骤.

1.先说明有关量的计算方法

设因素 A 有 m 个水平，B 有 r 个水平，每组试验条件下 (A_k,B_l) 下重复作 c 次试验，其结果为

$$x_{klj},\quad k=1,2,\cdots,m;l=1,2,\cdots,r;j=1,2,\cdots,c$$

和单因素试验时一样，同一试验条件下的结果

$$x_{kl1},x_{kl2},\cdots,x_{klc}$$

可认为来自同一总体，它们之间的差异属试验误差. 于是令

$$R=[\text{全部数据的平方和}]=\sum_{k=1}^{m}\sum_{l=1}^{r}\sum_{j=1}^{c}x_{klj}^2$$

$$P=\begin{bmatrix}\text{全部数据之和的平方}\\ \text{除以总的数据个数}\end{bmatrix}=\frac{1}{mrc}\Big(\sum_{k=1}^{m}\sum_{l=1}^{r}\sum_{j=1}^{c}x_{klj}\Big)^2$$

$$Q_{A\times B}=Q_I=\begin{bmatrix}\text{同一试验条件下各数}\\ \text{据之和的平方除以试}\\ \text{验重复次数再相加}\end{bmatrix}=\sum_{k=1}^{m}\sum_{l=1}^{r}\Big[\frac{1}{c}\Big(\sum_{j=1}^{c}x_{klj}\Big)^2\Big]$$

$$Q_A=\begin{bmatrix}\text{因素 }A\text{ 的同一水平数据之}\\ \text{和的平方除以参加求和的}\\ \text{数据个数再相加}\end{bmatrix}=\sum_{k=1}^{m}\Big[\frac{1}{rc}\Big(\sum_{l=1}^{r}\sum_{j=1}^{c}x_{klj}\Big)^2\Big]$$

$$Q_B=\begin{bmatrix}\text{因素 }B\text{ 的同一水平数据之}\\ \text{和的平方除以参加求和的}\\ \text{数据个数再相加}\end{bmatrix}=\sum_{l=1}^{r}\Big[\frac{1}{mc}\Big(\sum_{i=1}^{m}\sum_{j=1}^{c}x_{klj}\Big)^2\Big]$$

所以

$$S_T = R - P, \quad S_A = Q_A - P, \quad S_B = Q_B - P$$
$$S_E = R - Q_I, \quad S_I = Q_I - Q_A - Q_B + P$$

2.列出方差分析表(见表 8.17)

表 8.17

方差来源	平方和	自由度	均方	F 比
因素 A	S_A	$m-1$	$\overline{S}_A = \dfrac{S_A}{m-1}$	$F_A = \dfrac{\overline{S}_A}{\overline{S}_E}$
因素 B	S_B	$r-1$	$\overline{S}_B = \dfrac{S_B}{r-1}$	$F_B = \dfrac{\overline{S}_B}{\overline{S}_E}$
交互作用 I	S_I	$(m-1)(r-1)$	$\overline{S}_I = \dfrac{S_I}{(m-1)(r-1)}$	$F_I = \dfrac{\overline{S}_I}{\overline{S}_E}$
误差	S_E	$mr(c-1)$	$\overline{S}_E = \dfrac{S_E}{mr(c-1)}$	
总和	S_T	$mrc-1$		

3.在水平 α 下,查 F 分布表

在水平 α 下,查 F 分布表分别得

$$F_{A\alpha}(m-1, mr(c-1)), \qquad F_{B\alpha}(r-1, mr(c-1))$$
$$F_{I\alpha}((m-1)(r-1), mr(c-1))$$

进行检验.

例 3 为了研究 3 种不同工艺方法和 3 种不同灯丝配方对灯泡寿命的影响,考虑到工艺和配方之间可能有交互作用,所以每组条件进行两次试验.设数据见表 8.18.

表 8.18

工艺A \ 灯泡寿命 \ 配方B	Ⅰ		Ⅱ		Ⅲ	
甲	1 320	1 500	1 610	1 730	1 800	1 700
乙	1 440	1 560	1 370	1 430	1 450	1 570
丙	1 400	1 360	1 630	1 710	1 710	1 610

试在 $\alpha=0.05$ 下,判断其显著性.已知 $m=3, r=3, c=2$.

解 为了计算上的方便从上表数据中减去 1 300 并除以 10 得表 8.19.

表　8.19

工艺A \ 灯泡寿命 \ 配方B	Ⅰ		Ⅱ		Ⅲ	
甲	2	20	31	43	50	40
乙	14	26	7	13	15	27
丙	10	6	33	41	41	31

计算得　$R=14\ 906$，　$P=11\ 250$，　$Q_A=11\ 874$

$Q_B=12\ 654$，　$Q_I=14\ 370$

所以

$$S_A=Q_A-P=624,\quad S_B=Q_B-P=1\ 404,\quad S_E=R-Q_I=536$$

$$S_I=Q_I-Q_A-Q_B+P=1\ 092,\qquad S_T=3\ 656$$

从而列出方差分析表，见表8.20.

表　8.20

方差来源	平方和	自由度	均方	F比
因素 A	624	$3-1$	312	$F_A=5.24$
因素 B	1 404	$3-1$	702	$F_B=11.79$
交互作用 I	1 092	$(3-1)(3-1)$	273	$F_I=4.58$
误差	536	$3\times3\times(2-1)$	59.56	
总和	3 656	$3\times3\times2-1$		

在 $\alpha_1=0.05$ 下查 F 分布表得

$$F_{0.05}(2,9)=4.26,\quad 所以\ F_A>F_{0.05}(2,9),\quad F_B>F_{0.05}(2,9)$$

$$F_{0.05}(4,9)=3.63,\quad F_I>F_{0.05}(4,9)$$

可见，3种工艺方法之间的差异是显著的；3种配方之间的差异非常显著；而工艺与配方间确有交互作用.

由题目所给数据不难看出，采用配方Ⅲ在工艺甲下生产的灯泡寿命最长.

习　题　8

1. 一项作物栽培试验，考察施肥量 A 的不同水平：A_1(10kg)，A_2(20kg)，A_3(30kg)，A_4(40kg)对作物产量(单产)的影响. 在每一水平下重复做3次试验，得数据见表8.21.

表 8.21

数据 水平 / 试验序号	A_1	A_2	A_3	A_4
1	756	790	770	810
2	780	765	830	880
3	810	815	800	790
平 均	782	790	800	826.67

试检验施肥量这一因素对作物产量是否有显著影响？（$\alpha=0.05$）

2.用4种不同型号的仪器对某种机器零件的七级光洁表面进行检查，每种仪器分别在同一表面反复测量4次，得数据见表8.22.

表 8.22

仪器型号	数	据		
1	−0.21	−0.06	−0.17	−0.14
2	0.16	0.08	0.03	0.11
3	0.10	−0.07	0.15	−0.02
4	0.12	−0.14	−0.02	0.11

试从这些数据推断4种仪器的平均测量结果有无显著差异？（$\alpha=0.05$）

3.某工厂的高速钢铣刀进行淬火工艺试验，考察等温温度、淬火温度两个因素对硬度的影响.等温温度、淬火温度各取3个水平：

等温温度(A)： $A_1=280$℃， $A_2=300$℃， $A_3=320$℃

淬火温度(B)： $B_1=1\ 210$℃， $B_2=1\ 235$℃， $B_3=1\ 250$℃

试验后测得平均硬度(HRC)值见表8.23($\alpha=0.05$).试检验各水平对硬度有无显著影响.

表 8.23

	B_1	B_2	B_3
A_1	−2	0	2
A_2	0	2	1
A_3	−1	1	2

4.对木材进行抗压强度的试验，选择3种不同比重(g/cm^3)的木材：

A_1： 0.34～0.47 A_2：0.48～0.52 A_3： 0.53～0.56

及3种不同的加载速度($kg/cm^2 \cdot min$)：

$$B_1: \ 600, \quad B_2: \ 2\ 400, \quad B_3: \ 4\ 200$$

测得木材的抗压强度(kg/cm^2)见表8.24.

表　8.24

强度 B / A	B_1	B_2	B_3
A_1	33.72	3.90	4.02
A_2	5.22	5.24	5.08
A_3	5.28	5.74	5.54

检验木材比重及加载速度对木材的抗压强度有无显著影响？($\alpha=0.05$)

5. 表8.25记录了3位操作工人分别在4台不同机器上操作3天的日产量.

表　8.25

机器	操作工								
	甲			乙			丙		
A_1	15	15	17	19	19	16	16	18	21
A_2	17	17	17	15	15	15	19	22	22
A_3	15	17	16	18	17	16	18	18	18
A_4	18	20	22	15	16	17	17	17	17

试在显著性水平$\alpha=0.05$下检验操作工人之间的差异是否显著？机器之间差异是否显著？交互影响是否显著？

第9章 回归分析

回归分析方法在试验数据的处理、经验公式的求得、因素分析、产品质量的控制、某些新标准的制订、电网的负荷预测、气象及地震预报、自动控制中数学模型的制订等生产实践和科学研究工作中具有广泛的应用. 本章先从一元线性回归模型的分析开始,介绍回归分析的主要内容和方法,然后讨论多元线性回归分析和非线性回归的线性化.

9.1 变量间的关系

在生产实践和科学研究工作中,我们经常遇到一些相互依赖和相互制约的变量,科学实践表明,变量之间的相互关系一般可分为以下两种类型.

一、确定性关系

确定性关系即函数关系. 它可以通过反复的精确试验或严格的数学推导得到. 例如,在一个电阻 R 的两端外加一个电压 U ,则电路中电压 U ,电阻 R 和电流 I 之间具有确定的函数关系 $U=IR$;再如热动力学中的气体状态方程 $PV=RT$ 等等. 一般来说如果若干个变量之间的关系可以用函数关系来表示,则它们之间具有**确定性关系**.

二、相关关系

相关关系即非确定性关系. 在实际问题中,许多变量之间虽然有密切的关系,但是要找出它们之间的确切关系是非常困难的. 造成这种情况的原因极其复杂,影响因素很多,其中包括尚未被发现或者还不能控制的影响因素,而且各变量的测量总存在测量误差. 因此,所有这些因素的综合作用就造成了变量之间关系的不确定性,例如炼钢厂炼某种钢,考虑炼钢炉中钢液的含碳量与冶炼时间这两个变量,它们之间不存在确定性关系,对于含碳量相同的钢,冶炼时间却不一定相同. 再如先代的身高和后代的身高之间的关系,虽然总的来说,身高者的后代也高,但是先代的身高并不能完全确定后代的身高. 实际上当先代的身高一定时,后代的身高是一个随机变量，从而它们之间的关系不能用函数关系来表示，即二者的关系具有不确定性. 对于诸如此类的具有不确定性关系的变量之间是否就无任何规律呢？那也不是，因为大量的偶然性中蕴含着必然性的规律. 例如，平均来说，较高的含碳量对应较长的冶炼时间，先代高者后代也较高. 我们称变量之间的这种关系为**相关关系（非确定性关系）**.

在实际问题中，应当注意确定性关系和相关关系虽属两种不同类型的变量关系，但它们之间并无严格的界限，二者在一定条件下可以相互转化. 一方面具有相关关系的变量之间尽管没有确定的关系，但在一定条件下，从一定的统计意义上看，它们之间又可能存在某种确定的函数关系. 另一方面，尽管理论上说一定质量的气体的体积，压强及绝对温度之间存在函数关系，但如果我们做多次反复的实测，则每次得到的比值 $\frac{PV}{T}$ 并不恒等于一个常数，这是由于实际测量的数据中存在误差的缘故.

由高等数学知识知道，变量之间的确定性关系的研究是高等数学的研究对象，而变量之间的相关关系的研究是数理统计的任务. 研究一个随机变量与另一个（或一组）随机变量之间相关关系的统计方法称为**相关分析**. 研究一个随机变量与另一个（或一组）普通变量（非随机变量）之间的相关关系的统计方法称为**回归分析**. 其中普通变量是可以控制或精确观察的变量，如时间、温度、年龄等. 具体说，回归分析主要包括三方面的内容：①确定几个特定变量之间是否存在相互关系，若存在便提供建立它们之间的数学表达式（经验公式）的一般方法；②判断所建立的经验公式是否有效，并从影响随机变量的诸变量中判断哪些影响显著，哪些不显著；③利用所得到的公式进行预测和控制.

9.2 一元线性回归

一元线性回归处理的是两个变量之间的关系. 即如果两个变量 x 与 y 之间存在着一定的关系，通过分析试验所得的数据，找出两者之间的经验公式. 假如这两个变量的关系是线性的. 那就是一元线性回归的研究对象.

我们分别从以下几个方面予以讨论.

一、一元线性回归的数学模型

先引入一个例子，以说明建立一元线性回归模型的步骤.

例 1 抽查某专业 15 个学生的高等数学成绩和运筹学成绩见表 9.1. 若将高等数学成绩作为自变量 x，运筹学成绩作为因变量 y，试建立两变量之间的相关关系.

表 9.1

标号 k	1	2	3	4	5	6	7	8	9	10	11	12	13	14	15
高等数学成绩 x	58	94	49	76	85	69	73	74	63	79	84	83	92	81	64
运筹学成绩 y	60	95	41	69	89	75	75	70	64	81	73	87	83	79	68

解 直观地看，高等数学成绩好的同学，其运筹学成绩一般也好，反之亦然. 为了进一步看清它们之间的关系，我们用 x_k, y_k 分别表示第 k 个学生的高等数学成绩和运筹学成绩. 在 xOy 坐标面上可以标出这些数据点 (x_k, y_k) 的位置. 如图 9.1 所示. 容易看出，这些点分布在同一直线附近，或者说因变量 y 与自变量 x 之间有近似的线性关系. 这样，我们可以假设这两个变量之间有相关关系为

$$y_i = a + bx_i + e_i,\ i = 1,2,\cdots,n \tag{9.1}$$

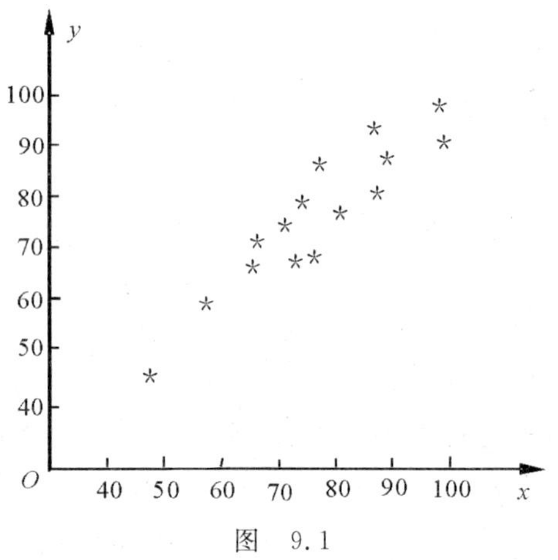

图 9.1

其中 n 为观察数据的个数，本例 $n=15$，e_i 是随机误差项，它表示除了 x_i 对 y_i 的线性影响外，其他各种随机因素对 y_i 取值的总影响.

式(9.1)就是**一元线性回归模型**.

对一元线性回归模型，通常可以作下述 3 个基本假设：

(1) x_i 的值是确定的，y_i 是一随机变量，它们之间存在着线性相关关系；

(2) $e_i \sim N(0,\sigma^2)$，则 $y_i \sim N(a+bx_i,\sigma^2)$；

(3) $e_1, e_2, \cdots, e_n$ 相互独立且与 $x_i, i=1,2,\cdots,n$ 互不相关.

需要说明的是：

(1) $e_i\ (i=1,2,\cdots,n)$ 相互独立且同分布的意义是各次观察之间互不影响，且独立观察的观察误差服从相同的概率分布.

(2) σ^2 这一参数体现了变量 x 与 y 之间相关关系中不确定因素的强弱. σ^2 愈小，x 与 y 间关系的不确定因素就愈小；$\sigma^2=0$ 时，相关关系就转化为确定的函数关系.

为了定量地表示 x 和 y 之间的关系，需要估计模型式(9.1)中的参数 a 和 b. 若令其估计值为 $\hat{a}, \hat{b}$. 就得到**一元线性回归方程**：

$$\hat{y}=\hat{a}+\hat{b}x \tag{9.2}$$

其中，$\hat{a}$，$\hat{b}$ 称为**回归系数**. 那么如何估计 a，b 呢?

二、参数的估计

1. 最小二乘估计

先看一个例子.

例 2　血压在年龄上的回归. 某地区调查到妇女的心脏收缩压数据见表 9.2，试找出血压与年龄的经验公式，并对正常人的血压进行预报.

表　9.2

年龄 x	35	45	55	65	75
平均血压 y	114	124	143	158	166

解　首先描出血压与年龄关系的散点图，如图 9.2 所示. 由图可见，血压与年龄之间大致是线性关系 $y=a+bx$.

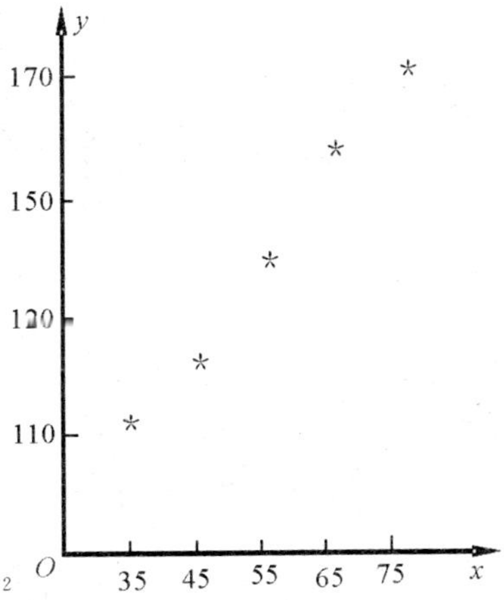

下面的问题就是如何根据原始数据确定常数 a，b.

现将数据代入，得到一组矛盾方程：

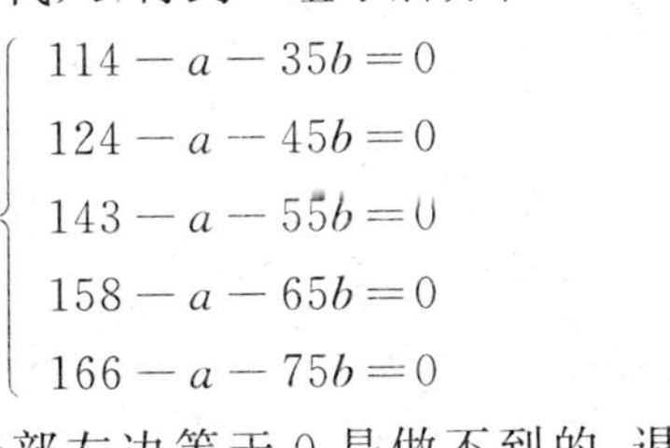

$$\begin{cases} 114-a-35b=0 \\ 124-a-45b=0 \\ 143-a-55b=0 \\ 158-a-65b=0 \\ 166-a-75b=0 \end{cases}$$

上述方程要全部左边等于 0 是做不到的，退一步使它们和 0 最接近. 即使

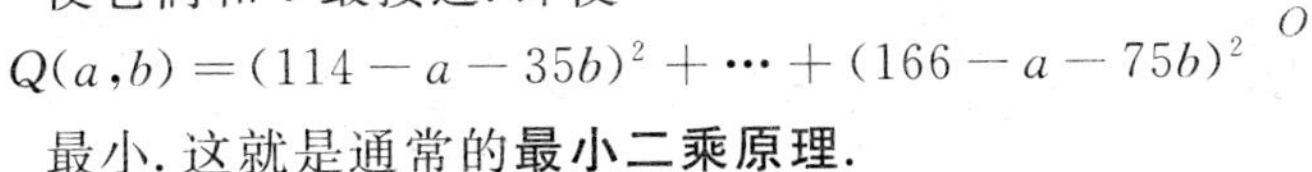

$$Q(a,b)=(114-a-35b)^2+\cdots+(166-a-75b)^2$$

最小. 这就是通常的**最小二乘原理**.

图　9.2

一般而言，对于给定的 (x,y) 的 n 组观测值

$$(x_1,y_1),(x_2,y_2),\cdots,(x_n,y_n)$$

y 与 x 之间近似地有线性关系 $y=a+bx$，应用最小二乘原理估计 $\hat{a}$，$\hat{b}$. 即使

$$Q(\hat{a},\hat{b})=\sum_{i=1}^{n}(y_i-\hat{a}-\hat{b}x_i)^2 \text{ 最小}$$

由上述分析看到：

(1) $y_i - \hat{a} - \hat{b}x_i = \hat{e}_i$. 则 $Q(\hat{a},\hat{b}) = \sum_{i=1}^{n} \hat{e}_i$，于是 $Q(\hat{a},\hat{b})$ 就表示全部观测值与直线的偏离程度.

(2)用最小二乘原理配出的直线 $\hat{y} = \hat{a} + \hat{b}x$ 就是这样一条直线，它和点 $(x_i, y_i)(i=1,2,\cdots,n)$ 的偏离是一切直线中最小的.

根据微分学求极值的方法得

$$\frac{\partial Q}{\partial \hat{a}} = -2\sum_{i=1}^{n}[y_i - (\hat{a} + \hat{b}x_i)] = 0 \tag{9.3}$$

$$\frac{\partial Q}{\partial \hat{b}} = -2\sum_{i=1}^{n}[y_i - (\hat{a} + \hat{b}x_i)]x_i = 0 \tag{9.4}$$

记 $\bar{x} = \frac{1}{n}\sum_{i=1}^{n} x_i$，$\bar{y} = \frac{1}{n}\sum_{i=1}^{n} y_i$ 由式(9.3)解得

$$\hat{a} = \bar{y} - \hat{b}\bar{x} \tag{9.5}$$

以 $\bar{x}$ 同乘以式(9.3)的两端，再与式(9.4)相减得

$$\sum_{i=1}^{n}(y_i - \hat{a} - \hat{b}x_i)(x_i - \bar{x}) = 0 \tag{9.6}$$

将式(9.5)代入式(9.6)得

$$\sum_{i=1}^{n}(y_i - \bar{y} + \hat{b}\bar{x} - \hat{b}x_i)(x_i - \bar{x}) = 0$$

即

$$\sum_{i=1}^{n}(y_i - \bar{y})(x_i - \bar{x}) - \sum_{i=1}^{n}\hat{b}(x_i - \bar{x})^2 = 0$$

从而

$$\hat{b} = \frac{\sum_{i=1}^{n}(x_i - \bar{x})(y_i - \bar{y})}{\sum_{i=1}^{n}(x_i - \bar{x})^2} \tag{9.7}$$

从而就得到所求的回归方程为

$$\hat{y} = \hat{a} + \hat{b}x$$

说明：(1)为以后讨论问题方便，常记：

$$L_{xx} = \sum_{i=1}^{n}(x_i - \bar{x})^2 = \sum_{i=1}^{n}x_i^2 - n\bar{x}^2$$

$$L_{xy} = \sum_{i=1}^{n}(x_i - \bar{x})(y_i - \bar{y}) = \sum_{i=1}^{n}x_i y_i - n\bar{x}\,\bar{y}$$

$$L_{yy} = \sum_{i=1}^{n}(y_i - \bar{y})^2 = \sum_{i=1}^{n}y_i^2 - n\bar{y}^2$$

从而

$$\hat{b} = \frac{L_{xy}}{L_{xx}} \tag{9.8}$$

(2)求 $\hat{a},\hat{b}$ 通常都是列表进行，见表 9.3.

表 9.3

序号	x_i	y_i	x_i^2	y_i^2	x_iy_i
1	x_1	y_1	x_1^2	y_1^2	x_1y_1
2	x_2	y_2	x_1^2	y_1^2	x_2y_2
⋮	⋮	⋮	⋮	⋮	⋮
n	x_n	y_n	x_n^2	y_n^2	x_ny_n
$\sum$	$\sum_{i=1}^{n} x_i$	$\sum_{i=1}^{n} y_i$	$\sum_{i=1}^{n} x_i^2$	$\sum_{i=1}^{n} y_i^2$	$\sum_{i=1}^{n} x_iy_i$

例 3 **(续例 1)**根据表 9.1 给出的观测值,确定 y 与 x 的回归方程.

解 列表计算见表 9.4.

表 9.4

序号	x_i	y_i	x_i^2	y_i^2	x_iy_i
1	58	60	3 364	3 600	3 480
2	94	95	8 836	9 025	8 930
3	49	41	2 401	1 681	2 009
4	76	69	5 776	4 761	5 244
5	85	89	7 225	7 921	7 565
6	69	75	4 761	5 625	5 175
7	73	75	5 329	5 625	5 475
8	74	70	5 476	4 900	5 180
9	63	64	3 969	4 096	4 032
10	79	81	6 421	6 561	6 399
11	84	73	7 056	5 329	6 132
12	83	87	6 889	7 569	7 221
13	92	83	8 464	6 889	7 636
14	81	79	6 561	6 241	6 399
15	64	68	4 096	4 624	4 352
$\sum$	1 124	1 109	86 444	84 447	85 229

于是
$$\bar{x}=\frac{1\ 124}{15}=74.93,\quad \bar{y}=\frac{1\ 109}{15}=73.93$$

$$L_{xx}=\sum_{i=1}^{15}x_i^2-15\bar{x}^2=86\ 444-15\times 74.93^2=2\ 226.43$$

$$L_{xy}=\sum_{i=1}^{15}x_iy_i-15\bar{x}\bar{y}=85\ 229-15\times 74.93\times 73.93=2\ 135.38$$

所以
$$\hat{b}=\frac{L_{xy}}{L_{xx}}=\frac{2\ 135.38}{2\ 226.43}=0.96$$

$$\hat{a}=\bar{y}-\hat{b}\bar{x}=73.93-0.959\ 1\times 74.93=2.07$$

这样，这两门课成绩 y 与 x 之间的线性回归方程为

$$\hat{y}=2.07+0.96\ x$$

例 4 **(续例 2)** 根据例 2 所列数据，求血压 y 与年龄 x 间的回归方程.

解 列表计算见表 9.5.

表 9.5

序号	年龄 x	血压 y	x^2	y^2	xy
1	35	114	1 225	12 996	3 990
2	45	124	2 025	15 376	5 580
3	55	143	3 025	20 449	7 865
4	65	158	4 225	24 964	10 270
5	75	166	5 625	27 556	12 450
$\sum$	275	705	16 125	101 341	40 155

于是
$$\bar{x}=\frac{275}{5}=55,\quad \bar{y}=\frac{705}{5}=141$$

$$L_{xx}=\sum_{i=1}^{5}x_i^2-5\bar{x}^2=16\ 125-5\times 55^2=1\ 000$$

$$L_{xy}=\sum_{i=1}^{5}x_iy_i-5\bar{x}\bar{y}=40\ 155-5\times 55\times 141=1\ 380$$

所以
$$\hat{b}=\frac{L_{xy}}{L_{xx}}=1.38;\quad \hat{a}=\bar{y}-\hat{b}\bar{x}=141-1.38\times 55=65.1$$

故回归方程为

$$\hat{y}=65.1+1.38x$$

2. 极大似然估计

不难发现，最小二乘估计并不依赖于 y 的分布，那么在一元线性回归模型的假定：

$$y_i\sim N(a+bx_i,\sigma^2),\quad i=1,\cdots,n$$

且 y_i 相互独立的条件下,用其他方法求得参数 a,b 的估计与最小二乘估计有何关系呢？可以证明,a,b 的极大似然估计和最小二乘估计是一致的.证明如下：

在假定条件下,给定 $x_1,x_2,\cdots,x_n$ 时,$y_i\sim N(a+bx_i,\sigma^2)$ 相互独立,$i=1,2,\cdots,n$.

似然函数为

$$L(a,b,\sigma^2)=\frac{1}{(2\pi\sigma^2)^{n/2}}\exp\left\{-\frac{1}{2\sigma^2}\sum_{i=1}^{n}(y_i-a-bx_i)^2\right\}$$

或者
$$-2\ln L=n\ln 2\pi+n\ln\sigma^2+\frac{1}{\sigma^2}\sum_{i=1}^{n}(y_i-a-bx_i)$$

于是 a,b,σ^2 的极大似然估计满足方程：

$$\frac{\partial(-2\ln L)}{\partial a}=\frac{1}{\sigma^2}\sum_{i=1}^{n}(y_i-a-bx_i)(-1)=0$$

$$\frac{\partial(-2\ln L)}{\partial b}=\frac{1}{\sigma^2}\sum_{i=1}^{n}(y_i-a-bx_i)(-x_i)=0$$

$$\frac{\partial(-2\ln L)}{2\sigma^2}=\frac{n}{\sigma^2}-\frac{1}{(\sigma^2)^2}\sum_{i=1}^{n}(y_i-a-bx_i)^2=0$$

该方程组的前两个方程与式(9.3),式(9.4)相同,其解 $\hat{a},\hat{b}$ 和最小二乘估计一致：

$$\hat{a}=\bar{y}-\hat{b}\bar{x},\quad \hat{b}=\frac{L_{xy}}{L_{xx}}$$

而 σ^2 的极大似然估计为

$$\hat{\sigma}^2=\frac{1}{n}\sum_{i=1}^{n}(y_i-\hat{y}_i)^2 \tag{9.9}$$

其中,$\hat{y}_i=\hat{a}+\hat{b}x_i=\bar{y}+\hat{b}(x_i-\bar{x})$.

记 $\hat{e}_i=y_i-\hat{y}_i$,即为拟合误差,通常称为**残差**,更确切地讲是在 x_i 处的残差.从而 σ^2 的极大似然估计是残差平方和的平均值.

三、线性关系的显著性检验

由上述讨论可知,对任意两个变量的一组观测值 (x_i,y_i),$i=1,2,\cdots,n$ 都可以用最小二乘法形式上求得 y 对 x 的回归方程.如果 y 与 x 没有线性关系,这种形式的回归方程就没有意义,这样就需要考虑 y 与 x 间是否确有线性相关关系及它们的密切程度.这就是“线性关系的显著性检验”问题.下面介绍两种方法.

1.方差分析(F 检验)法

(1)检验假设.对于一元线性回归模型

$$y_i = a + bx_i + e_i, \quad i = 1, 2, \cdots, n$$

若变量 y 与 x 之间无线性相关系数，那么一次项系数 $b=0$，这就说明回归方程的显著性检验可以归结为检验 b 是否为零. 因此**检验假设**为

$$H_0 : b = 0$$

(2)检验统计量. n 个 y 的观测值的总变差来源有两部分，一部分是由于自变量 x 的变化而引起的，这由回归方程所描述，另一部分是随机误差，是由残差来描述的. **总变差平方和**为

$$L_{yy} = \sum_{i=1}^{n} (y_i - \bar{y})^2 \tag{9.10}$$

由于

$$\sum_{i=1}^{n} (y_i - \bar{y})^2 = \sum_{i=1}^{n} [(y_i - \hat{y}_i) + (\hat{y}_i - \bar{y})]^2 =$$

$$\sum_{i=1}^{n} (y_i - \hat{y}_i)^2 + \sum_{i=1}^{n} (\hat{y}_i - \bar{y})^2 + 2\sum_{i=1}^{n} (y_i - \hat{y}_i)(\hat{y}_i - \bar{y})$$

又

$$\sum_{i=1}^{n} (y_i - \hat{y}_i)(\hat{y}_i - \bar{y}) = \sum_{i=1}^{n} (y_i - \hat{a} - \hat{b}x_i)\hat{b}(x_i - \bar{x}) =$$

$$\hat{b}\sum_{i=1}^{n} (y_i - \hat{a} - \hat{b}x_i)x_i - \hat{b}\sum_{i=1}^{n} (y_i - \hat{a} - \hat{b}x_i)\bar{x} = 0$$

所以

$$\sum_{i=1}^{n} (y_i - \bar{y})^2 = \sum_{i=1}^{n} (y_i - \hat{y}_i)^2 + \sum_{i=1}^{n} (\hat{y}_i - \bar{y})^2$$

令

$$Q = \sum_{i=1}^{n} (y_i - \hat{y}_i)^2, \quad U = \sum_{i=1}^{n} (\hat{y}_i - \bar{y})^2$$

则

$$L_{yy} = Q + U \tag{9.11}$$

从上述推导看出：

1) $U = \sum_{i=1}^{n} (\hat{y}_i - \bar{y})^2$ 是回归值与平均值之差的平方和. 由回归方程知，$\hat{y}_i - \bar{y}$ 表示由于 x 的变化而引起 y 值的变化，故 U 反应了 y 的总变差中由 y 随 x 作线性变化的部分，称它为**回归平方和**.

2) $Q = \sum_{i=1}^{n} (y_i - \hat{y}_i)^2$ 是**残差平方和**. 它是除 x 对 y 的线性影响外的一切随机因素和其他因素引起 y 的变化部分，亦称它为**剩余平方和**.

从回归平方和的意义可知，U 在 L_{yy} 中的比例愈大，回归效果愈好，即 $\dfrac{U}{Q}$ 愈大，回归效果愈好. 而当这个比例小时，U 在总变差 L_{yy} 中占的比例很小，由 x 的变化而引起 y 的线性变化部分淹没在由随机因素引起的 y 的变化之中，这时回归效果差，回归方程就失去了实际意义. 因此可用比值：

$$F=\frac{U}{Q/(n-2)}=(n-2)\frac{U}{Q} \tag{9.12}$$

作为**检验统计量**.

(3)统计检验.我们先分析一下 L_{yy},Q,U 的自由度.

1)由于 $\sum\limits_{i=1}^{n}(y_i-\bar{y})=0$,所以 L_{yy} 中只有 $n-1$ 个数据 y_i 可以自由变动,而后一个必须受到 $\sum\limits_{i=1}^{n}(y_i-\bar{y})=0$ 的约束,故 L_{yy} 的自由度为 $n-1$.

2)回归平方和 U 表示自变量 x 的波动引起 y 与其均值的差异之平方总和,因此 U 的自由度取决于自变量的个数,一元线性回归只有一个自变量,故 U 的自由度为 1.

3)由于 U 的自由度与 Q 的自由度之和应为 L_{yy} 的自由度,故 Q 的自由度为 $n-2$.

其次,从理论上可以证明,在假设 $H_0:b=0$ 成立的条件下:

$$F=(n-2)\frac{U}{Q}\sim F(1,n-2) \tag{9.13}$$

从而,给定显著性水平 α 后,查 F 分布表得 $F_\alpha(1,n-2)$,使得

$$P\{F>F_\alpha(1,n-2)\}=\alpha$$

则当 $F>F_\alpha(1,n-2)$ 时,拒绝 H_0.即表示 $b\neq 0$,说明线性回归方程效果显著.

当 $F\leqslant F_\alpha(1,n-2)$ 时,接受 H_0.认为不能断定 x 与 y 之间有线性关系.

总结以上过程,得**方差分析法的步骤**如下:

第一步:提出假设 $H_0:b=0$;

第二步:计算 U 和 Q 的观测值;

$$U=\hat{b}^2L_{xx}=\hat{b}L_{xy}\quad Q=L_{yy}-\hat{b}L_{xy}$$

其中

$$L_{xx}=\sum_{i=1}^{n}x_i^2-n\bar{x}^2$$

$$L_{xy}=\sum_{i=1}^{n}x_iy_i-n\bar{x}\,\bar{y}$$

$$L_{yy}=\sum_{i=1}^{n}y_i^2-n\bar{y}^2$$

第三步:列方差分析表见表 9.6.

表 9.6　一元线性回归的方差分析表

变差来源	平方和	自由度	均方	F 比
回归	U	1	$\bar{U}=U$	$F=(n-2)\dfrac{U}{Q}=\dfrac{\bar{U}}{\bar{Q}}$
残差	Q	$n-2$	$\bar{Q}=\dfrac{Q}{n-2}$	
总和	L_{yy}	$n-1$		

第四步：对于给定的 α，查 F 分布表得 $F_\alpha(1,n-2)$.

若 $F>F_\alpha(1,n-2)$，拒绝 H_0，认为 x 与 y 有显著的线性相关关系.

若 $F\leqslant F_\alpha(1,n-2)$，接受 H_0，认为不能断定 x 与 y 有线性相关关系，即回归方程意义不大.

需要说明的是，在此所作的方差分析，是将自变量 x 看成因素，x 的每个取值 $x_i,i=1,2,\cdots,n$ 看成水平，相应地 y_i 看成水平 x_i 下的一次试验结果，是单因素 n 个水平，每个水平做一次试验的方差分析.

例 5　(续例 1 及例 3) 检验回归方程效果的显著性 ($\alpha=0.01$).

解　由例 3 知：$\hat{b}=0.96$，$n=15$. 又由表 9.3 知

$$L_{xy}=\sum_{i=1}^{n}x_iy_i-n\bar{x}\,\bar{y}=85\ 229-15\times74.93\times73.93=2\ 135.38$$

$$L_{yy}=\sum_{i=1}^{n}y_i^2-n\bar{y}^2=84\ 447-15\times73.93^2=2\ 462.33$$

于是

$$U=\hat{b}L_{xy}=0.959\ 1\times2\ 135.38=2\ 048.04$$

$$Q=L_{yy}-U=2\ 462.33-2\ 048.04=414.29$$

从而

$$F=\frac{(n-2)U}{Q}=\frac{(15-2)\times2\ 048.04}{414.29}=64.27$$

由 $\alpha=0.01$ 查 F 分布表得 $F_\alpha(1,n-2)=F_{0.01}(1,13)=9.07$. 因为 $F>F_{0.01}(1,13)$，故拒绝假设 H_0. 从而表明线性回归方程

$$\hat{y}=2.07+0.96x$$

在 $\alpha=0.01$ 下，回归效果显著.

2. 相关系数检验法

为了描述变量 y 与 x 之间线性关系的强弱程度，也可以用一个数量指标，即"相关系数"来表示. 先来回忆第 3 章的相关系数的概念：

$$\rho_{XY}=\frac{\mathrm{Cov}(X,Y)}{\sqrt{D(X)\cdot D(Y)}}=\frac{E\{[X-E(X)][Y-E(Y)]\}}{\sqrt{D(X)\cdot D(Y)}}$$

它描述了随机变量 X 与 Y 之间的线性相关程度，对于 (X,Y) 的 n 组观测值：

$$(x_1,y_1),(x_2,y_2),\cdots,(x_n,y_n)$$

ρ_{XY} 的估计值可表示为

$$\hat{\rho}_{XY}=r=\frac{\sum_{i=1}^{n}x_iy_i-n\overline{x}\,\overline{y}}{\sqrt{\sum_{i=1}^{n}x_i^2-n\overline{x}^2}\cdot\sqrt{\sum_{i=1}^{n}y_i^2-n\overline{y}^2}}$$

即
$$r=\frac{L_{xy}}{\sqrt{L_{xx}\cdot L_{yy}}} \tag{9.14}$$

现在说明式(9.14)给出的相关系数是如何反映变量 y 与 x 之间线性相关的强弱程度的.

由于

$$\hat{b}=\frac{L_{xy}}{L_{xx}}$$

再由式(9.14)有
$$\hat{b}=\frac{L_{xy}}{\sqrt{L_{xx}L_{yy}}}\cdot\frac{\sqrt{L_{yy}}}{\sqrt{L_{xx}}}$$

所以
$$\hat{b}=r\sqrt{\frac{L_{yy}}{L_{xx}}} \tag{9.15}$$

式(9.15)给出了参数估计值 $\hat{b}$ 和相关系数 r 之间的关系，为了说明相关系数 r 的含义，可分3种情形进行讨论.

(1)当 $r=0$. 由式(9.15)知 $\hat{b}=0$，说明 y 与 x 线性无关. 一般说来，此时的观测值 (x_i,y_i) 呈完全的不规则的分散状态.

(2)当 $r^2=1$，由式(9.15)可知：$\hat{b}^2=\frac{L_{yy}}{L_{xx}}$ 或 $L_{yy}=\hat{b}^2L_{xx}$，又由

$$Q=L_{yy}-\hat{b}^2L_{xx}$$

得
$$Q=0$$

因此，$\hat{y}_i=y_i$，这说明观测数据点均在回归直线上，从而 y 与 x 之间确实存在着线性关系. 这种情形称为 y 与 x **严格线性相关**.

(3)当 $r^2<1$，　由 $Q=L_{yy}-\hat{b}^2L_{xx}$ 及式(9.15)有

$$Q=L_{yy}-r^2\cdot\frac{L_{yy}}{L_{xx}}\cdot L_{xx}=L_{yy}(1-r^2)$$

从而
$$|r|=\sqrt{1-\frac{Q}{L_{yy}}} \tag{9.16}$$

由式(9.16)易得：$|r|$ 越大，Q 就越小，两变量之间的线性关系就越显著；相反，$|r|$ 越小，Q 就越大，变量之间的线性关系就越不显著.

综上所述，用相关系数 r 来检验回归方程的显著性是合理的. 那么当 r 多大时，回归方程才有意义呢？这可以在给定的显著性水平 α 之下，查相关系数检验

表.其步骤如下：

第一步：提出假设 $H_0:b=0$；

第二步：计算观测值 r；

$$r=\frac{L_{xy}}{\sqrt{L_{xx}.L_{yy}}}=\hat{b}\cdot\sqrt{\frac{L_{xx}}{L_{yy}}}$$

第三步：对给定的显著性水平 α，查相关系数检验表得 $r_\alpha(n-2)$；

第四步：统计推断.

当 $|r|>r_\alpha(n-2)$ 时，拒绝 H_0. 认为 x 与 y 有显著性的线性相关关系.

当 $|r|\leqslant r_\alpha(n-2)$ 时，接受 H_0. 认为不能断定 x 与 y 之间存在线性关系，即样本回归方程的意义不大.

例 6 （续例 2 及例 4）检验回归方程的显著性（$\alpha=0.01$）.

解 由已知 $n=5$

$$L_{xx}=\sum_{i=1}^{n}x_i^2-n\bar{x}^2=16\ 125-5\times 55^2=1\ 000$$

$$L_{yy}=\sum_{i=1}^{n}y_i^2-n\bar{y}^2=101\ 341-5\times 141^2=1\ 936$$

$$L_{xy}=\sum_{i=1}^{n}x_iy_i-n\bar{x}\ \bar{y}=40\ 155-5\times 55\times 141=1\ 380$$

于是

$$r=\frac{L_{xy}}{\sqrt{L_{xx}L_{yy}}}=\frac{1\ 380}{\sqrt{1\ 000\times 1\ 936}}=0.992$$

对给定 $\alpha=0.01$ 查相关系数检验表，得

$$r_{0.01}(n-2)=r_{0.01}(3)=0.959$$

从而有 $|r|>r_{0.01}(3)$. 故可认为年龄与血压之间的线性相关的程度是显著的，从而所求回归方程有意义.

最后指出，相关系数检验法与方差分析（F 检验）法是等价的. 两者只需做其中之一就可以了.

四、预测与控制

在求得样本回归直线方程，并经检验认为 x 与 y 有显著线性相关关系后，便可以利用样本回归直线方程进行预测与控制.

1. 预测问题

若 x,y 之间线性相关显著，意味着回归方程

$$\hat{y}=\hat{a}+\hat{b}x$$

从整体上反映了 x 与 y 之间的变化规律. 而由于 x 与 y 之间的关系是不确定的，对

于给定的 x_0 的值,不能精确地知道相应的 y_0 的值,但由回归方程可求出 y_0 的估计值 $\hat{y}_0$,即

$$\hat{y}_0=\hat{a}+\hat{b}x_0$$

并且可对 y_0 进行区间估计,即对给定的置信度 $1-\alpha$,求出 y_0 的置信区间,称该置信区间为**预测区间**,这就是预测问题.

2.预测区间的求法

对于 x 的任一取值 x_0,相应的 y_0 是一随机变量.在一般的应用问题中

$$y_0 \sim N(\hat{a}+\hat{b}x_0,\sigma^2)$$

且 σ^2 往往是未知的.但在一定的条件下可以证明,σ^2 的无偏估计是

$$\hat{\sigma}^2=\frac{Q}{n-2}=\frac{1}{n-2}\sum_{i=1}^{n}(y_i-\hat{y}_i)^2$$

其中 $$\hat{y}_i=\hat{a}+\hat{b}x_i,\quad i=1,2,\cdots,n$$

这就是说,y_0 近似地服从正态分布 $N(\hat{a}+\hat{b}x_0,\frac{Q}{n-2})$.

对于给定的置信度 $1-\alpha$,由标准正态分布表查得 $u_{\alpha/2}$,使得

$$P\left\{\left|\frac{y_0-(\hat{a}+\hat{b}x_0)}{\sqrt{Q/(n-2)}}\right|<u_{\alpha/2}\right\}=1-\alpha$$

即 $$P\left\{(\hat{a}+\hat{b}x_0)-\frac{u_\alpha}{2}\cdot\sqrt{\frac{Q}{n-2}}<y_0<(\hat{a}+\hat{b}x_0)+\frac{u_\alpha}{2}\cdot\sqrt{\frac{Q}{n-2}}\right\}=1-\alpha$$

这样就得到 y_0 的置信度为 $1-\alpha$ 的置信区间为

$$\left((\hat{a}+\hat{b}x_0)-\frac{u_\alpha}{2}\cdot\sqrt{\frac{Q}{n-2}},\quad(\hat{a}+\hat{b}x_0)+\frac{u_\alpha}{2}\cdot\sqrt{\frac{Q}{n-2}}\right)$$

特别地,若(1)当 $1-\alpha=0.95$ 时,$\frac{\alpha}{2}=1.96$,上述置信区间常常写为

$$(\hat{y}_0-2\hat{\sigma},\hat{y}_0+2\hat{\sigma})=\left((\hat{a}+\hat{b}x_0)-2\sqrt{\frac{Q}{n-2}},\quad(\hat{a}+\hat{b}x_0)-2\sqrt{\frac{Q}{n-2}}\right)$$

(2)随着 x 的变化,y 的预测区间的上下限给出如图9.3所示的两条平行于回归直线的直线.

$$N_1:\quad y=\hat{a}+\hat{b}x+2\hat{\sigma}$$
$$N_2:\quad y=\hat{a}+\hat{b}x-2\hat{\sigma}$$

由此可以预料,在自变量观测值的区间内全部可能出现的试验数据 (x_i,y_i), $i=1,2,\cdots,n$,有约95%的点落在这两条直线之间的带形区域内.

3.控制问题

若要求观测值 y 在一定范围 $y_1<y<y_2$ 内取值,应将 x 控制在什么范围内,这就是控制问题,它是预测问题的逆问题.求 x 控制区间的步骤如下:

(1)若 n 足够大,且 x_0 接近 $\bar{x}$,又 $y_2 - y_1 < 4s$.令

$$y_1 = \hat{a} + \hat{b}x_1 - 2s$$
$$y_2 = \hat{a} + \hat{b}x_2 + 2s$$

其中,$s^2 = \hat{\sigma}^2$.

(2)从上述方程组解出 x_1, x_2 得

$$x_1 = \frac{1}{\hat{b}}(y_1 + 2s - \hat{a}), \quad x_2 = \frac{1}{\hat{b}}(y_2 - 2s - \hat{a})$$

则当 $\hat{b} > 0$ 时,控制区间为 (x_1, x_2);当 $\hat{b} < 0$ 时,控制区间为 (x_2, x_1).

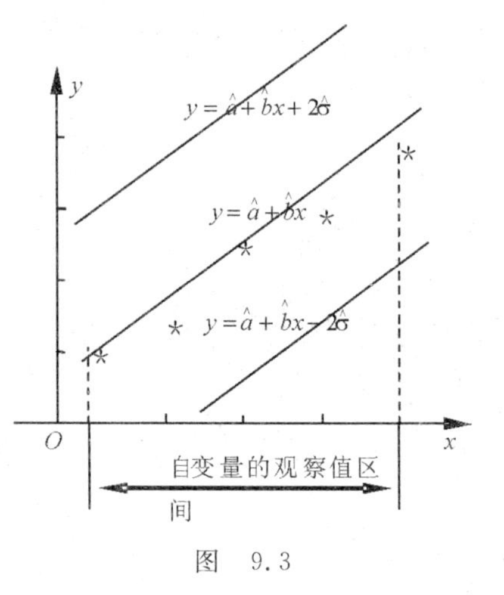

图 9.3

例 7 对某产品表面进行腐蚀刻线试验,得到腐蚀时间 x 与腐蚀深度 y 间的一组数据见表 9.7.

表 9.7

腐蚀时间 x/s	5	5	10	20	30	40	50	60	65	90	120
腐蚀深度 y/μm	4	6	8	13	16	17	19	25	25	29	46

(1)建立回归直线方程;

(2)对回归效果作检验($\alpha = 0.05$);

(3)若回归有效,对腐蚀时间为 75s 时,预测腐蚀深度的范围;

(4)若要腐蚀深度在 10μm~20μm 之间,腐蚀时间应如何控制?

本例从表上数据可以看出,当腐蚀时间增加时,腐蚀深度有增加的趋势,由此两者有密切的联系,但从数据中可以看出两者的关系是不确定的.例如,对于同一个腐蚀时间 5s,腐蚀深度有 4μm 与 6μm 之分别,而对于同一腐蚀深度 25μm,所有的时间又有 60s 与 65s 之分别,可见 y 与 x 不是函数关系,而是相关关系.

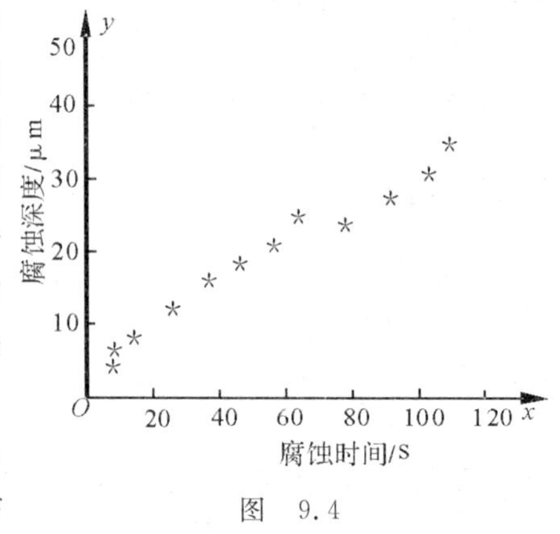

图 9.4

腐蚀时间 x 容易控制,视为普通变量,腐蚀深度 y 视为随机变量,为了大致了解 x 与 y 间的关系,以 x 为横坐标,y 为纵坐标画出所给出 11 对数据的散点图(见图 9.4).从图 9.4 中可以看出 11 个点大致散布在某一直线周围,由此可以推测是一元线性回归问题.

解　(1)建立回归直线方程.列表计算见表9.8.

表　9.8

编号	x_i	y_i	x_i^2	y_i^2	x_iy_i
1	5	4	25	16	20
2	5	6	25	36	30
3	10	8	100	64	80
4	20	13	400	169	260
5	30	16	900	256	480
6	40	17	1 600	289	680
7	50	19	2 500	361	950
8	60	25	3 600	625	1 500
9	65	25	4 225	625	1 625
10	90	29	8 100	841	2 610
11	120	46	14 400	2 116	5 520
$\sum$	495	208	35 875	5 398	13 755

从而有
$$\bar{x}=\frac{1}{n}\sum_{i=1}^{n}x_i=\frac{1}{11}\times 495=45$$

$$\bar{y}=\frac{1}{n}\sum_{i=1}^{n}y_i=\frac{1}{11}\times 208=18.91$$

$$L_{xx}=\sum_{i=1}^{n}x_i^2-n\bar{x}^2=35\ 875-11\times 45^2=13\ 600$$

$$L_{xy}=\sum_{i=1}^{n}x_iy_i-n\bar{x}\ \bar{y}=13\ 755-11\times 45\times 18.91=4\ 395$$

$$L_{yy}=\sum_{i=1}^{n}y_i^2-n\bar{y}^2=5\ 398-11\times 18.91^2=1\ 464.91$$

得
$$\hat{b}=\frac{L_{xy}}{L_{xx}}=0.32\ ,\quad \hat{a}=\bar{y}-\hat{b}\bar{x}=4.37$$

故回归直线方程为　　$\hat{y}=4.37+0.32x$

(2)用相关系数法检验回归方程的有效性.

1)提出假设 $H_0:b=0$;

2) $r=\dfrac{L_{xy}}{\sqrt{L_{xx}.L_{yy}}}=\dfrac{4\ 395}{\sqrt{13\ 600\times 1\ 464.91}}=0.98$;

3)对给定的显著性水平 $\alpha=0.05$,查相关系数检验表得

$$r_{0.05}(n-2)=r_{0.05}(9)=0.602$$

4)统计推断,由于 $|r|=0.98>r_{0.05}(9)$,故拒绝 H_0,认为 x 与 y 有高度显著性的线性关系.

(3)预测。已知 $x_0=75$ 秒，对于给定 $\alpha=0.05$，即置信度为 $1-\alpha=0.95$ 时，预测区间为

$$(\hat{y}_0-2\hat{\sigma},\hat{y}_0+2\hat{\sigma})$$

而
$$\hat{\sigma}=\sqrt{\frac{1}{n-2}\sum_{i=1}^{n}(y_i-\hat{y}_i)^2}=\sqrt{\frac{L_{yy}-\hat{b}L_{xy}}{n-2}}=2.23$$

$$\hat{y}_0=\hat{a}+\hat{b}x=4.37+0.323\times 75=28.6$$

所以
$$\hat{y}_0-2\hat{\sigma}=28.6-2\times 2.23=24.15$$

$$\hat{y}_0+2\hat{\sigma}=28.6+2\times 2.23=33.06$$

故腐蚀深度的95%预测区间为(24.15，33.06).

(3)控制：腐蚀深度在10μm～20μm之间，腐蚀时间如何控制.

令
$$\begin{cases}y_1=\hat{a}+\hat{b}x_1-2\hat{\sigma}\\ y_2=\hat{a}+\hat{b}x_2+2\hat{\sigma}\end{cases}$$

即
$$\begin{cases}10=4.37+0.32x_1-2\times 2.23\\ 20=4.37+0.32x_2+2\times 2.23\end{cases}$$

解得：$x_1=31.21$，$x_2=34.6$.

故要把腐蚀时间控制在31s与35s之间.

9.3 一元非线性回归

一、回归曲线问题

在实际问题中，更为普遍的情况是两个变量之间的统计关系是非线性的. 例如指数关系，幂函数关系，其他关系，等等. 这种非线性关系要用曲线回归来描述. 如何由两个变量的观测数据确定合理的回归曲线就是一元非线性回归的主要任务.

在求回归曲线时一般分两步：

第一步：确定 x 与 y 之间内在关系的类型. 要确定 x 与 y 之间内在关系的函数类型，我们不仅可以利用观察到的数据，还可适当用掌握的一切信息和知识，这可分为两种情况：

(1)根据专业知识确定变量之间的函数关系. 有的可以从理论上找出两者的关系，有的虽无法从理论上推导出两者关系的类型但已积累大量经验，知道可能是什么类型. 例如在一种通常称为生长现象的生物试验(如细菌的培养)中每一时刻的总量 y 与时间 x 有指数关系，即 $y=ae^{bx}$.

(2)若根据经验或理论无法推知 x 与 y 间的函数关系类型，这时只能依据试验数据拟合(回归)适当类型的曲线，一般是根据散点图的特点选择适当类型的曲线，

再对原始数据作适当变换，再作散点图，若散点图呈线性则认为曲线选取基本合适可进行试算.

第二步：确定 x 与 y 相关函数中的参数. 确定了 x 与 y 间函数类型后，下一步工作就是确定函数关系中未知参数. 如上例中生长现象的实验中，确定 x 与 y 遵从指数关系后，进一步根据实验数据确定或估计其中的参数 a,b. 估计参数最常用的方法仍是最小二乘法. 实际中常常先通过变量代换，将非线性函数关系转化为线性关系，然后拟合回归直线.

现在就通过实例说明求回归曲线的方法.

例1 已知变量 x,y 的数据如表 9.9 所示，试求出 x 与 y 之间的曲线回归公式.

表 9.9

x	6	7	8	9	10	11
y	0.029	0.052	0.079	0.125	0.181	0.261
$\lg y$	−1.538	−1.284	−1.102	−0.903	−0.742	−0.583
x	12	13	14	15	16	
y	0.425	0.738	1.130	1.882	2.812	
$\lg y$	−0.372	−0.132	0.053	0.275	0.449	

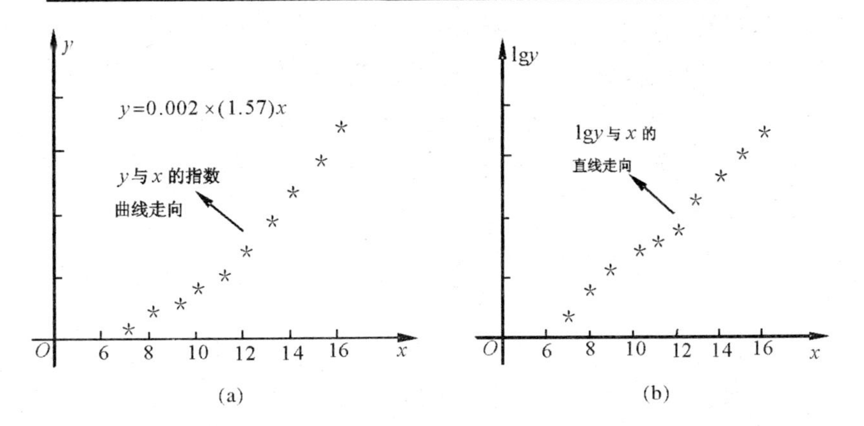

图 9.5

解 (1)由观察数据描得散点图(见图 9.5(a)). 可以看出，y 与 x 之间不存在线性关系. 根据散点图的形状，设

$$y=AB^x$$

其中,A,B 为待定常数.两边取对数得

$$\lg y=\lg A+x\lg B$$

令 $$z=\lg y,\quad a=\lg A,\quad b=\lg B$$

得 $z=a+bx$.即若 y 与 x 有指数关系,则 $z=\lg y$ 与 x 之间应有线性关系(见图 9.5(a)).

(2)列表计算(见表 9.10).

表 9.10

序号	x_i	y_i	$z_i=\lg y_i$	x_i^2	z_i^2	$x_i z_i$
1	6	0.029	−1.538	36	2.365	−9.228
2	7	0.052	−1.284	49	1.649	−8.988
3	8	0.079	−1.102	64	1.214	−8.816
4	9	0.125	−0.903	81	0.815	−8.127
5	10	0.181	−0.743	100	0.552	−7.420
6	11	0.261	−0.583	121	0.340	−6.413
7	12	0.452	−0.372	144	0.138	−4.464
8	13	0.738	−0.132	169	0.017	−1.716
9	14	1.130	0.053	196	0.003	0.742
10	15	1.882	0.275	225	0.076	4.125
11	16	2.812	0.449	256	0.202	7.184
$\sum$	121		−5.879	1 441	7.370	−43.121

于是

$$\bar{x}=\frac{1}{11}\times 121=11,\quad \bar{z}=-0.534$$

$$L_{xx}=1\ 441-11\times 11^2=110$$

$$L_{xz}=-43.131-11\times 11\times(-0.535)=21.548$$

$$L_{zz}=7.372-11\times(-0.535)^2=4.228$$

$$\hat{b}=\frac{L_{xz}}{L_{xx}}=\frac{21.548}{110}=0.196$$

$$\hat{a}=\bar{z}-\hat{b}\bar{x}=-0.534-0.196\times 11=-2.689$$

得 $$\hat{A}=10^{\hat{a}}=0.002\qquad \hat{B}=10^{\hat{b}}=1.57$$

于是回归曲线方程为 $$\hat{y}=0.002\times(1.57)^x$$

(3)检验.按上述方法求得的回归曲线方程能否反映 y 与 x 的变化规律,这就

要用 $z=\lg y$ 与 x 的数据进行线性相关性检验.

若 z 与 x 线性相关显著,则可以认为 y 与 x 的指数关系也显著. 反之,回归方程就无意义.

因为
$$r=\frac{L_{xz}}{\sqrt{L_{xx}L_{yy}}}=\frac{21.548}{\sqrt{110\times 4.224}}=0.999$$

就 $\alpha=0.05$,查相关系数检验表得
$$r_{0.05}(11-2)=r_{0.05}(9)=0.602$$

所以 $|r|>r_{0.05}(9)$. 故 z 与 x 的线性关系是显著的,则 y 与 x 的指数关系也是显著的.

二、一些常见的函数图形

一般来说,根据散点图的分布情况,应该选择哪一种类型的函数比较合理呢?这是一件困难的事情. 通常主要靠专业知识及经验来决定,还可以根据散点图的形状与已知函数的图形进行比较来决定. 现在介绍几种常用的类型.

(1)双曲函数 $\frac{1}{y}=a+\frac{b}{x}$,令 $z=\frac{1}{y}$,$t=\frac{1}{x}$ 得 $z=a+bt$;

(2)幂函数 $y=ax^b$,令 $z=\ln y$,$t=\ln x$,$\beta=\ln a$ 得 $z=\beta+bt$;

(3)指数函数 $y=a\mathrm{e}^{bx}$,令 $z=\ln y$,$\beta=\ln a$ 得 $z=\beta+bx$;

(4)对数函数 $y=a+b\lg x$,令 $t=\lg x$ 得 $y=a+bt$;

(5)S 型曲线 $y=\frac{1}{a+b\mathrm{e}^{-x}}$ 令 $z=\frac{1}{y}$,$t=\mathrm{e}^{-x}$得 $z=a+bt$.

它们的图形见图 9.6.

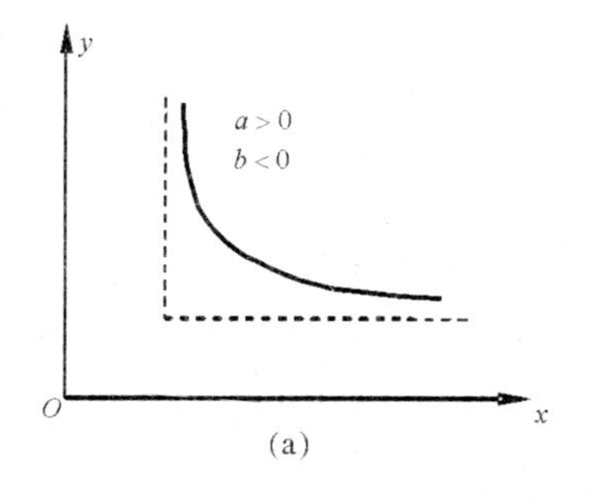

(a)

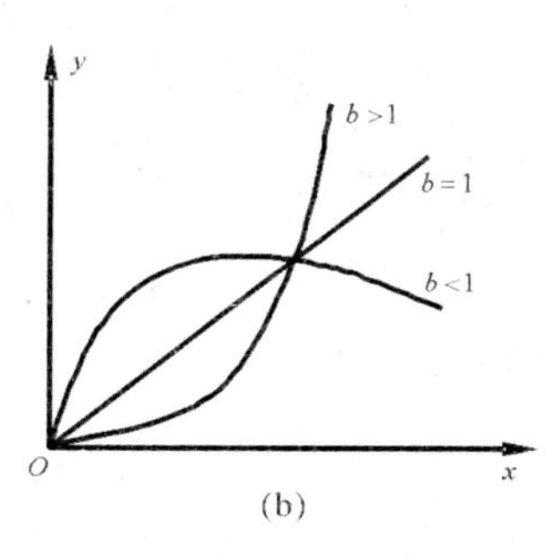

(b)

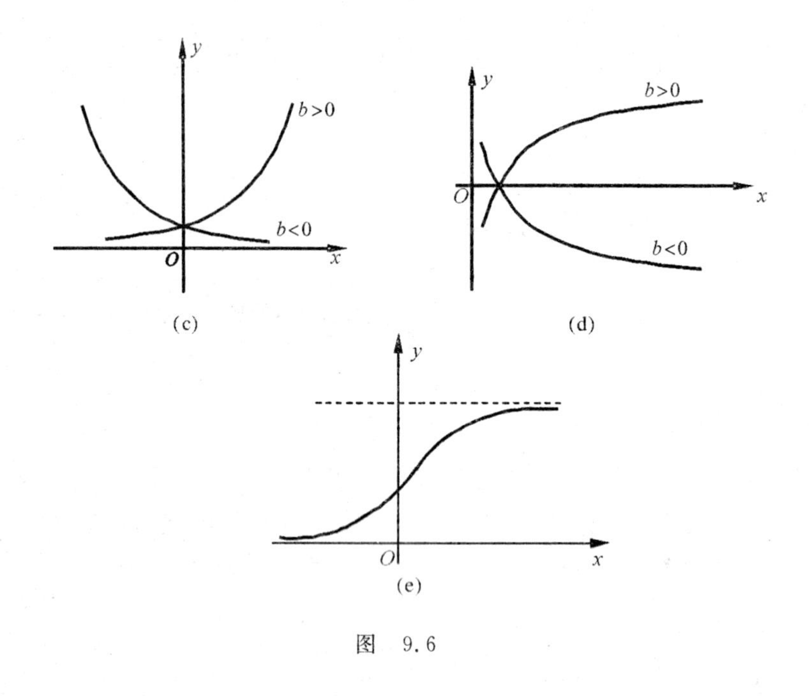

图 9.6

9.4 多元线性回归

上述一元线性回归的方法很容易推广到多元线性回归的情形.所谓多元是指多个自变量,而因变量仍只有一个.

一、多元线性回归模型

现考察随机变量 y 与 m 个普通变量 $x_1,x_2,\cdots,x_m$ 的相关关系.若根据经验知 y 与 $x_1,x_2,\cdots,x_m$ 有线性相关关系,则有以下数学模型:

设 n 次 $(n>m)$ 独立试验得到的数据为

$$(y_i,x_{1i},x_{2i},\cdots,x_{mi}),\quad i=1,2,\cdots,n$$

则

$$\begin{cases} y_1=b_0+b_1x_{11}+b_2x_{21}+\cdots+b_mx_{m1}+e_1 \\ y_2=b_0+b_1x_{12}+b_2x_{22}+\cdots+b_mx_{m2}+e_2 \\ \vdots \quad \vdots \quad \vdots \quad \vdots \quad \vdots \quad \vdots \\ y_n=b_0+b_1x_{1n}+b_2x_{2n}+\cdots+b_mx_{mn}+e_n \end{cases}$$

其中 $e_i,i=1,2,\cdots,n$ 是试验误差,是 n 个随机变量,且假定

(1) $e_i,i=1,2,\cdots,n$ 相互独立;

(2)诸 e_i 的方差相等；

(3) $e_i \sim N(0,\sigma^2), i=1,2,\cdots,n$.

故 $\quad y_i \sim N(b_0+b_1x_{1i}+b_2x_{2i}+\cdots+b_mx_{mi},\sigma^2), i=1,2,\cdots,n$

总之，对于每个 $x_1,x_2,\cdots x_m$，y 可以表示为

$$\begin{cases} y=b_0+b_1x_1+b_2x_2+\cdots+b_mx_m+e \\ e \sim N(0,\sigma^2) \end{cases} \tag{9.17}$$

其中，$b_0,b_1,\cdots,b_m,\sigma^2$ 是模型的未知参数. 式(9.17)即为**多元线性回归的模型**. 由于多元回归问题的方法比较复杂，计算量相当大，故下文仅就二元回归予以介绍.

二、二元线性回归方程的建立

二元线性回归的模型：

$$y=b_0+b_1x_1+b_2x_2+e$$

当 x_1,x_2 固定时，y 服从正态分布. $(x_{1i},x_{2i},y_i), i=1,2,\cdots,n$，是 n 个观测值. 仿照一元线性回归的方法，可由最小二乘原理确定一个线性函数：

$$\hat{y}=\hat{b}_0+\hat{b}_1x_1+\hat{b}_2x_2 \tag{9.18}$$

作为观测值的回归方程，这是三维空间的平面，$\hat{b}_0,\hat{b}_1,\hat{b}_2$ 称为**偏回归系数**.

要确定回归平面式(9.18)，就是要求出使得离差平方和

$$Q(\hat{b}_0,\hat{b}_1,\hat{b}_2)=\sum_{i=1}^{n}(y_i-\hat{b}_0-\hat{b}_1x_{1i}-\hat{b}_2x_{2i})^2 \tag{9.19}$$

达到最小的一组 $\hat{b}_0,\hat{b}_1,\hat{b}_2$. 即偏回归系数应满足方程组：

$$\begin{cases} \dfrac{\partial Q}{\partial b_0}=-2\sum\limits_{i=1}^{n}(y_i-b_0-b_1x_{1i}-b_2x_{2i})=0 & (9.20) \\ \dfrac{\partial Q}{\partial b_1}=-2\sum\limits_{i=1}^{n}(y_1-b_0-b_1x_{1i}-b_2x_{2i})x_{1i}=0 & (9.21) \\ \dfrac{\partial Q}{\partial b_2}=-2\sum\limits_{i=1}^{n}(y_i-b_0-b_1x_{1i}-b_2x_{2i})x_{2i}=0 & (9.22) \end{cases}$$

记 $\quad \bar{x}_1=\dfrac{1}{n}\sum\limits_{i=1}^{n}x_{1i}, \quad \bar{x}_2=\dfrac{1}{n}\sum\limits_{i=1}^{n}x_{2i}, \quad \bar{y}=\dfrac{1}{n}\sum\limits_{i=1}^{n}y_i$

由式(9.20)得

$$\hat{b}_0=\bar{y}-b_1\bar{x}_1-b_2\bar{x}_2 \tag{9.23}$$

式(9.20)$\times \bar{x}_1$－式(9.21)得

$$\sum_{i=1}^{n}(y_i-b_0-b_1x_{1i}-b_2x_{2i})(x_{1i}-\bar{x}_1)=0 \tag{9.24}$$

将式(9.23)代入式(9.24)得

$$\sum_{i=1}^{n}[(y_i-\bar{y})-b_1(x_{1i}-\bar{x}_1)-b_2(x_{2i}-\bar{x}_2)](x_{1i}-\bar{x}_1)=0 \tag{9.25}$$

由式(9.22)式经过类似的运算有

$$\sum_{i=1}^{n}[(y_i-\bar{y})-b_1(x_{1i}-\bar{x}_1)-b_2(x_{2i}-\bar{x}_2)](x_{2i}-\bar{x}_2)=0 \tag{9.26}$$

这样就得到所谓的**正规方程组**：

$$\begin{cases}L_{11}b_1+L_{12}b_2=L_{1y}\\L_{21}b_1+L_{22}b_2=L_{2y}\end{cases} \tag{9.27}$$

其中

$$L_{11}=\sum_{i=1}^{n}(x_{1i}-\bar{x}_1)^2=\sum_{i=1}^{n}x_{1i}^2-n\bar{x}_1^2$$

$$L_{12}=\sum_{i=1}^{n}(x_{1i}-\bar{x}_1)(x_{2i}-\bar{x}_2)=\sum_{i=1}^{n}x_{1i}x_{2i}-n\bar{x}_1\bar{x}_2=L_{21}$$

$$L_{22}=\sum_{i=1}^{n}(x_{2i}-\bar{x}_2)^2=\sum_{i=1}^{n}x_{2i}^2-n\bar{x}_2^2$$

$$L_{1y}=\sum_{i=1}^{n}(x_{1i}-\bar{x}_1)(y_i-\bar{y})=\sum_{i=1}^{n}x_{1i}y_i-n\bar{x}_1\bar{y}$$

$$L_{2y}=\sum_{i=1}^{n}(x_{2i}-\bar{x}_2)(y_i-\bar{y})=\sum_{i=1}^{n}x_{2i}y_i-n\bar{x}_2\bar{y}$$

当 $\begin{vmatrix}L_{11} & L_{12}\\L_{21} & L_{22}\end{vmatrix}\neq 0$ 时，由式(9.27)得

$$\begin{cases}\hat{b}_1=\dfrac{L_{1y}L_{22}-L_{12}L_{2y}}{L_{11}L_{22}-L_{12}{}^2}\\[2ex]\hat{b}_2=\dfrac{L_{11}L_{2y}-L_{1y}L_{21}}{L_{11}L_{22}-L_{12}{}^2}\\[2ex]\hat{b}_0=\bar{y}-\hat{b}_1\bar{x}_1-\hat{b}_2\bar{x}_2\end{cases} \tag{9.28}$$

于是，y 关于 x_1，x_2 的二元线性回归方程为

$$y=\hat{b}_0+\hat{b}_1x_1+\hat{b}_2x_2 \tag{9.29}$$

三、回归平面方程效果的检验

为了判定 y 与 x_1，x_2 之间是否存在线性关系，就要进行相关性检验. 这时检验假设

$$H_0:b_1=b_2=0$$

若拒绝假设 H_0，则认为 y 与 x_1，x_2 之间存在着线性关系.

现在讨论检验的具体方法：与一元线性回归类似，我们对**离差平方和**

$$L_{yy}=\sum_{i=1}^{n}(y_i-\bar{y})^2$$

进行分解.

因为
$$y_i-\bar{y}=y_i-\hat{y}_i+\hat{y}_i-\bar{y}$$
其中
$$\hat{y}_i=\hat{b}_0+\hat{b}_1x_{1i}+\hat{b}_2x_{2i}$$
所以
$$L_{yy}=\sum_{i=1}^{n}(y_i-\hat{y}_i)^2+\sum_{i=1}^{n}(\hat{y}_i-\bar{y})^2+\sum_{i=1}^{n}(y_i-\hat{y}_i)(\hat{y}_i-\bar{y})$$
由于
$$\sum_{i=1}^{n}(y_i-\hat{y}_i)(\hat{y}_i-\bar{y})=0$$
称 $Q=\sum_{i=1}^{n}(y_i-\hat{y}_i)^2$ 为**剩余平方和**，$U=\sum_{i=1}^{n}(\hat{y}_i-\bar{y})^2$ 为**回归平方和**.

常用的计算公式为

$$\begin{cases}L_{yy}=\sum_{i=1}^{n}y_i^2-n\bar{y}^2\\U=\hat{b}_1L_{1y}+\hat{b}_2L_{2y}\\Q=L_{yy}-U\end{cases}\tag{9.30}$$

同时我们知道，总平方和 L_{yy} 的自由度为 $n-1$，回归平方和的自由度为 m，因为它有 m 个自变量，从而剩余平方和 Q 的自由度为 $n-m-1$. 并可以证明，统计量

$$F=\frac{\frac{U}{m}}{\frac{Q}{n-m-1}}\sim F(m,n-m-1)\tag{9.31}$$

类似一元线性回归效果检验时的分析可知，可用统计量 F 对回归进行显著性检验. 其检验步骤如下：

(1)提出假设 $H_0:b_1=b_2=0$；

(2)由式(9.30)求 U 及 Q 的观测值，进而由式(9.31)求得统计量 F 的观测值；

(3)对给定的显著性水平 α，查 F 分布表得 $F_\alpha(m,n-m-1)$；

(4)统计推断：若 $F>F_\alpha(m,n-m-1)$，则拒绝 H_0，认为 y 与 x_1,x_2 有显著的线性相关关系；若 $F\leqslant F_\alpha(m,n-m-1)$，则接受 H_0，认为回归方程意义不大.

另外，也与一元线性回归一样，利用回归方程式(9.18)可给出给定点 (x_{10},x_{20}) 处对应的 y 的预测值和预测区间.

对多元回归分析，可利用矩阵进行表示，这样便于使用计算机(已有现成的程序)来处理.

例1 为研究被污染空气的刺激因子 r(记为 y)与大气中二氧化硫(SO_2，记为 x_1)和二氧化氮(NO_2，记为 x_2)的浓度的关系，测得数据见表9.11.

表 9.11

SO_2 浓度 x_1(0.01ppm)	12.5	15	18	21	26	30	35	40
NO_2 浓度 x_2(0.1ppm)	10	12	15	16	19	21	25	28
刺激因子 y	65	72	82	95	110	122	125	130

试求 y 与 x_1,x_2 的线性回归方程,并在 $\alpha=0.05$ 水平下检验回归方程的显著性.

解 列表计算如下(见表 9.12).

表 9.12

序号	x_1	x_2	y	x_1^2	x_2^2	y^2	x_1x_2	x_1y	x_2y
1	12.5	10	65	156.25	100	4 225	125	812.5	650
2	15	12	72	225	144	5 184	180	1 080	864
3	18	15	82	324	225	6 724	270	1 476	1 230
4	21	16	95	441	256	9 025	336	1 995	1 520
5	26	19	110	676	361	12 100	494	2 860	2 090
6	30	21	122	900	441	14 884	630	3 660	2 562
7	35	25	125	1 225	625	15 625	875	4 375	3 125
8	40	28	130	1 600	784	16 900	1 120	5 200	3 640
$\sum$	197.5	146	801	5 547.25	2 936	84 667	4 030	21 458.5	15 681

从而

$$\bar{x}_1=\frac{1}{8}\times 197.5=24.69,\qquad \bar{x}_2=\frac{1}{8}\times 146=18.25$$

$$\bar{y}=\frac{1}{8}\times 801=100.13$$

$$L_{11}=\sum_{i=1}^{n}x_{1i}^2-n\bar{x}_1^2=5\ 547.25-8\times(24.69)^2=671.47$$

$$L_{12}=L_{21}=\sum_{i=1}^{n}x_{1i}x_{2i}-n\bar{x}_1\bar{x}_2=$$

$$4\ 030-8\times 24.69\times 18.25=425.63$$

$$L_{22}=\sum_{i=1}^{n}x_{2i}^2-n\bar{x}_2^2=2\ 936-8\times(18.25)^2=271.5$$

$$L_{1y}=\sum_{i=1}^{n}x_{1i}y_i-n\bar{x}_1\bar{y}=$$

$$21\ 458.5-8\times 24.69\times 100.13=1\ 683.81$$

$$L_{2y}=\sum_{i=1}^{n}x_{2i}y_i-n\bar{x}_2\bar{y}=$$
$$15\ 681-8\times 18.25\times 100.13=1\ 062.75$$

由式(9.28)得

$$\hat{b}_1=\frac{L_{1y}L_{22}-L_{12}L_{2y}}{L_{11}L_{22}-L_{12}{}^2}=\frac{1683.81\times 271.5-425.63\times 1062.75}{671.4775\times 271.5-425.63^2}=4.20$$

$$\hat{b}_2=\frac{L_{11}L_{2y}-L_{1y}L_{21}}{L_{11}L_{22}-L_{12}{}^2}=\frac{671.47\times 1062.75-1683.81\times 425.63}{671.47\times 271.5-425.63^2}=-2.68$$

$$\hat{b}_0=\bar{y}-\hat{b}_1\bar{x}_1-\hat{b}_2\bar{x}_2=$$
$$100.13-4.20\times 24.69+2.68\times 18.25=45.18$$

故 y 与 x_1,x_2 的线性回归方程为

$$\hat{y}=45.18+4.20x_1-2.68x_2$$

又因为

$$L_{yy}=\sum_{i=1}^{n}y_i^2-n\bar{y}^2=84\ 667-8\times 100.13^2=4\ 466.88$$

$$U=\hat{b}_1L_{1y}+\hat{b}_2L_{2y}=$$
$$4.20\times 1\ 683.81-2.69\times 1\ 062.75=4\ 234.65$$

$$Q=L_{yy}-U=232.223$$

从而得方差分析表(见表9.13).

表 9.13

方差来源	平方和	自由度	均方	F比
回归	4 234.65	2	2 117.33	45.59
剩余	232.22	5	46.44	
总和	4 466.88	7		

对于给定 $\alpha=0.05$，查 F 分布表知 $F_{0.05}(2,5)=5.79$，由于 $F=45.59>F_{0.05}(2,5)$，故所求回归方程是高度显著的.

习 题 9

1. 在 $NaNO_3$ 的溶解试验中，测得不同温度 x(℃)下，溶解了100份水中的 $NaNo_3$ 份数 y，所得数据见表9.14.

表　9.14

x_i	0	4	10	15	21	29	36	51	68
y_i	66.7	71.0	76.3	80.6	85.7	92.9	99.4	113.6	125.1

试求:(1) y 关于 x 的线性回归方程;(2)当 $\alpha=0.01$ 时,对 y 和 x 作线性相关的显著性检验.

2. 表 9.15 给出了 12 位父亲和他们长子的身高分别为 (x_i,y_i),$i=1,2,\cdots,12$. 利用这组观测值(单位:in).

表　9.15

x	65	63	67	64	68	62	70	66	68	67	69	71
y	68	66	68	65	69	66	68	65	71	67	68	80

(1)作出 (x_i,y_i) 的散点图;

(2)求 y 关于 x 的线性回归方程;

(3)取 $\alpha=0.05$,对回归效果进行检验;

(4)取 $\alpha=0.05$,对 $x_0=65$ 预测儿子身高的范围.

3. 在钢线碳含量对电阻的效应的研究中,得到如表 9.16 所示的数据.

表　9.16

碳含量/(%)	0.10	0.30	0.40	0.55	0.70	0.80	0.95
电阻/(20°C 时,$\mu\Omega$)	15	18	19	21	22.6	23.8	26

设对于给定的 x,y 为正态变量,且方差与 x 无关.

(1)求 y 关于 x 的线性回归方程;

(2)若回归效果显著,求 b 的置信度为 95%的置信区间;

(3)求 $x=0.50$ 处的置信度为 95%的置信区间.

4. 某厂过去 10 个月成本利润资料见表 9.17(单位:万元).

表　9.17

月份	生产成本 x_1	制造费用 x_2	实现利润 y	月份	生产成本 x_1	制造费用 x_2	实现利润 y
1	45	16	29	6	40	14	28
2	42	14	24	7	44	16	30
3	44	15	27	8	45	16	28
4	45	13	25	9	44	15	28
5	43	13	26	10	43	15	27

试求 y 的多元线性回归方程.

5. 某公司在15个地区的某种产品的销售额和各地区人口数，平均每户收入统计资料见表9.18.

表 9.18

销售额(y)	162	720	223	131	67	169	81	192	116	55	252	232	144	103	212
人口 x_1	274	180	375	205	86	265	98	330	195	53	430	322	236	157	370
收入 x_2	2 450	3 254	3 802	2 838	2 347	3 782	3 008	2 450	2 137	2 560	4 020	4 427	2 660	2 088	2 605

试根据人口数、每户总收入预测某地区的销售额.

6. 一只红铃虫的产卵数与温度有关. 今测得一组数据见表9.19.

表 9.19

$x_i(t)$	21	23	25	27	29	32	35
产卵数(y)	7	11	21	24	66	115	325

试研究 y 与 x 的回归关系.

7. 混凝土的抗压强度随养护时间的延长而增加. 现将一批混凝土做成12个试块，记录了养护时间 x(d) 及抗压强度 $y=(\mathrm{kgf/cm^2})$的数据见表9.20.

表 9.20

养护时间(x_i)	2	3	4	5	7	9	12	14	17	21	28	56
抗压强度(y_i)	35	42	47	52	59	65	68	73	76	82	86	99

试求 $y=a+b\ln x$ 型经验回归方程.

第 10 章　Matlab 在概率论与数理统计中的应用

为加深学生对概率论与数理统计基本概念的理解，培养学生进行数值计算与数据处理的能力，本章将以概率论与数理统计知识为背景，以 Matlab 为工具，以实际问题为载体，给出概率论与数理统计相关问题的计算机实现及实际问题的综合建模与分析.

10.1　Matlab 基本操作

一、进入、退出 Matlab 环境

进入 Matlab 有多种方式，最常用的方法就是双击系统桌面的 Matlab 图标，也可以在开始菜单的程序选项中选择 Matlab 快捷方式，还可以在 Matlab 的安装路径的 bin 子目录中双击可执行文件 matlab. exe。

进入 Matlab 操作环境，最上面一栏为 Matlab 菜单栏，单击即可打开相应的菜单，在菜单栏下面是快捷工具栏，其上都是经常用到的命令，下面的一块空白区域是 Matlab 的工作区，在此可以输入命令并可立即得到执行。

在“File”菜单中选择“Exit Matlab”或按 Ctrl＋Q 键，就退出了 Matlab 系统.

二、基本数学函数

Matlab 的函数都有一个特点：若自变量 x 为矩阵，则函数值也为 x 的同阶矩阵，即对 x 的每一元素分别求函数值；若自变量 x 为通常情况下的一个数据，则函数值是对应于 x 的一个数据.

(1)三角函数：

sin (x)　正弦函数　cos (x)　余弦函数　tan (x)　正切函数

arcsin (x)反正弦函数　arccos (x)反余弦函数　arctan (x)反正切函数

(2)基本数学函数：

abs (x)　绝对值函数　max (x)　最大值函数

min (x)　最小值函数　sum (x)　元素的总和

sqrt (x)	开平方函数	exp (x)	以 e 为底的指数函数
lg (x)	自然对数	$\lg_{10}(x)$	以10为底的对数函数

三、命令行的编辑

在Matlab环境下操作，使用的是命令行编辑环境，即输入一条指令并回车，待Matlab执行这条命令后再输入下一条命令。若想在一个命令行上同时输入两条以上的命令，则应在指令和指令之间用“,”或“;”隔开。一旦在指令后面用了“;”，执行该命令后的结果将不会在屏幕上显示出来。

四、常用命令和函数

1.绘图命令

使用Matlab的绘图命令，可以根据数据(或函数)在计算机屏幕上绘制出对应的图形，便于可视化计算和分析。

常用的绘图命令见表10.1.

表 10.1

命令	功能	命令	功能
plot	线性坐标图	polar	极坐标图
mesh	三维网面图	hist	统计直方图

常用的图形控制命令见表10.2.

表 10.2

命令	功能	命令	功能
clg	清除图形窗口	shg	显示(重调)图形窗口
hold	保持图形	subplot	将图形窗口分为子窗口

绘图图线形式和颜色见表10.3.

表 10.3

线方式	点方式	颜色
实线 —	点 .	红 r
虚线 ...	加 +	绿 g
冒号 :	星 *	蓝 b
横点 —.	英文 。	白 w

2.数据处理命令

常用的图形控制命令见表 10.4.

表 10.4

命令	功能	命令	功能
max	求向量或矩阵的最大值	min	求向量或矩阵的最小值
mean	求向量或矩阵的平均值（即样本均值）	median	求向量或矩阵的中间值（样本中位数）
std	求向量或矩阵的标准差（即样本标准差）	sort	求向量或矩阵的元素排序
sum	求向量或矩阵的元素和	prod	求向量或矩阵的元素乘积
cumsum	求向量或矩阵的部分和	sumprod	求向量或矩阵的部分乘积
corrcoef	求向量或矩阵的相关系数	cov	求向量协方差矩阵
find	求向量满足条件的元素	length	求向量所含元素个数

例 1　设 z 的分布律见表 10.5.

表 10.5

z	1	2	3	4	5	6
p	1/6	1/6	1/6	1/6	1/6	1/6

求分布函数 $F(x)=P\{X\leqslant x\}$.

解　在 Matlab 命令窗口键入

```
z=1:6;
y=1/6*ones(size(z));
F=cumsum(y)    (回车)
```

结果为　　$F=0.1667 \quad 0.3333 \quad 0.5000 \quad 0.6667 \quad 0.8333 \quad 1.0000$

注意:这里利用累加无法得到 $x<1$ 时的分布函数值,读者可以自己补上这一段定义。

例 2　求标准正态分布的上 α 分位点.设 $X\sim N(0,1)$，先分别取上侧分位数

$$u_\alpha=0,0.1,0.2,\cdots,2.9,3.0$$

计算概率值

$$P\{X>u_\alpha\}=\int_{u_\alpha}^{+\infty}\frac{1}{\sqrt{2\pi}}e^{-\frac{x^2}{2}}dx$$

解　首先，编辑外部函数（文件名为：fai.m）

```
function    y=fai(x)
y=exp(-x.*x/2)/sqrt(2*pi);
```

然后利用Matlab计算31个概率值如下.在Matlab命令窗口键入

```
u=0;
for   k=1:31
   p(k)=quad('fai',u,4)           %quad为求定积分命令
   u=u+0.1;
end
```

（运行结果略）

10.2　随机变量及其数字特征

在Matlab统计工具箱中，涵盖了大量的概率统计问题，可以很方便地求解概率统计（如数字特征、常用统计分布、常用随机数产生等）的基本问题，例如：

（1）概率密度函数通用函数pdf，其格式为

Y=pdf(name,x,A,B,C)

返回以name为分布，在x值的参数为A,B,C的概率密度.

（2）概率密度函数的专用函数，例如：

二项分布的概率密度：Y=binopdf(x,N,p)；

正态分布的概率密度：Y=normpdf(x,mu,sigma)等.

（3）分布函数（概率累计函数）表，例如：

二项分布的分布函数：Y=binocdf(x,N,p)；

正态分布的分布函数：Y=normcdf(x,mu,sigma)等.

一、求概率、期望和方差

例3　某公安局在长度为t的时间间隔内收到的紧急呼救次数服从参数为$t/2$的Poisson分布，而与时间间隔的起点无关（单位：h）.求：

（1）在某一天中午12：00至下午3：00没有收到紧急呼救的概率；

（2）在某一天中午12：00至下午5：00至少收到1次紧急呼救的概率；

（3）求参数$\lambda=1.5$时Poisson分布的数学期望和方差；

（4）当参数$\lambda=1.5,2.5,3$时，绘制Poisson分布分布律的图形.

解　（1）在Matlab命令窗口键入

```
poisscdf(0,1.5)
```

则得 ans =

0.2231 %此结果说明中午12：00至下午3：00没有收到呼救的概率为0.223 1

(2)在Matlab命令窗口键入

```
1-poisscdf(0,2.5)
```

则得 ans =

0.9179 %说明中午12：00至下午5：00至少收到1次紧急呼救的概率为0.917 9

(3) 在Matlab命令窗口键入

```
[m,v]=poisstat(1.5)     %求参数为1.5的Poisson分布的期望和方差
```

则得 m =

1.5000 %参数为1.5的Poisson分布的期望

v =

1.5000 %参数为1.5的Poisson分布的方差

(4) 在Matlab命令窗口键入

```
k=0：10;
y1=poisspdf(k,1.5);
plot(k,y1,'：')
hold on                 %在图形窗口中保持当前图形
y2=poisspdf(k,2.5);          plot(k,y2,'g+')
hold on
y3=poisspdf(k,3);
plot(k,y3,'r*')
axis([0,10,0,0.35])          %坐标轴的刻度
```

即可画出$\lambda=1.5,2.5,3$时的Poisson分布的分布律的图形(略).

二、常见分布曲线

1.标准正态分布曲线

在Matlab命令窗口键入

```
x=-6：0.01：6;
y=normpdf(x);
plot(x,y,'b：')
xlabcl('x')
```

```
ylabel('f(x)')
axis([-6,6,0,0.5])
```

2. 一般正态分布 $X \sim N(\mu,\sigma^2)$

(1)取 $\mu=3,\sigma^2=1^2,2^2,0.5^2$ 时,观察分布曲线的变化.

在Matlab命令窗口键入

```
x=-2:0.01:8;
y1=normpdf(x,3,0.5);
plot(x,y1,'b:')
hold on
y2=normpdf(x,3,1);
plot(x,y2,'g+')
hold on
y3=normpdf(x,3,2);
plot(x,y3,'r.')
gtext('N(3,0.5^2)')
gtext('N(3,1^2)')
gtext('N(3,2^2)')
```

(2)取 $\sigma=2,\mu=1,\ 2,\ 3$ 时,观察分布曲线的变化.

在Matlab命令窗口键入

```
x=-4:0.01:10;
y1=normpdf(x,1,2);
plot(x,y1,'b:')
hold on
y2=normpdf(x,2,2);
plot(x,y2,'g+')
hold on
y3=normpdf(x,3,2);
plot(x,y3,'r.')
gtext('N(1,2^2)')
gtext('N(2,2^2)')
gtext('N(3,2^2)')
```

3. χ^2—分布曲线

在Matlab命令窗口键入

```
clf            %清除当前图形窗口
```

```
x=0:0.01:30;
y1=chi2pdf(x,1);
plot(x,y1,'b。')
hold on
y2=chi2pdf(x,4);
plot(x,y2,'g+ : ')
hold on
y3=chi2pdf(x,10);
plot(x,y3,'r.'')
hold on
y4=chi2pdf(x,20);
plot(x,y4,'k*')
axis([0,30,0,0.2])
legend('n=1','n=4','n=10','n=20')              %图形标签
```

说明:类似地,可给出 t 分布、F 分布曲线的演示程序.

三、中心极限定理直观演示

由中心极限定理知:独立同分布的随机变量,当随机变量的个数 n 无限增大时,其和服从正态分布.特别地,若随机变量服从二项分布.则得到教材中的 De Moivre - Laplace 定理的结论,即 $X_n \sim B(n,p), 0 < p < 1, n=1,2,3,\cdots$,则当 $n \to \infty$ 时,X_n 服从正态分布 $N(np,np(1-p))$.

利用 Matlab 可以直观演示二项分布 $X_n \sim B(n,p)$ 当 n 增大时其极限分布是正态分布 $N(np,np(1-p))$ 的演化过程.在 Matlab 命令窗口键入

```
for n=5:5:75
subplot(3,5,n/5)             %将图形窗口分成3×5个子窗口
k=0:n;
y1=binopdf(k,n,2/3)
plot(k,y1,'r-')
hold on
x=0:n;
y2=normpdf(x,n*2/3,n*2/3*(1-2/3));
plot(x,y2,'g*')
hold on
y3=y1-y2;
```

```
plot(x,y3,'b.')
end
```

(运行结果略)

10.3　统计作图

一、经验分布函数作图

经验分布函数图形的命令为

```
cdfplot(X)        %作样本X(向量)的经验分布函数图形
```

命令格式为

```
h = cdfplot(X)    %h表示图形的环柄
[h,stats] = cdfplot(X)     %stats表示样本的一些特征
```

例4　钢材中的含硅量 X 是影响材料性能的一项重要因素.在炼钢生产的过程中,由于各种随机因素的影响,各炉钢的含硅量 X 是有差异的.对含硅量 X 的概率分布的了解是有关钢材性能分析的重要依据.某炼钢厂120炉正常生产的25MnSi钢的含硅量(单位:%)如下:

0.86 ;0.83;0.77;0.81;0.81;0.80;0.79;0.82;0.82;0.81
0.82; 0.78;0.80;0.81;0.87;0.81;0.77;0.78;0.77;0.78
0.77; 0.71;0.95;0.78;0.81;0.79;0.80;0.77;0.76;0.82
0.84; 0.79;0.90;0.82;0.79;0.82;0.79;0.86;0.81;0.78
0.82; 0.78;0.73;0.84;0.81;0.81;0.83;0.89;0.78;0.86
0.78; 0.84;0.84;0.75;0.81;0.81;0.74;0.78;0.76;0.80
0.75; 0.79;0.85;0.78;0.74;0.71;0.88;0.82;0.76;0.85
0.81; 0.79;0.77;0.81;0.81;0.87;0.83;0.65;0.64;0.78
0.80; 0.80;0.77;0.84;0.75;0.83;0.90;0.80;0.85;0.81
0.82; 0.84;0.85;0.84;0.82;0.85;0.84;0.82;0.85;0.84
0.81; 0.77;0.82;0.83;0.82;0.74;0.73;0.75;0.77;0.78
0.87; 0.77;0.80;0.75;0.82;0.78;0.78;0.82;0.78;0.78

求25MnSi钢含硅量数据的经验分布函数.

解　在Matlab环境下,输入

```
clear
x =[0.86 ;0.83;0.77;0.81;0.81;0.80;0.79;0.82;0.82;0.81;
    0.82; 0.78;0.80;0.81;0.87;0.81;0.77;0.78;0.77;0.78;
    0.77; 0.71;0.95;0.78;0.81;0.79;0.80;0.77;0.76;0.82;
    0.84; 0.79;0.90;0.82;0.79;0.82;0.79;0.86;0.81;0.78;
    0.82; 0.78;0.73;0.84;0.81;0.81;0.83;0.89;0.78;0.86;
```

```
0.78; 0.84;0.84;0.75;0.81;0.81;0.74;0.78;0.76;0.80;
0.75; 0.79;0.85;0.78;0.74;0.71;0.88;0.82;0.76;0.85;
0.81; 0.79;0.77;0.81;0.81;0.87;0.83;0.65;0.64;0.78;
0.80; 0.80;0.77;0.84;0.75;0.83;0.90;0.80;0.85;0.81;
0.82; 0.84;0.85;0.84;0.82;0.85;0.84;0.82;0.85;0.84;
0.81; 0.77;0.82;0.83;0.82;0.74;0.73;0.75;0.77;0.78;
0.87; 0.77;0.80;0.75;0.82;0.78;0.78;0.82;0.78;0.78];
[h,stats] = cdfplot(x)
```

运行程序,输出结果

```
h=154.0056
stats=
    min: 0.6400          %样本最小值
    max: 0.9500          %样本最大值
    mean: 0.8026         %样本平均值
    median: 0.8100       %样本中间值
    std: 0.0450          %样本标准差
```

经验分布函数图形略.

由图中可以看出,样本的经验分布函数图形上升速度较快,均值与中值接近,图形的 S 形状均衡对称,均值处函数值约为 0.5. 这些特征表明,25MnSi 钢的含硅量可能服从均值为 0.8026、标准差为 0.045 的正态分布.

二、直方图

频数表:将数据的取值范围划分为若干个区间,然后统计这组数据在每个区间出现的次数(称为频数),即得到一个频数表;

直方图:以数据的取值为横坐标,频数为纵坐标,画出的一个台阶型的图.

例 2 学校随即抽取 100 名学生,测量他们的身高和体重,所得数据见表 10.6.

(1)计算学生身高及体重的均值,标准差,中位数和极差;

(2)作出学生身高及体重的频数表和直方图.

解 (1)首先录入数据(以 M 文件形式),文件名为 data3.m,格式见表 10.6. 在 Matlab 命令区键入

$$A = \mathrm{data3}$$

则返回 A 是一个 20×10 矩阵.

为了得到我们需要的 100 个身高和体重各位一列的矩阵,应作如下改变:

student=[A(:,[1,2]);A(:,[3,4]);A(:,[5,6]);A(:,[7,8]);A(:,[9,

10])]

student 是一个 100×2 矩阵,第一列是学生的身高,第二列是学生的体重.

表　10.6

身高	体重	身高	体重	身高	体重	身高	体重	身高	体重
172	75	169	55	169	64	171	65	167	47
171	62	168	67	165	52	169	62	168	65
166	62	168	65	164	59	170	58	165	64
160	55	175	67	173	74	172	64	168	57
155	57	176	64	172	69	169	58	176	57
173	58	168	50	169	52	167	72	170	57
166	55	161	49	173	57	175	76	158	51
170	63	169	63	173	61	164	59	165	62
167	53	171	61	166	70	166	63	172	53
173	60	178	64	163	57	169	54	169	66
178	60	177	66	170	56	167	54	169	58
173	73	170	58	160	65	179	62	172	50
163	47	173	67	165	58	176	63	162	52
165	66	172	59	177	66	182	69	175	75
170	60	170	62	169	63	186	77	174	66
163	50	172	59	176	60	166	76	167	63
172	57	177	58	177	67	169	72	166	50
182	63	176	68	172	56	173	59	174	64
171	59	175	68	165	56	169	65	168	62
177	64	184	70	166	49	171	71	170	59

(2)然后在 Matlab 命令窗口键入

```
[N,X]=hist(student(:,1))      %给出学生身高的频数表
hist(student(:,1))            %给出学生身高的直方图
[N,X]=hist(student(:,2))      %给出学生体重的频数表
hist(student(:,2))            %给出学生体重的直方图
mu=mean(student)
zhong=median(student)
sigma=std(student)
jicha=range(student)
```

运行结果略.

注意:hist 命令的格式是

$$[N,X]=\text{hist}(data,k)$$

数组(行、列均可)data 的频数表,将区间[min(data),max(data)]等分 k 份(缺省时 k=10),N 返回 k 个小区间的频数,X 返回 k 个小区间的中点.

hist(data,k),数组(行、列均可)data 的直方图,k 的意义同上.

10.4 参数估计

在 Matlab 统计工具箱中,有专门计算总体均值、标准差的区间估计函数.对于正态总体,命令格式是

[mu,sigma,muci,sigmaci]=normfit(x,alpha)

其中,x 为样本;alpha 为显著性水平 α,若缺省默认 0.05;mu 为总体均值 μ 的极大似然估计值;sigma 为总体标准方差 σ 的极大似然估计;muci 为均值 μ 的区间估计;sigmaci 为标准差 σ 的区间估计.

例 1 已知某种灯泡的寿命 X(单位:h)服从正态分布 $N(\mu,\sigma^2)$.现从这批灯泡中抽取 10 个,测得寿命分别为

1 050, 1 100, 1 080, 1 120, 1 250, 1 040, 1 130, 1 300, 1 200, 1 200

(1)试求 μ,σ^2 的极大似然估计值;

(2)若 σ^2 未知,试求 μ 的置信区间(取 $\alpha=0.10$);

(3)试求 σ^2 的置信区间(取置信度 $1-\alpha=0.90$).

解 在 matlab 命令窗口键入

```
data=[1050,1100,1080,1120, 1250, 1040, 1130, 1300, 1200, 1200];
mu,sigma,muci,sigmaci]=normfit(data,0.1)
mu =1147              %均值 mu 的极大似然估计
sigma = 87.0568        %标准差 σ 的极大似然估计
muci =
        1.0965
        1.1975        %方差 σ^2 未知时,μ 的置信度为 0.90 的置信区间
sigmaci =
        63.4946
        143.2257        %均值 μ 未知时,σ 的置信度为 0.90 的置信区间
```

键入 sigma^2

则得 ans =

```
     7.5789e+003      %方差 σ^2 的极大似然估计
```

键入 sigmaci.^2

则得　　ans =

```
1.0e+004 *
0.4032
2.0514        %均值μ未知时，σ^2 的置信度为0.90的置信区间
```

例2 分别使用金球和铂球测定引力常数.

(1)用金球测定观察值为:6.683，6.681，6.676，6.678，6.679，6.672;

(2)用铂球测定观察值为:6.661，6.661，6.667，6.667，6.664.

设测定值总体为$N(\mu,\sigma^2)$，μ和σ均未知。对(1)、(2)两种情况分别求μ和σ的置信度为0.9的置信区间.

解 在Matlab环境下,输入

```
X =[6.683 6.681 6.676 6.678 6.679 6.672];
Y =[6.661 6.661 6.667 6.667 6.664];
[mu,sigma,muci,sigmaci]=normfit(X,0.1)      %金球测定的估计
[MU,SIGMA,MUCI,SIGMACI]=normfit(Y,0.1)      %铂球测定的估计
```

运行后结果显示如下:

```
mu = 6.6782
sigma = 0.0039
muci =
        6.6750
        6.6813
sigmaci =
        0.0026
        0.0081
MU =
        6.6640
SIGMA =
        0.0030
MUCI =
        6.6611
        6.6669
SIGMACI =
        0.0019
        0.0071
```

由上可知,金球测定的μ估计值为6.678 2,置信区间为[6.675 0,6.681 3];σ

的估计值为 0.003 9，置信区间为[0.002 6,0.008 1]。泊球测定的 μ 估计值为 6.664 0，置信区间为[6.661 1,6.666 9]；σ 的估计值为 0.003 0，置信区间为[0.001 9,0.007 1].

10.5 假设检验

一、单正态总体的假设检验

当总体方差 σ^2 已知，单个正态总体均值 μ 的假设检验用 z 检验法，命令格式为

```
h = ztest(x,mu,sigma)
h= ztest(x,mu,sigma,alpha)
[h,p] = ztest(x,mu,sigma,alpha,tail)
```

其中，x 为正态总体的样本，sigma 为总体的标准差 σ；alpha 是显著性水平为 α（缺省时 $\alpha=0.05$）；tail 是对备则假设 H_1 的选择：

$H_1:\mu \neq \mu_0$，则 tail=0（可缺省）；

$H_1:\mu > \mu_0$，则 tail=1；

$H_1:\mu < \mu_0$，则 tail=−1（可缺省）

输出参数 $h=0$，表示在显著性水平 α 下，接受原假设 H_0；$h=1$，表示在显著性水平 α 下，拒绝原假设 H_0.

p 表示在假设 H_0 下，样本均值出现的概率，p 越小 H_0 越值得怀疑.

当总体方差 σ^2 未知时用 t 检验法，命令格式为

```
[h,p] = ttest(x,mu,alpha,tail)
```

其中，参数含义同上.

例 1 某车间用一台包装机包装葡萄糖，包得的袋装糖重量是一个随机变量，它服从正态分布.某日开工后检验包装机是否正常，随机地抽取所包装的糖 9 袋，称得净重(kg)如下：

0.497，0.506，0.518，0.524，0.498，0.511，0.52，0.515，0.512

(1)若已知机器正常工作时，其均值为 0.5kg，标准差为 0.015。问这天机器是否正常？

(2)当 μ,σ^2 均未知时，是否有理由认为袋装糖的平均重量大于 0.5kg？（$\alpha=0.05$）

解 (1)总体 μ 和 σ^2 已知，该问题是 σ^2 已知时，在水平 $\alpha=0.05$ 下，根据样本值判断 $\mu=0.5$ 还是 $\mu\neq0.5$，为此提出假设：

$$H_0:\mu=\mu_0=0.5, \quad H_1:\mu \neq \mu_0$$

要用 z 检验法.

在 Matlab 环境下，键入

```
data=[0.497,0.506,0.518,0.524,0.498,0.511,0.52,0.515,0.512];
```

再键入

```
[h,p]=ztest(data,0.5,0.015,0.05,0)
```

结果显示为

```
h = 1        p = 0.0248
```

结果 h=1，说明在水平 0.05 下，可拒绝原假设，即认为包装机工作不正常.

(2)问题是当 σ^2 未知时，在水平 $\alpha=0.05$ 下，关于 μ 的单边检验. 为此提出假设：

$$H_0:\mu=\mu_0=0.5,\quad H_1:\mu>0.5$$

要用 t 检验法. 在 Matlab 环境下，键入

```
data=[0.497,0.506,0.518,0.524,0.498,0.511,0.52,0.515,0.512];
```

再键入

```
[h,p]=ttest(data,0.5,0.05,1)
```

结果显示为

```
h = 1        p = 0.0071
```

结果 h=1，说明在水平 0.05 下，可拒绝原假设，即有理由认为袋装糖的平均重量大于 0.5kg.

二、双正态总体的假设检验

例 2　为研究胃溃疡的病理，医院做了两组人胃液成分的试验，患胃溃疡的病人组与无胃溃疡的对照组各取 30 人，胃液中溶菌酶含量如下(溶菌酶是一种能破坏某些细菌的细胞壁的酶)：

病人：0.2，10.4，0.3，0.4，10.9，11.3，1.1，2.0，12.4，16.2
2.1，17.6，18.9，3.3，3.8，20.7，4.5，4.8，24.0，25.4
4.9，40.0，5.0，42.2，5.3，50.0，60.0，7.5，9.8，45.0

正常：0.2，5.4，0.3，5.7，0.4，5.8，0.7，7.5，1.2，8.7
1.5，8.8，1.5，9.1，1.9，10.3，2.0，15.6，2.4，16.1
2.5，16.5，2.8，16.7，3.6，20.0，4.8，20.7，4.8，33.0

(1)根据这些数据判断患胃溃疡病人的溶菌酶与正常人有无显著性差别；

(2)若上述数据中患胃溃疡病人组的最后 5 个数据有误，去掉后再作判断.

解　设病人及正常人的溶菌酶含量均值为 μ_1,μ_2，则该问题就是在双正态总体的前提下，检验

$$H_0: \quad \mu_1=\mu_2, \qquad H_1 \quad \mu_1 \neq \mu_2$$

故要利用 $\sigma_1^2=\sigma_2^2$ 未知时的 t 检验法.

在 Matlab 中,实现 t 检验的命令格式为[h,p] = ttest2(x,y,alpha,tail)
此命令与 ttest 相比,不同之处在于输入的是两个样本 x,y(长度不一定相同),而不是一个样本和它的总体均值,tail 的用法与 test 相同.

在 Matlab 环境下,输入

```
x=[0.2   10.4  0.3   0.4   10.9  11.3  1.1   2.0   12.4  16.2
   2.1   17.6  18.9  3.3   3.8   20.7  4.5   4.8   24.0  25.4
   4.9   40.0  5.0   42.2  5.3   50.0  60.0  7.5   9.8   45.0]
y=[0.2   5.4   0.3   5.7   0.4   5.8   0.7   7.5   1.2   8.7
   1.5   8.8   1.5   9.1   1.9   10.3  2.0   15.6  2.4   16.1
   2.5   16.5  2.8   16.7  3.6   20.0  4.8   20.7  4.8   33.0]
[h,p] = ttest2(x,y,0.05,0)
```

显示结果为 h=1,p=0.025 1,即认为二者有显著性差别.

(2) 若患胃溃疡病人组的最后 5 个数据有误,去掉后

z=[0.2,10.4,0.3,0.4,10.9,11.3,1.1,2.0,12.4,16.2,2.1,17.6,18.9,3.3,3.8,20.7,4.5,4.8,24.0,25.4,,4.9,40.0,5.0,42.2,5.3]

[h,p] = ttest2(x,y,0.05,0)

显示结果为 h=0,p=0.155 8,即认为二者无显著性差别.

10.6 实际问题的建模与分析

一、生日问题

1.问题的提出

在 100 个人的团体中,如果不考虑年龄的差异,研究是否有两个以上的人生日相同.假设每个人的生日在一年 365 天中的任意一天是等可能的,那么随机找 r 个人 ($r \leqslant 365$).求这 r 个人生日各不相同的概率是多少?从而求这 r 个人中至少有两人生日相同的概率是多少?

2.实验内容及要求

(1)给出 r 个人中至少有两人生日相同的概率 $p(r)$ 的计算公式.

(2)根据 $p(r)$,分别求出当团体人数

$$r=1,2,3,\cdots,100$$

时的概率 $p(1),p(2),p(3),\cdots,p(100)$,并在 Matlab 环境下用 plot($p$) 命令绘制

图形，描述 $p(r)$ 随 r 变化的规律.

(3)计算当 $r=30,50,70$ 时 $p(r)$ 的值.

(4)用5次多项式拟合方法寻找一个近似计算概率的公式.

(5)考虑到团体总人数对概率的影响，在某团体中，要保证“至少有两人生日相同”的概率大于99%，这个团体的总人数应该至少为多少？（可以利用上面已算出的100个概率值作出判断）.

(6)计算机仿真.随机产生30个正整数，介于1到365之间（用这30个正整数代表一个班30个同学的生日），然后统计数据，观察是否有两个以上的同学生日相同.当30人中有两人生日相同时，计算机输出“1”，否则输出“0”.如果重复观察100次，计算出这一事件发生的频率 f 为多少.

参考下面的Matlab程序进行计算机模拟，要求模拟3次以上，并记录下每次模拟计算的频率值，与前面所计算的概率 $p(30)$ 进行比较.

```
n=0;
for m=1:100            %做100次随机试验
y=0;
x=1+fix(365*rand(1,30));        %产生30个随机数
  for i=1:29
    for j=i+1:30
      if x(i)==x(j);        %用二重循环寻找30个随机数中是否有相
                             同的数
        y=1;
      break;
      end
    end
  end
n=n+y;           %累计有两人生日相同的试验次数
end
f=n/m           %计算频率
```

(7)由(6)的结果说明频率的稳定性，给出统计概率的直观说明.

3.问题分析与模型建立

设 A 为“r 个人生日各不相同”，由于 r 个人都以等可能的机会在365天中的任一天出生，所以样本空间所含基本事件数为 $n=365^r$.

又根据题意，事件 A 所含基本事件数为

$$m=365\times364\times363\times362\times\cdots\cdots\times(365-r+1)$$

故

$$P(A)=\frac{365\times 364\cdots\cdots\times(365-r+1)}{365^r}=\left(1-\frac{1}{365}\right)\left(1-\frac{2}{365}\right)\cdots\left(1-\frac{r-1}{365}\right)$$

从而“r个人至少有两人生日相同”这一事件的概率为

$$p(r)=1-P(A)=1-\left(1-\frac{1}{365}\right)\left(1-\frac{2}{365}\right)\cdots\left(1-\frac{r-1}{365}\right)$$

由于在利用公式计算 $p(r)$ 时，所用的乘法次数和除法次数较多，可以考虑用多项式作近似计算，这需要解决多项式拟合问题.

4. 计算过程

(1)利用 $p(r)$ 的公式计算当 $r=1,2,\cdots,100$ 时的概率值

$$p(1),p(2),p(3),\cdots,p(100)$$

并绘图. 利用 Matlab 编程如下

```
for k=1:100
p(k)=1-prod(365-k+1:365)/365^k;          %prod 表示乘积
end
```

plot(p)得结果：$p(1)=0,p(2)=0.0027,p(3)=0.0082,\cdots,p(98)=1.0000$

$$p(99)=1.0000,p(100)=1.0000$$

(图形略).

(2)由于(1)中已求出 $p(k)$，故输入 $p(30),p(50),p(70)$ 即得

$$p(30)=0.7063;p(50)=0.9704;p(70)=0.9992$$

(3)用 5 次多项式拟合方法寻找近似计算概率的公式：

```
n=1:100;
c5=ployfit(n,p,5)      %求 5 次多项式拟合的多项式系数，得结果
```

$$P_5(x)=c_1x^5+c_2x^4+c_3x^3+c_4x^2+c_5x+c_6=$$

$$0x^5+0x^4-0.0001x^3+0.0023x^2-0.0046x-0.0020$$

在 Matlab 环境下输入一下继续输入下列命令：

```
p5=ployval(c5,n);      %用多项式拟合近似计算 100 个概率值；
ploy(n,p,n,p5,'.')     %画出拟合多项式的图像与概率曲线做比较
```

(图形略).

用 5 次多项式做近似计算：

输入：p5(30)　(回车)　　ans=0.6965

输入：p5(50)　(回车)　　ans=0.9801

输入：p5(70)　(回车)　　ans=0.9909；

(4)在某团体中，要保证“至少有两人生日相同的概率”的概率大于 99%，利用(1)中已算出的 100 个概率值，输入

find(p>0.99)　(回车)

可得团体总人数若超过 57 人，则这个团体中至少有两人生日相同的概率概率将大于 99%.

二、航空公司机票预订额度的确定

1. 问题提出

航空公司的机票可采用预订的方式. 在某一航班上，根据经验知道，预订了机票而届时又不能如期到达机场的旅客占额度机票旅客数的 ($p=$)3%. 为减少因此产生的损失，航空公司准备适当扩大机票预订数额即允许预订票数略超出航班容量 N(客机可载旅客数)，然而这样就有可能有些预订了机票且如期到达机场的旅客无法登机，公司必须给这些旅客以赔偿，初步确定赔偿费为机票费的 ($b=$)10%. 另外公司的形象顾问认为每次航班这部分旅客的数目超过 5 名的概率 $P(5)$ 必须控制在 5%以内. 现在已知航班容量为 $N=300$(人)，飞行一次的成本 C 为全部机票(300 张)款额的 60%，为使公司的支出获得尽可能大的利润，试确定该航班机票预订额度是多少？假定旅客是否如期到达机场是相互独立的.

2. 相关变量符号

相关的变量符号见表 10.7.

表　10.7

N	飞机容量
g	单张机票的价格
C	飞行一次的成本(与乘客的多少有关)
p_k	k 个旅客迟到的概率
p	每位预订了机票的旅客迟到的概率
b	乘客准时到达机场而未乘上飞机的赔偿费
m	预订的机票数
L	每次航班公司所获得的利润
$P(j)$	超过 j 个乘客不能按时登机的概率(声誉指标)

3. 问题分析与建模

依据前面引入的符号，假设迟到的乘客数为 k，则利润为

$$L=\begin{cases}(m-k)g-C, & m-k\leqslant N\\ Ng-C-[(m-k)-N]b, & m-k>N\end{cases}$$

由于迟到的旅客数 k 是随机的，所以利润 L 也为随机变量，故该航班的平均利润为

$$E(L)=\sum_{k=0}^{m-N-1}\{Ng-C-[(m-k)-N]b\}p_k+\sum_{k=m-N}^{\infty}[(m-k)g-C]p_k=$$

$$[m-E(k)]g-C-(b+g)\sum_{k=0}^{m-N-1}(m-k-N)p_k$$

其中，$E(k)=\sum_{k=0}^{\infty}kp_k$ 表示平均迟到的人数.

又由于 k 服从二项分布，且 $p_k=C_m^k p^k(1-p)^{m-k}$，所以 $E(k)=mp$.

$$E(L)=(1-p)mg-C-(b+g)\sum_{k=0}^{m-N-1}(m-k-N)C_m^k p^k(1-p)^{m-k}$$

由题设知 $N=300,\quad C=N\times 0.6g=0.6Ng$

$b=0.1g,\quad p=0.03$

故该公司在该航班支出所获得平均利润 LL 为

$$LL=\frac{E(L)}{C}=\frac{1}{0.6N}(1-p)m-0.6N-\left(1+\frac{b}{g}\right)\sum_{k=0}^{m-N-1}(m-k-N)C_m^k p^k(1-p)^{m-k}$$

且

$$P(j)=\sum_{k=0}^{m-N-j}C_m^k p^k(1-p)^{m-k}$$

现在的问题是，求出当 m 是多少时，LL 最优，且 $P(5)\leqslant 5\%$.

4.计算过程

当 $N=300,p=0.03,\dfrac{b}{g}=0.1$ 时，有

$$LL=\frac{1}{180}\left[0.97m-180-1.1\sum_{k=0}^{m-301}(m-k-300)C_m^k(0.03)^k(0.97)^{m-k}\right]=$$

$$\left(\frac{0.97m}{180}-1\right)-\frac{1.1}{180}\sum_{k=0}^{m-301}(m-k-300)C_m^k(0.03)^k(0.97)^{m-k}$$

取 $m=305,306,\cdots,350$.

利用 Matlab 编程计算 LL，$P(5)$ 的值. 程序为

```
for m=305:350
  sum1=0;
  for k=0:m-301
    p=1;
    f=1;
    for i=k+1:m
      f=f*i/p;
      p=p+1;
    end
```

```
    t1=(m-k-300)*f*(0.03)^k*(0.97)^(m-k);
    sum1=sum1+t1;
  end
  esc=(1.0/180.0)*(0.97*m-1.1*sum1)-1;
  sum2=0;
  for k=0:m-305
    p=1;
    f=1;
    for i=k+1:m;
      f=f*i/p;
      p=p+1;
    end
    t2=f*(0.03)^k*(0.97)^(m-k);
    sum2=sum2+t2;
  end
  format short e
  [m',esc',sum2']
  end
```

由以上运算结果知：当 $m=314$ 时 LL 取得最大值0.663 4，$P(5)=0.053\,14$，且 $P(5)=$sum2 随 m 的增大而单调递增．又因为当 $m=309$ 时，$P(5)=0.044\,22$；$m=310$ 时，$P(5)=0.095\,21$．所以为使 LL 最大，且要满足 $P(5)\leqslant 5\%=0.05$，故取 $m=309$．

5．结果分析

（1）当 $N=300$，$b/g=0.1$，$p=0.03$，$m=N+5,N+6,\cdots,N+50$ 时，利用Matlab编程计算得当 $m=309$ 时，LL 最优，且 $P(5)$ 不超过5％．

此外，当固定 $N=300$，$b/g=0.1$，变化 p，如 $p=0.1$，$p=0.01$，$p=0.05$，$p=0.07$，最优结果将随之变化，且变化幅度大；

（2）变化声誉指标 $P(j)$，如 $P(3)\leqslant 5\%$，$P(7)\leqslant 5\%$，$P(9)\leqslant 5\%$，最优结果亦将有一定变化，只是变化幅度较小；

（3）变化声誉水平，若 $P(5)\leqslant 1\%$，$P(5)\leqslant 3\%$，$P(5)\leqslant 7\%$，最优结果亦将有一定变化，只是变化幅度也较小；

（4）还可画出 m 与 LL 及 m 与 $p(5)=$sum2 的图形，来分析它们之间的变化关系．

附　　表

附表 1　泊松分布表

$$P\{X \leqslant x\} = \sum_{k=0}^{x} \frac{\lambda^k e^{-\lambda}}{k!}$$

x	λ								
	0.1	0.2	0.3	0.4	0.5	0.6	0.7	0.8	0.9
0	0.9048	0.8187	0.7408	0.6730	0.6065	0.5488	0.4966	0.4493	0.4066
1	0.9953	0.9825	0.9631	0.9384	0.9098	0.8781	0.8442	0.8088	0.7725
2	0.9998	0.9989	0.9964	0.9921	0.9856	0.9769	0.9659	0.9526	0.9371
3	1.0000	0.9999	0.9997	0.9992	0.9982	0.9966	0.9942	0.9909	0.9865
4		1.0000	1.0000	0.9999	0.9998	0.9996	0.9992	0.9986	0.9977
5				1.0000	1.0000	1.0000	0.9999	0.9998	0.9997
6							1.0000	1.0000	1.0000

x	λ								
	0.1	0.2	0.3	0.4	0.5	0.6	0.7	0.8	0.9
0	0.3679	0.2231	0.1353	0.0821	0.0498	0.0302	0.0183	0.0111	0.0067
1	0.7358	0.5578	0.4060	0.2873	0.1991	0.1359	0.0916	0.0611	0.0404
2	0.9197	0.8088	0.6767	0.5438	0.4232	0.3208	0.2381	0.1736	0.1247
3	0.9810	0.9344	0.8571	0.7576	0.6472	0.5366	0.4335	0.3423	0.2650
4	0.9963	0.9814	0.9473	0.8912	0.8153	0.7254	0.6288	0.5321	0.4405
5	0.9994	0.9955	0.9834	0.9580	0.9161	0.8576	0.7851	0.7029	0.6160
6	0.9999	0.9991	0.9955	0.9858	0.9665	0.9347	0.8893	0.8311	0.7622
7	1.0000	0.9998	0.9989	0.9958	0.9881	0.9733	0.9489	0.9134	0.8666
8		1.0000	0.9998	0.9989	0.9962	0.9901	0.9786	0.9597	0.9319
9			1.0000	0.9997	0.9989	0.9967	0.9919	0.9829	0.9682
10				0.9999	0.9997	0.9990	0.9972	0.9933	0.9863
11				1.0000	0.9999	0.9997	0.9991	0.9976	0.9945
12					1.0000	0.9999	0.9997	0.9992	0.9980

x	λ								
	0.1	0.2	0.3	0.4	0.5	0.6	0.7	0.8	0.9
0	0.0041	0.0025	0.0015	0.0009	0.0006	0.0003	0.0002	0.0001	0.0001
1	0.0266	0.0174	0.0113	0.0073	0.0047	0.0030	0.0019	0.0012	0.0008
2	0.0884	0.0620	0.0430	0.0296	0.0203	0.0138	0.0093	0.0062	0.0042
3	0.2017	0.1512	0.1118	0.0818	0.0591	0.0424	0.0301	0.0212	0.0149
4	0.3575	0.2851	0.2237	0.1730	0.1321	0.0996	0.0744	0.0550	0.0403
5	0.5289	0.4457	0.3690	0.3007	0.2414	0.1912	0.1496	0.1157	0.0885
6	0.6860	0.6063	0.5265	0.4497	0.3782	0.3134	0.2562	0.2068	0.1649
7	0.8095	0.7440	0.6728	0.5987	0.5246	0.4530	0.3856	0.3239	0.2687
8	0.8944	0.8472	0.7916	0.7291	0.6620	0.5925	0.5231	0.4557	0.3918
9	0.9462	0.9161	0.8774	0.8305	0.7764	0.7166	0.6530	0.5874	0.5218
10	0.9747	0.9574	0.9332	0.9015	0.8622	0.8159	0.7634	0.7060	0.6453
11	0.9890	0.9799	0.9661	0.9466	0.9208	0.8881	0.8487	0.8030	0.7520
12	0.9955	0.9912	0.9840	0.9730	0.9573	0.9362	0.9091	0.8758	0.8364
13	0.9983	0.9964	0.9929	0.9872	0.9784	0.9658	0.9486	0.9261	0.8981
14	0.9994	0.9986	0.9970	0.9943	0.9897	0.9827	0.9726	0.9585	0.9400
15	0.9998	0.9995	0.9988	0.9976	0.9954	0.9918	0.9862	0.9780	0.9665
16	0.9999	0.9998	0.9996	0.9990	0.9980	0.9963	0.9934	0.9889	0.9823
17	1.0000	0.9999	0.9998	0.9996	0.9992	0.9984	0.9970	0.9947	0.9911
18		1.0000	0.9999	0.9999	0.99997	0.9994	0.9987	0.9976	0.9957
19			1.0000	1.0000	0.9999	0.9997	0.9995	0.9989	0.9980
20					1.0000	0.9999	0.9998	0.9996	0.9991

续表

x	λ								
	0.1	0.2	0.3	0.4	0.5	0.6	0.7	0.8	0.9
0	0.0000	0.0000	0.0000						
1	0.0005	0.0002	0.0001	0.0000	0.0000				
2	0.0028	0.0012	0.0005	0.0002	0.0001	0.0000	0.0000		
3	0.0103	0.0049	0.0023	0.0010	0.0005	0.0002	0.0001	0.0000	0.0000
4	0.0293	0.0151	0.0076	0.0037	0.0018	0.0009	0.0004	0.0002	0.0001
5	0.0671	0.0375	0.0203	0.0107	0.0055	0..0028	0.0014	0.0007	0.0003
6	0.1301	0.0786	0.0458	0.0259	0.0142	0.0076	0.0040	0.0021	0.0010
7	0.2202	0.1432	0.0895	0.0540	0.0316	0.0180	0.0100	0.0054	0.0029
8	0.3328	0.2320	0.1550	0.0998	0.0621	0.0374	0.0220	0.0126	0.0071
9	0.4579	0.3405	0.2424	0.1658	0.1094	0.0699	0.0433	0.0261	0.0154
10	0.5830	0.4599	0.3472	0.2517	0.1757	0.1185	0.0774	0.0491	0.0304
11	0.6968	0.5793	0.4616	0.3532	0.2600	0.1848	0.1270	0.0847	0.0549
12	0.7916	0.6887	0.5760	0.4631	0.3585	0.2676	0.1931	0.1350	0.0917
13	0.8645	0.7813	0.6815	0.5730	0.4644	0.3632	0.2745	0.2009	0.1426
14	0.9165	0.8540	0.7720	0.6751	0.5704	0.4657	0.3675	0.2808	0.2081
15	0.9513	0.9074	0.8444	0.7636	0.6694	0.5681	0.4667	0.3715	0.2867
16	0.9730	0.9441	0.8987	0.8355	0.7559	0.6641	0.5660	0.4677	0.3750
17	0.9857	0.9678	0.9370	0.8905	0.8272	0.7489	0.6593	0.5640	0.4686
18	0.9928	0.9823	0.9626	0.9302	0.8826	0.8195	0.7423	0.6550	0.5622
19	0.9965	0.9907	0.9787	0.9573	0.9235	0.8752	0.8122	0.7363	0.6509
20	0.9984	0.9953	0.9884	0.9750	0.9521	0.9170	0.8682	0.8055	0.7307
21	0.9993	0.9977	0.9939	0.9859	0.9712	0.9469	0.9108	0.8615	0.7991
22	0.9997	0.9990	0.9970	0.9924	0.9833	0.9673	0.9418	0.9047	0.8551
23	0.9999	0.9995	0.9985	0.9960	0.9907	0.9805	0.9633	0.9367	0.8989
24	1.000	0.9998	0.9993	0.9980	0.99580	0.9888	0.9777	0.9594	0.9317
25		0.9999	0.9997	0.9990	0.9974	0.9938	0.9869	0.9748	0.9554
26		1.0000	0.9999	0.9995	0.9987	0.9967	0.9925	0.9848	0.9718
27			0.9999	0.9998	0.9994	0.9983	0.9959	0.9912	0.9827
28			1.0000	0.9999	0.9997	0.9991	0.9978	0.9950	0.9897
29				1.0000	0.9999	0.9996	0.9989	0.9973	0.9941
30					0.9999	0.9998	0.9994	0.9986	0.9967
31					1.0000	0.9999	0.9997	0.9993	0.9982
32						1.0000	0.9999	0.9996	0.9990
33							0.9999	0.9998	0.9995
34							1.0000	0.9999	0.9998
35								1.0000	0.9999
36									0.9999
37									1.0000

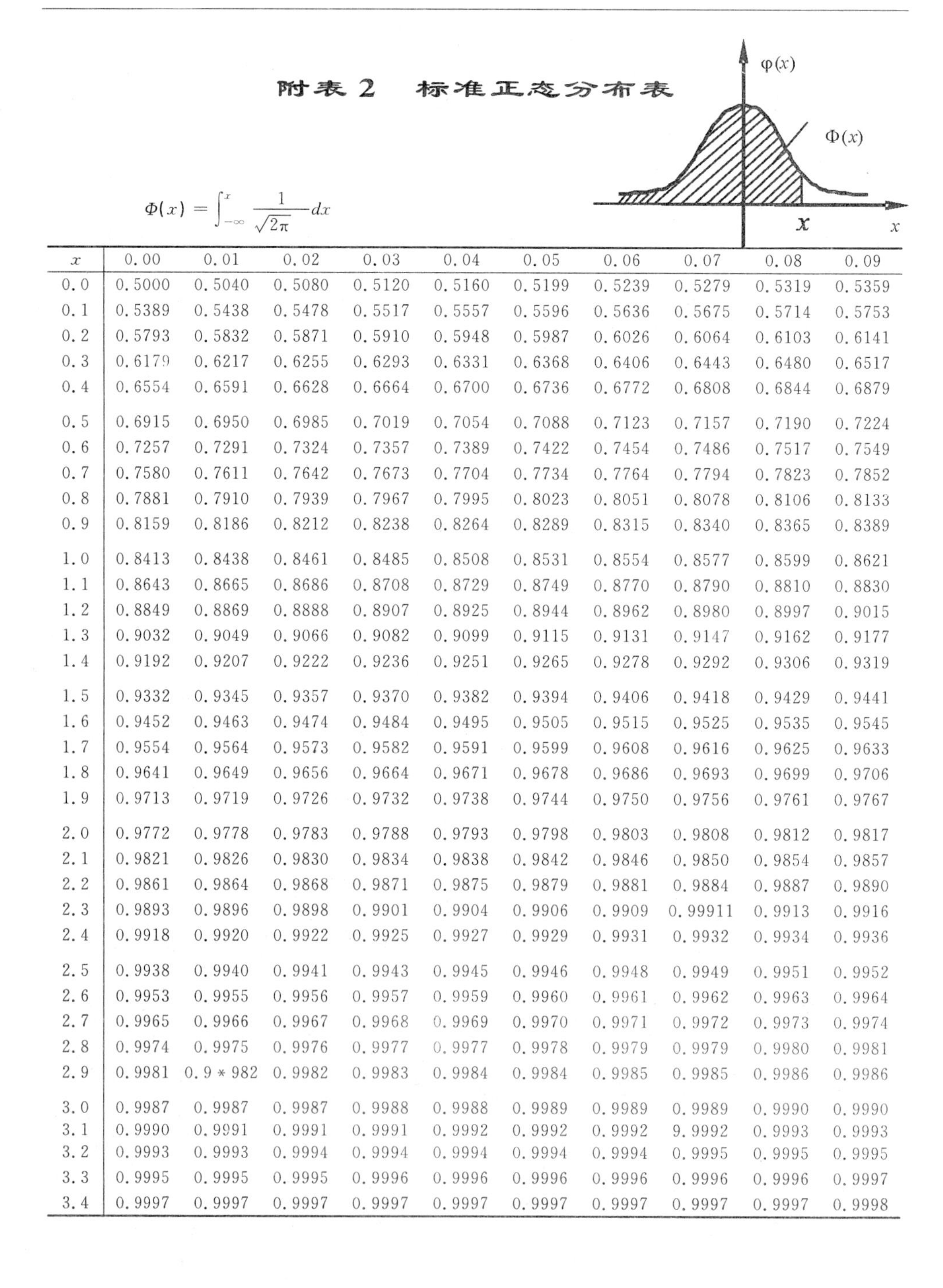

附表 2　标准正态分布表

$$\Phi(x)=\int_{-\infty}^{x}\frac{1}{\sqrt{2\pi}}dx$$

x	0.00	0.01	0.02	0.03	0.04	0.05	0.06	0.07	0.08	0.09
0.0	0.5000	0.5040	0.5080	0.5120	0.5160	0.5199	0.5239	0.5279	0.5319	0.5359
0.1	0.5389	0.5438	0.5478	0.5517	0.5557	0.5596	0.5636	0.5675	0.5714	0.5753
0.2	0.5793	0.5832	0.5871	0.5910	0.5948	0.5987	0.6026	0.6064	0.6103	0.6141
0.3	0.6179	0.6217	0.6255	0.6293	0.6331	0.6368	0.6406	0.6443	0.6480	0.6517
0.4	0.6554	0.6591	0.6628	0.6664	0.6700	0.6736	0.6772	0.6808	0.6844	0.6879
0.5	0.6915	0.6950	0.6985	0.7019	0.7054	0.7088	0.7123	0.7157	0.7190	0.7224
0.6	0.7257	0.7291	0.7324	0.7357	0.7389	0.7422	0.7454	0.7486	0.7517	0.7549
0.7	0.7580	0.7611	0.7642	0.7673	0.7704	0.7734	0.7764	0.7794	0.7823	0.7852
0.8	0.7881	0.7910	0.7939	0.7967	0.7995	0.8023	0.8051	0.8078	0.8106	0.8133
0.9	0.8159	0.8186	0.8212	0.8238	0.8264	0.8289	0.8315	0.8340	0.8365	0.8389
1.0	0.8413	0.8438	0.8461	0.8485	0.8508	0.8531	0.8554	0.8577	0.8599	0.8621
1.1	0.8643	0.8665	0.8686	0.8708	0.8729	0.8749	0.8770	0.8790	0.8810	0.8830
1.2	0.8849	0.8869	0.8888	0.8907	0.8925	0.8944	0.8962	0.8980	0.8997	0.9015
1.3	0.9032	0.9049	0.9066	0.9082	0.9099	0.9115	0.9131	0.9147	0.9162	0.9177
1.4	0.9192	0.9207	0.9222	0.9236	0.9251	0.9265	0.9278	0.9292	0.9306	0.9319
1.5	0.9332	0.9345	0.9357	0.9370	0.9382	0.9394	0.9406	0.9418	0.9429	0.9441
1.6	0.9452	0.9463	0.9474	0.9484	0.9495	0.9505	0.9515	0.9525	0.9535	0.9545
1.7	0.9554	0.9564	0.9573	0.9582	0.9591	0.9599	0.9608	0.9616	0.9625	0.9633
1.8	0.9641	0.9649	0.9656	0.9664	0.9671	0.9678	0.9686	0.9693	0.9699	0.9706
1.9	0.9713	0.9719	0.9726	0.9732	0.9738	0.9744	0.9750	0.9756	0.9761	0.9767
2.0	0.9772	0.9778	0.9783	0.9788	0.9793	0.9798	0.9803	0.9808	0.9812	0.9817
2.1	0.9821	0.9826	0.9830	0.9834	0.9838	0.9842	0.9846	0.9850	0.9854	0.9857
2.2	0.9861	0.9864	0.9868	0.9871	0.9875	0.9879	0.9881	0.9884	0.9887	0.9890
2.3	0.9893	0.9896	0.9898	0.9901	0.9904	0.9906	0.9909	0.99911	0.9913	0.9916
2.4	0.9918	0.9920	0.9922	0.9925	0.9927	0.9929	0.9931	0.9932	0.9934	0.9936
2.5	0.9938	0.9940	0.9941	0.9943	0.9945	0.9946	0.9948	0.9949	0.9951	0.9952
2.6	0.9953	0.9955	0.9956	0.9957	0.9959	0.9960	0.9961	0.9962	0.9963	0.9964
2.7	0.9965	0.9966	0.9967	0.9968	0.9969	0.9970	0.9971	0.9972	0.9973	0.9974
2.8	0.9974	0.9975	0.9976	0.9977	0.9977	0.9978	0.9979	0.9979	0.9980	0.9981
2.9	0.9981	0.9 * 982	0.9982	0.9983	0.9984	0.9984	0.9985	0.9985	0.9986	0.9986
3.0	0.9987	0.9987	0.9987	0.9988	0.9988	0.9989	0.9989	0.9989	0.9990	0.9990
3.1	0.9990	0.9991	0.9991	0.9991	0.9992	0.9992	0.9992	9.9992	0.9993	0.9993
3.2	0.9993	0.9993	0.9994	0.9994	0.9994	0.9994	0.9994	0.9995	0.9995	0.9995
3.3	0.9995	0.9995	0.9995	0.9996	0.9996	0.9996	0.9996	0.9996	0.9996	0.9997
3.4	0.9997	0.9997	0.9997	0.9997	0.9997	0.9997	0.9997	0.9997	0.9997	0.9998

附表3　χ^2 分布表

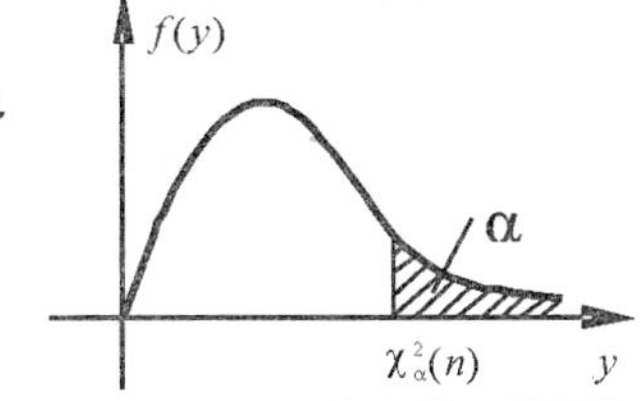

$P\{\chi^2(n) > \chi^2_\alpha(n)\} = \alpha$

n \ α	0.995	0.99	0.975	0.95	0.90	0.10	0.05	0.025	0.01	0.005
1	0.000	0.000	0.001	0.004	0.016	2.706	3.843	5.025	6.637	7.882
2	0.010	0.020	0.051	0.103	0.211	4.605	5.992	7.378	9.210	10.597
3	0.072	0.115	0.216	0.352	0.584	6.251	7.815	9.348	11.344	12.837
4	0.207	0.297	0.484	0.711	1.064	7.779	9.448	11.143	13.277	14.860
5	0.412	0.554	0.831	1.145	1.610	9.236	11.070	12.832	15.085	16.748
6	0.676	0.872	1.237	1.635	2.204	10.645	12.592	14.440	16.812	18.548
7	0.989	1.239	1.690	2.167	2.833	12.017	14.067	16.012	18.474	20.276
8	1.344	1.646	2.180	2.733	3.490	13.362	15.507	17.534	20.090	21.954
9	1.735	2.088	2.700	3.325	4.168	14.684	16.919	19.022	21.665	23.587
10	2.156	2.558	3.247	3.940	4.865	15.987	18.307	20.483	23.209	25.188
11	2.603	3.053	3.816	4.575	5.578	17.275	19.675	21.920	24.724	26.755
12	3.074	3.571	4.404	5.226	6.304	18.549	21.026	23.337	26.217	28.300
13	3.565	4.107	5.009	5.892	7.041	19.812	22.362	24.735	27.687	29.817
14	4.075	4.660	5.629	6.571	7.790	21.064	23.685	26.119	29.141	31.319
15	4.600	5.229	6.262	7.261	8.547	22.307	24.996	27.488	30.577	32.799
16	5.142	5.812	6.908	7.962	9.312	23.542	26.296	28.845	32.000	34.267
17	5.697	6.407	7.564	8.682	10.085	24.769	27.587	30.190	33.408	35.716
18	6.265	7.015	8.231	9.390	10.865	25.989	28.869	31.526	34.805	37.156
19	6.843	7.632	8.906	10.117	11.651	27.203	30.143	32.852	36.190	38.580
20	7.434	8.260	9.591	10.851	12.443	28.412	31.410	34.170	37.566	39.997
21	8.033	8.897	10.283	11.591	13.240	29.615	32.670	35.478	38.930	41.339
22	8.643	9.542	10.982	12.338	14.042	30.813	33.924	36.781	40.289	42.796
23	9.260	10.195	11.688	13.090	14.848	32.007	35.172	38.075	41.637	44.179
24	9.886	10.856	12.401	13.848	15.659	33.196	36.415	39.364	40.980	45.558
25	10.519	11.523	13.120	14.611	16.473	34.381	37.652	40.646	44.313	46.925
26	11.160	12.198	13.844	15.379	17.292	35.563	38.885	41.923	45.642	48.290
27	11.807	12.878	14.573	16.151	18.114	36.741	40.113	43.194	46.962	49.642
28	12.461	13.565	15.308	16.928	18.939	37.916	41.337	44.461	48.278	50.993
29	13.120	14.253	16.147	17.708	19.768	39.087	42.557	45.772	49.586	52.333
30	13.787	14.954	16.791	18.493	20.599	40.256	43.773	46.979	50.892	53.672
31	14.457	15.655	17.538	19.280	21.433	41.422	44.985	48.231	52.190	55.00
32	15.134	16.362	18.291	20.072	22.271	42.585	46.194	49.480	53.486	56.328
33	15.814	17.073	19.046	20.866	23.110	43.745	47.400	50.724	54.774	57.646
34	16.501	17.789	19.806	21.664	23.952	44.903	48.602	51.966	56.061	58.964
35	17.191	18.508	20.569	22.465	24.796	46.059	49.802	530203	57.340	60.272
36	17.887	19.233	21.336	23.269	25.643	47.212	50.998	54.437	58.619	61.581
37	18.584	19.960	22.105	24.075	26.492	48.363	52.192	55.667	59.891	62.880
38	19.289	20.691	22.878	24.884	27.343	49.513	53.384	56.896	61.162	64.181
39	19.994	21.425	23.654	25.695	28.196	50.660	54.572	58.119	62.426	65.473
40	20.706	22.164	24.433	26.509	29.050	51.805	55.758	59.342	63.691	66.766

当 $n > 40$ 时，$\chi^2_\alpha(n) \approx \frac{1}{2}\left(u_\alpha + \sqrt{2n-1}\right)^2$

附表 4 t 分布表

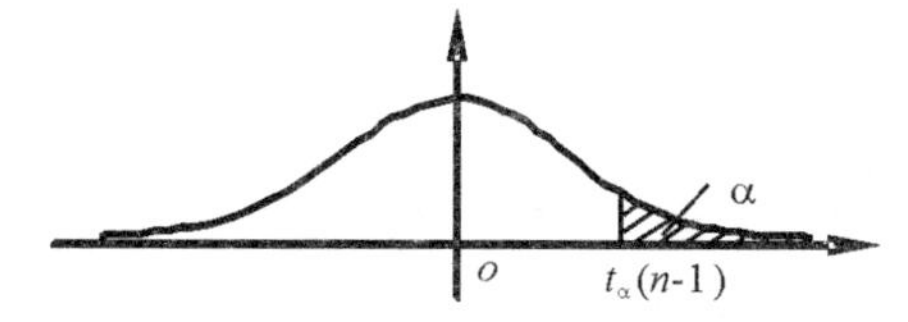

$P\{t(n) > t_\alpha(n)\} = \alpha$

n \ α	0.20	0.15	0.10	0.05	0.25	0.01	0.005
1	1.376	1.963	3.0777	6.3138	12.7062	31.8207	63.6574
2	1.061	1.386	1.8856	2.9200	4.3027	6.9646	9.9248
3	0.978	1.250	1.6377	2.3534	3.1824	4.5407	5.8409
4	0.941	1.190	1.5332	2.1318	2.7764	3.7469	4.6041
5	0.920	1.156	1.4759	2.0150	2.5706	3.3649	4.0322
6	0.906	1.134	1.4398	1.9432	2.4469	3.1427	3.7074
7	0.896	1.009	1.4149	1.8946	2.3646	2.9980	3.4995
8	0.889	1.108	1.3968	1.8595	2.3060	2.8965	3.3554
9	0.883	1.100	1.3830	1.8331	2.2622	2.8214	3.2498
10	0.879	1.093	1.3722	1.8125	2.2281	2.7638	3.1693
11	0.876	1.088	1.3634	1.7959	2.2010	2.7181	3.1058
12	0.873	1.083	1.3562	1.7823	2.1788	2.6810	3.0545
13	0.870	1.079	1.3502	1.7709	2.1604	2.6503	3.0123
14	0.868	1.076	1.3450	1.7613	2.1448	2.6245	2.9768
15	0.866	1.074	1.3406	1.7531	2.1315	2.6025	2.9467
16	0.865	1.071	1.3368	1.7459	2.1199	2.5835	2.9208
17	0.863	1.069	1.3334	1.7396	2.1098	2.5669	2.8982
18	0.862	1.067	1.3304	1.7341	2.1009	2.5524	2.8784
19	0.861	1.066	1.3277	1.7291	2.0930	2.5395	2.8609
20	0.860	1.064	1.3253	1.7247	2.0860	2.5280	2.8453
21	0.859	1.063	1.3232	1.7207	2.0796	2.5177	2.8314
22	0.858	1.061	1.3212	1.7171	2.0739	2.5083	2.8188
23	0.858	1.060	1.3195	1.7139	2.0687	2.4999	2.8073
24	0.857	1.059	1.3178	1.7109	2.0639	2.4922	2.7969
25	0.856	1.058	1.3163	1.7081	2.0595	2.4851	2.7874
26	0.856	1.058	1.3150	1.7056	2.0555	2.4786	2.7787
27	0.855	1.057	1.3137	1.7033	2.0518	2.4727	2.7707
28	0.855	1.056	1.3125	1.7011	2.0484	2.4671	2.7633
29	0.854	1.056	1.3114	1.6991	2.0452	2.4620	2.7564
30	0.854	1.055	1.3104	1.6973	2.0423	2.4573	2.7500
31	0.8535	1.0541	1.3095	1.6955	2.0395	2.4528	2.7440
32	0.8531	1.0536	1.3086	1.6939	2.0369	2.4487	2.7385
33	0.8527	1.0531	1.3077	1.6924	2.0354	2.4448	2.7333
34	0.8524	1.0526	1.3070	1.6909	2.0322	2.4411	2.7284
35	0.8521	1.0521	1.3062	1.6896	2.0301	2.4377	2.7238
36	0.8518	1.0516	1.3055	1.6883	2.0281	2.4345	2.7195
37	0.8515	1.0512	1.3049	1.6871	2.0262	2.4314	2.7154
38	0.8512	1.0508	1.3042	1.6860	2.0244	2.4286	2.7116
39	0.8510	1.0504	1.3036	1.6849	2.0227	2.4258	2.7079
40	0.8507	1.0501	1.3031	1.6839	2.0211	2.4233	2.7045
41	0.8505	1.0498	1.3025	1.6829	2.0195	2.4208	2.7012
42	0.8503	1.0494	1.3020	1.6820	2.0181	2.4185	2.6981
43	0.8501	1.0491	1.3016	1.6811	2.0167	2.4163	2.6951
44	0.8499	1.0488	1.3011	1.6802	2.0154	2.4141	2.6923
45	0.8497	1.0485	1.3006	1.6794	2.0141	2.4121	2.6896

附表 5 F 分布表

$P\{F(n_1,n_2) > F_\alpha(n_1,n_2)\} = \alpha \quad (\alpha = 0.10)$

n_2 \ n_1	1	2	3	4	5	6	7	8	9	10	12	15	20	24	30	40	60	120	∞
1	39.86	49.50	53.59	55.83	57.24	58.20	58.91	59.44	59.86	60.19	60.71	61.22	61.74	62.00	62.26	62.53	62.79	63.06	63.33
2	8.53	9.00	9.16	9.24	9.29	9.33	9.35	9.37	9.38	9.39	9.41	9.42	9.44	9.45	9.46	9.47	9.47	9.48	9.49
3	5.54	5.49	5.39	5.34	5.31	5.28	5.29	5.25	5.24	5.23	5.22	5.20	5.18	5.18	5.17	5.16	5.15	5.14	5.13
4	4.54	4.32	4.19	4.11	4.05	4.01	3.98	3.95	3.94	3.92	3.90	3.87	3.84	3.83	3.82	3.80	3.79	3.78	3.76
5	4.06	3.78	3.62	3.52	3.45	3.40	3.37	3.34	3.32	3.30	3.27	3.24	3.21	3.19	3.17	3.16	3.14	3.12	3.10
6	3.78	3.46	3.29	3.18	3.11	3.05	3.01	2.98	2.96	2.94	2.90	2.87	2.84	2.82	2.80	2.78	2.76	2.74	2.72
7	3.59	3.26	3.07	2.96	2.88	2.83	2.78	2.75	2.72	2.70	2.67	2.63	2.59	2.58	2.56	2.54	2.51	2.49	2.47
8	3.46	3.11	2.92	2.81	2.73	2.67	2.62	2.59	2.56	2.54	2.50	2.46	2.42	2.40	2.38	2.36	2.34	2.32	2.29
9	3.36	3.01	2.81	2.69	2.61	2.55	2.51	2.49	2.44	2.42	2.38	2.34	2.30	2.28	2.25	2.23	2.21	2.18	2.16
10	3.29	2.92	2.73	2.61	2.52	2.46	2.41	2.38	2.35	2.32	2.28	2.24	2.20	2.18	2.16	2.13	2.11	2.08	2.06
11	3.32	2.86	2.66	2.54	2.45	2.39	2.34	2.30	2.27	2.25	2.21	2.17	2.12	2.10	2.08	2.05	2.03	2.00	1.97
12	3.18	2.81	2.61	2.48	2.39	2.33	2.22	2.24	2.21	2.19	2.15	2.10	2.06	2.04	2.01	1.99	1.96	1.93	1.90
13	3.14	2.76	2.56	2.48	2.35	2.28	2.32	2.20	2.16	2.14	2.10	2.05	2.01	1.98	1.96	1.93	1.90	1.88	1.85
14	3.10	2.73	2.52	2.39	2.31	2.24	2.19	2.15	2.12	2.10	2.05	2.01	1.96	1.94	1.91	1.89	1.86	1.83	1.80
15	3.07	2.70	2.49	2.36	2.27	2.21	2.16	2.12	2.09	2.06	2.02	1.97	1.92	1.90	1.87	1.85	1.82	1.79	1.76
16	3.05	2.67	2.46	2.33	2.24	2.18	2.13	2.09	2.06	2.03	1.99	1.94	1.89	1.87	1.84	1.81	1.78	1.75	1.72
17	3.03	2.64	2.44	2.31	2.22	2.15	2.10	2.06	2.03	2.00	1.96	1.91	1.86	1.84	1.81	1.78	1.75	1.72	1.69
18	3.01	2.62	2.42	2.29	2.20	2.13	2.08	2.04	2.00	1.98	1.93	1.89	1.84	1.81	1.78	1.75	1.72	1.69	1.66
19	2.99	2.61	2.40	2.27	2.18	2.11	2.06	2.02	1.98	1.96	1.91	1.86	1.81	1.79	1.76	1.73	1.70	1.67	1.63
20	2.97	2.59	2.38	2.25	2.16	2.09	2.04	2.00	1.96	1.94	1.89	1.84	1.79	1.77	1.74	1.71	1.68	1.64	1.61
21	2.96	2.57	2.36	2.32	2.11	2.08	2.02	1.98	1.95	1.92	1.87	1.83	1.78	1.75	1.72	1.69	1.66	1.62	1.59
22	2.95	2.56	2.35	2.22	2.13	2.06	2.01	1.97	1.93	1.90	1.86	1.81	1.76	1.73	1.70	1.67	1.64	1.60	1.57
23	2.94	2.55	2.34	2.21	2.11	2.05	1.99	1.95	1.92	1.89	1.84	1.80	1.74	1.72	1.69	1.66	1.62	1.59	1.55
24	2.93	2.54	2.33	2.19	2.10	2.04	1.98	1.94	1.91	1.88	1.83	1.78	1.73	1.70	1.67	1.64	1.61	1.57	1.53
25	2.92	2.53	2.32	2.18	2.09	2.02	1.97	1.93	1.89	1.87	1.82	1.77	1.72	1.69	1.66	1.63	1.59	1.56	1.52
26	2.91	2.52	2.31	2.17	2.08	2.01	1.96	1.92	1.88	1.86	1.81	1.76	1.71	1.68	1.65	1.61	1.58	1.54	1.50
27	2.90	2.51	2.30	2.17	2.07	2.00	1.95	1.91	1.87	1.85	1.80	1.75	1.70	1.67	1.64	1.60	1.57	1.53	1.49
28	2.89	2.50	2.29	2.16	2.06	2.00	1.94	1.90	1.87	1.84	1.79	1.74	1.69	1.66	1.63	1.59	1.56	1.52	1.48
29	2.89	2.50	2.28	2.15	2.06	1.99	1.93	1.89	1.86	1.83	1.78	1.73	1.68	1.65	1.62	1.58	1.55	1.51	1.47
30	2.88	2.49	2.28	2.14	2.05	1.98	1.93	1.88	1.85	1.82	1.77	1.72	1.67	1.64	1.61	1.57	1.54	1.50	1.46
40	2.84	2.44	2.23	2.09	2.00	1.93	1.87	1.83	1.79	1.76	1.71	1.66	1.61	1.57	1.54	1.51	1.47	1.42	1.38
60	2.79	2.39	2.18	2.04	1.95	1.87	1.82	1.77	1.74	1.71	1.66	1.60	1.54	1.51	1.48	1.44	1.40	1.35	1.29
120	2.75	2.35	2.13	1.99	1.90	1.82	1.77	1.72	1.68	1.65	1.60	1.55	1.48	1.45	1.41	1.37	1.32	1.26	1.19
∞	2.71	2.30	2.08	1.94	1.85	1.77	1.72	1.67	1.63	1.60	1.55	1.49	1.42	1.38	1.34	1.30	1.24	1.17	1.00

$(\alpha = 0.05)$

n_2 \ n_1	1	2	3	4	5	6	7	8	9	10	12	15	20	24	30	40	60	120	∞
1	161	200	216	225	230	234	237	239	241	242	244	246	248	249	250	251	252	253	254
2	18.5	19.0	19.2	19.2	19.3	19.3	19.4	19.4	19.4	19.4	19.4	19.4	19.4	19.5	19.5	19.5	19.5	19.5	19.5
3	10.1	9.55	9.28	9.12	9.01	8.94	8.89	8.85	8.81	8.79	8.74	8.70	8.66	8.64	8.62	8.59	8.57	8.55	8.53
4	7.71	6.94	6.59	6.39	6.26	6.16	6.09	6.04	6.00	5.96	5.91	5.86	5.80	5.77	5.75	5.72	5.69	5.66	5.63
5	6.11	5.79	5.41	5.19	5.05	4.95	4.88	4.82	4.77	4.74	4.68	4.62	4.56	4.53	4.50	4.46	4.43	4.40	4.36
6	5.99	5.14	4.76	4.53	4.39	4.28	4.21	4.15	4.10	4.06	4.00	3.94	3.87	3.84	3.81	3.77	3.74	3.70	3.67
7	5.59	4.74	4.35	4.12	3.97	3.87	3.79	3.73	3.68	3.64	3.57	3.51	3.44	3.41	3.38	3.34	3.30	3.27	3.23
8	5.32	4.46	4.07	3.84	3.69	3.58	3.50	3.44	3.39	3.35	3.28	3.22	3.15	3.12	3.08	3.04	3.01	2.97	2.93
9	5.12	4.26	3.86	3.63	3.48	3.37	3.29	3.23	3.18	3.14	3.07	3.01	2.94	2.90	2.86	2.83	2.79	2.75	2.71
10	4.96	4.10	3.71	3.48	3.33	3.22	3.14	3.07	3.02	2.98	2.91	2.85	2.77	2.74	2.70	2.66	2.62	2.58	2.54
11	4.84	3.98	3.59	3.36	3.20	3.09	3.01	2.95	2.90	2.85	2.79	2.72	2.65	2.61	2.58	2.53	2.49	2.45	2.40
12	4.75	3.89	3.49	3.26	3.11	3.00	2.91	2.85	2.80	2.75	2.69	2.62	2.54	2.51	2.47	2.43	2.38	2.34	2.30
13	4.67	3.81	3.41	3.18	3.03	2.92	2.83	2.77	2.71	2.67	2.60	2.53	2.46	2.42	2.38	2.34	2.30	2.25	2.21
14	4.60	3.74	3.34	3.11	2.96	2.85	2.76	2.70	2.65	2.60	2.53	2.46	2.39	2.35	2.31	2.27	2.22	2.18	2.13
15	4.54	3.68	3.29	3.06	2.90	2.79	2.71	2.64	2.59	2.54	2.48	2.40	2.33	2.29	2.25	2.20	2.18	2.11	2.07
16	4.49	3.63	3.24	3.01	2.85	2.74	2.66	2.59	2.54	2.49	2.42	2.35	2.28	2.24	2.19	2.15	2.11	2.06	2.01
17	4.45	3.59	3.20	2.96	2.81	2.70	2.61	2.55	2.49	2.45	2.38	2.31	2.23	2.19	2.15	2.10	2.06	2.01	1.96
18	4.41	3.55	3.16	2.93	2.77	2.66	2.58	2.51	2.46	2.41	2.34	2.27	2.19	2.15	2.11	2.06	2.02	1.97	1.92
19	4.38	3.52	3.13	2.90	2.74	2.63	2.54	2.48	2.42	2.38	2.31	2.23	2.16	2.11	2.06	2.03	1.98	1.93	1.88
20	4.35	3.49	3.10	2.87	2.71	2.60	2.51	2.45	2.39	2.35	2.28	2.20	2.12	2.08	2.04	1.99	1.95	1.90	1.84
21	4.32	3.47	3.07	2.84	2.68	2.59	2.49	2.42	2.37	2.32	2.25	2.18	2.10	2.05	2.01	1.96	1.92	1.87	1.81
22	4.30	3.44	3.05	2.82	2.66	2.55	2.46	2.40	2.34	2.30	2.23	2.15	2.07	2.03	1.98	1.94	1.89	1.84	1.78
23	4.28	3.42	3.03	2.80	2.64	2.53	2.44	2.37	2.32	2.27	2.20	2.13	2.05	2.01	1.96	1.91	1.86	1.81	1.76
24	4.26	3.40	3.01	2.78	2.62	2.51	2.42	2.36	2.30	2.25	2.18	2.11	2.03	1.98	1.94	1.89	1.84	1.79	1.73
25	4.24	3.39	2.99	2.76	2.60	2.49	2.40	2.34	2.28	2.24	2.16	2.09	2.01	1.96	1.92	1.87	1.82	1.77	1.71
26	4.23	3.37	2.98	2.74	2.59	2.47	2.39	2.32	2.27	2.22	2.15	2.07	1.99	1.95	1.90	1.85	1.80	1.75	1.69
27	4.21	3.35	2.96	2.73	2.57	2.46	2.37	2.31	2.25	2.20	2.13	2.06	1.97	1.93	1.88	1.84	1.79	1.73	1.67
28	4.20	3.34	2.95	2.71	2.56	2.45	2.36	2.29	2.24	2.19	2.12	2.04	1.96	1.91	1.87	1.82	1.77	1.71	1.65
29	4.18	3.33	2.93	2.70	2.55	2.43	2.35	2.28	2.22	2.18	2.10	2.03	1.94	1.90	1.85	1.81	1.75	1.70	1.64
30	4.17	3.32	2.92	2.69	2.53	2.42	2.33	2.27	2.21	2.06	2.09	2.01	1.93	1.89	1.84	1.79	1.74	1.68	1.62
40	4.08	3.23	2.84	2.61	2.45	2.34	2.25	2.18	2.12	2.08	2.00	1.92	1.84	1.79	1.74	1.69	1.64	1.58	1.51
60	4.00	3.15	2.76	2.53	2.37	2.25	2.17	2.10	2.04	1.99	1.92	1.84	1.75	1.70	1.65	1.59	1.53	1.47	1.39
120	3.92	3.07	2.68	2.45	2.29	2.17	2.09	2.02	1.96	1.91	1.83	1.75	1.66	1.61	1.55	1.50	1.43	1.35	1.25
∞	3.84	3.00	2.60	2.37	2.21	2.10	2.01	1.94	1.88	1.83	1.75	1.67	1.51	1.52	1.46	1.39	1.32	1.22	1.00

($\alpha = 0.025$)

n_2 \ n_1	1	2	3	4	5	6	7	8	9	10	12	15	20	24	30	40	60	120	∞
1	648	800	864	900	922	937	948	957	963	969	977	985	993	997	1000	1010	1010	1010	1020
2	38.5	39.0	39.2	39.2	39.3	39.3	39.4	39.4	39.4	39.4	39.4	39.4	39.4	39.5	39.5	39.5	39.5	39.5	39.5
3	17.4	16.0	15.4	15.1	14.9	14.7	14.6	14.5	14.5	14.4	14.3	14.3	14.2	14.1	14.1	14.0	14.0	13.9	13.9
4	12.2	10.6	9.98	9.60	9.36	9.20	9.07	8.98	8.90	8.84	8.75	8.66	8.56	8.51	8.46	8.41	8.36	8.31	8.26
5	10.0	8.43	7.76	7.39	7.15	6.98	6.85	6.76	6.68	6.62	6.52	6.43	6.33	6.28	6.23	6.18	6.12	6.07	6.02
6	8.81	7.26	6.60	6.23	5.99	5.82	5.70	5.60	5.52	5.46	5.37	5.27	5.17	5.12	5.07	5.01	4.96	4.90	4.85
7	8.07	6.54	5.89	5.52	5.29	5.12	4.99	4.90	4.82	4.76	4.67	4.57	4.47	4.42	4.36	4.31	4.25	4.20	4.14
8	7.57	6.06	5.42	5.05	4.82	4.65	4.53	4.43	4.36	4.30	4.20	4.10	4.00	3.95	3.89	3.84	3.78	3.73	3.67
9	7.21	5.71	5.08	4.72	4.48	4.32	4.20	4.10	4.03	3.96	3.87	3.77	3.67	3.61	3.56	3.51	3.45	3.39	3.33
10	6.94	5.46	4.83	4.47	4.24	4.07	3.95	3.85	3.78	3.72	3.62	3.52	3.42	3.37	3.31	3.26	3.20	3.14	3.08
11	6.72	5.26	4.63	4.28	4.04	3.88	3.76	3.66	3.59	3.53	3.43	3.33	3.23	3.17	3.12	3.06	3.00	2.94	2.88
12	6.55	5.10	4.47	4.12	3.89	3.73	3.61	3.51	3.44	3.37	3.28	3.18	3.07	3.02	2.96	2.91	2.85	2.79	2.72
13	6.41	4.97	4.35	4.00	3.77	3.60	3.48	3.39	3.31	3.25	3.15	3.05	2.95	2.89	2.84	2.78	2.72	2.66	2.60
14	6.30	4.86	4.24	3.89	3.66	3.50	3.38	3.29	3.21	3.15	3.05	2.95	2.84	2.79	2.73	2.67	2.61	2.55	2.49
15	6.20	4.77	4.15	3.80	3.58	3.41	3.29	3.20	3.12	3.06	2.96	2.86	2.76	2.70	2.64	2.59	2.52	2.46	2.40
16	6.12	4.69	4.08	3.73	3.50	3.34	3.32	3.12	3.05	2.99	2.89	2.79	2.68	2.63	2.57	2.51	2.45	2.38	2.32
17	6.04	4.62	4.01	3.66	3.44	3.28	3.16	3.06	2.98	2.92	2.82	2.72	2.62	2.56	2.50	2.44	2.38	2.32	2.25
18	5.98	4.56	3.95	3.61	3.38	3.22	3.10	3.01	2.93	2.87	2.77	2.67	2.56	2.50	2.44	2.38	2.32	2.26	2.19
19	5.92	4.51	3.90	3.56	3.33	3.17	3.05	2.96	2.88	2.82	2.72	2.62	2.51	2.45	2.39	2.33	2.27	2.20	2.13
20	5.87	4.46	3.86	3.51	3.29	3.13	3.01	2.91	2.84	2.77	2.68	2.57	2.46	2.41	2.35	2.29	2.22	2.16	2.09
21	5.83	4.42	3.82	3.48	3.25	3.09	2.97	2.87	2.80	2.73	2.64	2.53	2.42	2.37	2.31	2.25	2.18	2.11	2.04
22	5.79	4.38	3.78	3.44	3.22	3.05	2.93	2.84	2.76	2.70	2.60	2.50	2.39	2.33	2.27	2.21	2.14	2.08	2.00
23	5.75	4.35	3.75	3.41	3.18	3.02	2.90	2.81	2.73	2.67	2.57	2.47	2.36	2.30	2.24	2.18	2.11	2.04	1.97
24	5.72	4.32	3.72	3.38	3.15	2.99	2.87	2.78	2.70	2.64	2.54	2.44	2.33	2.27	2.21	2.15	2.08	2.01	1.94
25	5.69	4.29	3.69	3.35	3.13	2.97	2.85	2.75	2.68	2.61	2.51	2.41	2.30	2.24	2.18	2.12	2.05	1.98	1.91
26	5.66	4.27	3.67	3.33	3.10	2.94	2.82	2.73	2.65	2.59	2.49	2.39	2.28	2.22	2.16	2.09	2.03	1.95	1.88
27	5.63	4.24	3.65	3.31	3.08	2.92	2.80	2.71	2.63	2.57	2.47	2.36	2.25	2.19	2.13	2.07	2.00	1.93	1.85
28	5.61	4.22	3.63	3.29	3.06	2.90	2.78	2.69	2.61	2.55	2.45	2.34	2.23	2.17	2.11	2.05	1.98	1.91	1.83
29	5.59	4.20	3.61	3.27	3.04	2.88	2.76	2.67	2.59	2.53	2.43	2.32	2.21	2.15	2.09	2.03	1.96	1.89	1.81
30	5.57	4.18	3.59	3.25	3.03	2.87	2.75	2.65	2.57	2.51	2.41	2.31	2.20	2.14	2.07	2.01	1.94	1.87	1.79
40	5.42	4.05	3.46	3.13	2.90	2.74	2.62	2.53	2.45	2.39	2.29	2.18	2.07	2.10	1.94	1.88	1.80	1.72	1.64
60	5.29	3.93	3.34	3.01	2.79	2.63	2.51	2.41	2.33	2.27	2.17	2.06	1.94	1.88	1.82	1.74	1.67	1.58	1.48
120	5.15	3.80	3.32	2.89	2.67	2.52	2.39	2.30	2.22	2.16	2.05	1.94	1.82	1.76	1.69	1.61	1.53	1.43	1.31
∞	5.02	3.69	3.12	2.79	2.59	2.41	2.29	2.19	2.11	2.05	1.94	1.83	1.71	1.64	1.57	1.48	1.39	1.27	1.00

($\alpha = 0.01$)

n_2 \ n_1	1	2	3	4	5	6	7	8	9	10	12	15	20	24	30	40	60	120	∞
1	4050	5000	5400	5620	5760	5860	5930	5980	6020	6060	6110	6160	6210	6230	6260	6290	6310	6340	6370
2	98.5	99.0	99.2	99.2	99.3	99.3	99.4	99.4	99.4	99.4	99.4	99.4	99.4	99.5	99.5	99.5	99.5	99.5	99.5
3	34.1	30.8	29.5	28.7	28.2	27.9	27.7	27.5	27.3	27.2	27.1	26.9	26.7	26.6	26.5	26.4	26.3	26.2	26.1
4	21.2	18.0	16.7	16.0	15.5	15.2	15.0	14.8	14.7	14.5	14.4	14.2	14.0	13.9	13.8	13.7	13.7	13.6	13.5
5	16.3	13.3	12.1	11.4	11.0	10.7	10.5	10.3	10.2	10.1	9.89	9.72	9.55	9.47	9.38	9.29	9.20	9.11	9.02
6	13.7	10.9	9.78	9.15	8.75	8.47	8.26	8.10	7.98	7.87	7.72	7.56	7.40	7.31	7.23	7.14	7.06	6.97	6.88
7	12.2	9.55	8.45	7.85	7.46	7.19	6.99	6.84	6.72	6.62	6.47	6.31	6.16	6.07	5.99	5.91	5.82	5.74	5.65
8	11.3	8.65	7.59	7.01	6.63	6.37	6.18	6.03	5.91	5.81	5.67	5.52	5.36	5.28	5.20	5.12	5.03	4.95	4.86
9	10.6	8.02	6.99	6.42	6.06	5.80	5.61	5.47	5.35	5.26	5.11	4.96	4.81	4.73	4.65	4.57	4.48	4.40	4.31
10	10.0	7.56	6.55	5.99	5.64	5.39	5.20	5.06	4.94	4.85	4.71	4.56	4.41	4.33	4.25	4.17	4.08	4.00	3.91
11	9.65	7.21	6.22	5.67	5.32	5.07	4.89	4.74	4.63	4.54	4.40	4.25	4.10	4.02	3.94	3.86	3.78	3.69	3.60
12	9.33	6.93	5.95	5.41	5.06	4.82	4.64	4.50	4.39	4.30	4.16	4.01	3.86	3.78	3.70	3.62	3.54	3.45	3.36
13	9.07	6.70	5.74	5.21	4.86	4.62	4.44	4.30	4.19	4.10	3.96	3.82	3.66	3.59	3.51	3.43	3.34	3.25	3.17
14	8.86	6.51	5.56	5.04	4.69	4.46	4.28	4.14	4.03	3.94	3.80	3.66	3.51	3.43	3.35	3.27	3.18	3.09	3.00
15	8.68	6.36	5.42	4.89	4.56	4.32	4.14	4.00	3.89	3.80	3.67	3.52	3.37	3.29	3.21	3.13	3.05	2.96	2.87
16	8.53	6.23	5.29	4.77	4.44	4.20	4.03	3.89	3.78	3.69	3.55	3.41	3.26	3.18	3.10	3.02	2.93	2.84	2.75
17	8.40	6.11	5.18	4.67	4.34	4.10	3.93	3.79	3.68	3.59	3.46	3.31	3.16	3.08	3.00	2.92	2.83	2.75	2.65
18	8.29	6.01	5.09	4.58	4.25	4.01	3.84	3.71	3.60	3.51	3.37	3.23	3.08	3.00	2.92	2.84	2.75	2.66	2.57
19	8.18	5.93	5.01	4.50	4.17	3.94	3.77	3.63	3.52	3.43	3.30	3.15	3.00	2.92	2.84	2.76	2.67	2.58	2.49
20	8.10	5.85	4.94	4.43	4.10	3.87	3.70	3.56	3.46	3.37	3.23	3.09	2.94	2.86	2.78	2.69	2.61	2.52	2.42
21	8.02	5.78	4.87	4.37	4.04	3.81	3.64	3.51	3.40	3.31	3.17	3.03	2.88	2.80	2.72	2.64	2.55	2.46	2.36
22	7.95	5.72	4.82	4.31	3.99	3.76	3.59	3.45	3.35	3.26	3.12	2.98	2.83	2.75	2.67	2.58	2.50	2.40	2.31
23	7.88	5.66	4.76	4.26	3.94	3.71	3.54	3.41	3.30	3.21	3.07	2.93	2.78	2.70	2.62	2.54	2.45	2.35	2.26
24	7.82	5.61	4.72	4.22	3.90	3.67	3.50	3.36	3.26	3.17	3.03	2.89	2.74	2.66	2.58	2.49	2.40	2.31	2.21
25	7.77	5.57	4.68	4.18	3.85	3.63	3.46	3.32	3.22	3.13	2.99	2.85	2.70	2.62	2.54	2.45	2.36	2.27	2.12
26	7.72	5.53	4.64	4.14	3.82	3.59	3.42	3.29	3.18	3.09	2.96	2.81	2.66	2.58	2.50	2.42	2.33	2.23	2.13
27	7.68	5.49	4.60	4.11	3.78	3.56	3.39	3.26	3.15	3.06	2.93	2.78	2.63	2.55	2.47	2.38	2.29	2.20	2.10
28	7.64	5.45	4.57	4.07	3.75	3.53	3.36	3.23	3.12	3.03	2.90	2.75	2.60	2.52	2.44	2.35	2.26	2.17	2.06
29	7.60	5.42	4.54	4.04	3.73	3.50	3.33	3.20	3.09	3.00	2.87	2.73	2.57	2.49	2.41	2.33	2.23	2.14	2.03
30	7.56	5.39	4.51	4.02	3.70	3.47	3.30	3.17	3.07	2.98	2.84	2.70	2.55	2.47	2.39	2.30	2.21	2.11	2.01
40	7.31	5.18	4.31	3.83	3.51	3.29	3.12	2.99	2.89	2.80	2.66	2.52	2.37	2.29	2.20	2.11	2.02	1.92	1.80
60	7.08	4.98	4.13	3.65	3.34	3.12	2.95	2.82	2.72	2.63	2.55	2.35	2.20	2.12	2.03	1.94	1.84	1.73	1.70
120	6.85	4.79	3.95	3.48	3.17	2.96	2.79	2.66	2.56	2.42	2.34	2.19	2.03	1.95	1.86	1.76	1.66	1.53	1.38
∞	6.63	4.61	3.78	3.32	3.02	2.80	2.64	2.51	2.41	2.32	2.18	2.04	1.88	1.79	1.70	1.59	1.47	1.32	1.00

(α = 0.005)

n_2 \ n_1	1	2	3	4	5	6	7	8	9	10	12	15	20	24	30	40	60	120	∞
1	16200	20000	21600	22500	23100	23400	23700	23900	24100	24200	24400	24600	24800	24900	25000	25100	25300	25400	25500
2	199	199	199	199	199	199	199	199	199	199	199	199	199	199	199	199	199	199	200
3	55.6	49.8	47.5	46.2	45.4	44.8	44.4	44.1	43.9	43.7	43.4	43.1	42.8	42.6	42.5	42.3	42.1	42.0	41.8
4	31.3	26.3	24.3	23.2	22.5	22.0	21.6	21.4	21.1	21.0	20.7	20.4	20.2	20.0	19.9	19.8	19.6	19.5	19.3
5	22.8	18.3	16.5	15.6	14.9	14.5	14.2	14.0	13.8	13.6	13.4	13.1	12.9	12.8	12.7	12.5	12.4	12.3	12.1
6	18.6	14.5	12.9	12.0	11.5	11.1	10.8	10.6	10.4	10.3	10.0	9.81	9.59	9.47	9.36	9.24	9.12	9.00	8.88
7	16.2	12.4	10.9	10.1	9.52	9.16	8.89	8.68	8.51	8.38	8.18	7.97	7.75	7.65	7.53	7.42	7.31	7.19	7.08
8	14.7	11.0	9.60	8.81	8.30	7.95	7.69	7.50	7.34	7.21	7.01	6.81	6.61	6.50	6.40	6.29	6.18	6.06	5.95
9	13.6	10.1	8.72	7.96	7.47	7.13	6.88	6.69	6.54	6.42	6.23	6.03	5.83	5.73	5.62	5.52	5.41	5.30	5.19
10	12.8	9.43	8.08	7.34	6.87	6.54	6.30	6.12	5.97	5.85	5.66	5.47	5.27	5.16	5.07	4.97	4.86	4.75	4.64
11	12.2	8.91	7.60	6.88	6.42	6.10	5.86	5.68	5.54	5.42	5.24	5.05	4.86	4.76	4.65	4.55	4.44	4.34	4.23
12	11.8	8.51	7.23	6.52	6.07	5.76	5.52	5.35	5.20	5.09	4.91	4.72	4.53	4.43	4.33	4.23	4.12	4.01	3.90
13	11.4	8.19	6.93	6.23	5.79	5.48	5.25	5.08	4.94	4.82	4.64	4.46	4.27	4.17	4.07	3.97	3.87	3.76	3.65
14	11.1	7.92	6.68	6.00	5.56	5.26	5.03	4.86	4.72	4.60	4.43	4.25	4.06	3.96	3.86	3.76	3.66	3.55	3.44
15	10.8	7.70	6.48	5.80	5.37	5.07	4.85	4.67	4.54	4.42	4.25	4.07	3.88	3.79	3.69	3.58	3.48	3.37	3.26
16	10.6	7.51	6.30	5.64	5.21	4.91	4.69	4.52	4.38	4.27	4.10	3.92	3.73	3.64	3.54	3.44	3.33	3.22	3.11
17	10.4	7.35	6.16	5.50	5.07	4.78	4.56	4.39	4.25	4.14	3.97	3.79	3.61	3.51	3.41	3.31	3.21	3.10	2.98
18	10.2	7.21	6.03	5.37	4.96	4.66	4.44	4.28	4.14	4.03	3.86	3.68	3.50	3.40	3.30	3.20	3.10	2.99	2.87
19	10.1	7.09	5.92	5.27	4.85	4.56	4.34	4.18	4.04	3.93	3.76	3.59	3.40	3.31	3.21	3.11	3.00	2.89	2.78
20	9.94	6.99	5.82	5.17	4.76	4.47	4.26	4.09	3.96	3.85	3.68	3.50	3.32	3.22	3.12	3.02	2.92	2.81	2.69
21	9.83	6.89	5.73	5.09	4.68	4.39	4.18	4.01	3.88	3.77	3.60	3.43	3.24	3.15	3.05	2.95	2.84	2.73	2.61
22	9.73	6.81	5.65	5.02	4.61	4.32	4.11	3.94	3.81	3.70	3.54	3.36	3.18	3.08	2.98	2.88	2.77	2.66	2.55
23	9.63	6.73	5.58	4.95	4.54	4.26	4.05	3.88	3.75	3.64	3.47	3.30	3.12	3.02	2.92	2.82	2.71	2.60	2.48
24	9.55	6.66	5.52	4.89	4.49	4.20	3.99	3.83	3.69	3.59	3.42	3.25	3.06	2.97	2.87	2.77	2.66	2.55	2.43
25	9.48	6.60	5.46	4.84	4.43	4.15	3.94	3.78	3.64	3.54	3.37	3.20	3.01	2.92	2.82	2.72	2.61	2.50	2.38
26	9.41	6.54	5.41	4.79	4.38	4.10	3.89	3.73	3.60	3.49	3.33	3.15	2.97	2.87	2.77	2.67	2.56	2.45	2.33
27	9.34	6.49	5.36	4.74	4.34	4.06	3.85	3.69	3.56	3.45	3.28	3.11	2.93	2.83	2.73	2.63	2.52	2.41	2.29
28	9.28	6.44	5.32	4.70	4.30	4.02	3.81	3.65	3.52	3.41	3.25	3.07	2.89	2.79	2.69	2.59	2.48	2.37	2.25
29	9.23	6.40	5.28	4.66	4.26	3.98	3.77	3.61	3.48	3.38	3.21	3.04	2.86	2.76	2.66	2.56	2.45	2.33	2.21
30	9.18	6.35	5.24	4.62	4.23	3.95	3.74	3.58	3.45	3.34	3.18	3.01	2.82	2.73	2.63	2.52	2.42	2.30	2.18
40	8.83	6.07	4.98	4.37	3.99	3.71	3.51	3.35	3.22	3.12	2.95	2.78	2.60	2.50	2.40	2.30	2.18	2.06	1.93
60	8.49	5.79	4.73	4.14	3.76	3.49	3.29	3.13	3.01	2.90	2.74	2.59	2.39	2.29	2.19	2.08	1.96	1.83	1.69
120	8.18	5.54	4.50	3.92	3.55	3.28	3.09	2.93	2.81	2.71	2.54	2.37	2.19	2.09	1.98	1.87	1.75	1.61	1.43
∞	7.88	5.30	4.28	3.72	3.35	3.09	2.90	2.74	2.92	2.52	2.36	2.19	2.00	1.90	1.79	1.67	1.53	1.36	1.00

附表6　相关系数检验表

自由度	5%水平				5%水平				自由度
	变量总数				变量总数				
	2	3	4	5	2	3	4	5	
1	0.997	0.999	0.999	0.999	1.000	1.000	1.000	1.000	1
2	0.950	0.975	0.983	0.987	0.990	0.995	0.997	0.998	2
3	0.878	0.930	0.950	0.961	0.959	0.976	0.983	0.987	3
4	0.811	0.881	0.912	0.930	0.917	0.949	0.962	0.970	4
5	0.754	0.836	0.874	0.898	0.874	0.917	0.937	0.949	5
6	0.707	0.795	0.839	0.867	0.834	0.886	0.911	0.927	6
7	0.666	0.758	0.807	0.838	0.798	0.855	0.885	0.904	7
8	0.632	0.726	0.777	0.811	0.765	0.827	0.860	0.882	8
9	0.602	0.697	0.726	0.763	0.708	0.776	0.814	0.840	9
10	0.576	0.671	0.726	0.763	0.708	0.776	0.814	0.840	10
11	0.553	0.648	0.703	0.741	0.684	0.753	0.793	0.821	11
12	0.532	0.627	0.683	0.722	0.661	0.732	0.773	0.802	12
13	0.514	0.608	0.664	0.703	0.641	0.712	0.755	0.785	13
14	0.497	0.590	0.346	0.686	0.623	0.694	0.737	0.768	14
15	0.482	0.574	0.630	0.670	0.606	0.677	0.721	0.752	15
16	0.468	0.559	0.615	0.655	0.590	0.662	0.706	0.738	16
17	0.456	0.545	0.601	0.641	0.575	0.647	0.691	0.724	17
18	0.444	0.532	0.587	0.628	0.561	0.633	0.678	0.710	18
19	0.433	0.520	0.575	0.615	0.549	0.620	0.665	0.698	19
20	0.423	0.509	0.563	0.604	0.537	0.608	0.652	0.685	20
21	0.413	0.498	0.552	0.592	0.526	0.596	0.641	0.674	21
22	0.404	0.488	0.542	0.582	0.515	0.585	0.630	0.663	22
23	0.396	0.479	0.532	0.572	0.505	0.574	0.619	0.652	23
24	0.388	0.470	0.523	0.562	0.496	0.565	0.609	0.642	24
25	0.381	0.462	0.514	0.553	0.487	0.555	0.600	0.633	25
26	0.374	0.454	0.506	0.545	0.478	0.546	0.590	0.624	26
27	0.367	0.446	0.498	0.536	0.470	0.538	0.582	0.615	27
28	0.361	0.439	0.490	0.529	0.463	0.530	0.573	0.606	28
29	0.355	0.432	0.482	0.521	0.456	0.522	0.562	0.598	29
30	0.349	0.426	0.476	0.514	0.4459	0.514	0.558	0.591	30
35	0.325	0.397	0.445	0.482	0.418	0.481	0.523	0.556	35
40	0.304	0.373	0.419	0.455	0.393	0.454	0.494	0.526	40
45	0.288	0.353	0.397	0.432	0.372	0.430	0.470	0.501	45
50	0.273	0.336	0.379	0.412	0.354	0.410	0.449	0.479	50
60	0.250	0.308	0.348	0.380	0.352	0.377	0.414	0.442	60
70	0.232	0.286	0.324	0.354	0.302	0.351	0.386	0.413	70
80	0.217	0.269	0.304	0.332	0.283	0.330	0.362	0.389	80
90	0.205	0.254	0.288	0.315	0.267	0.312	0.343	0.368	90
100	0.195	0.241	0.274	0.300	0.254	0.297	0.327	0.351	100
125	0.174	0.216	0.246	0.269	0.228	0.266	0.294	0.316	125
150	0.159	0.198	0.225	0.247	0.208	0.244	0.270	0.290	150
200	0.138	0.172	0.196	0.215	0.181	0.212	0.234	0.253	200
300	0.113	0.141	160	0.176	0.148	0.174	0.192	0.208	300
400	0.098	0.122	0.139	0.153	0.128	0.151	0.167	0.180	400
500	0.088	0.109	0.124	0.137	0.115	0.135	0.150	0.162	500
1000	0.162	0.077	0.088	0.097	0.081	0.096	0.106	0.115	100

习题答案

习 题 1

1. (1) $S=\{3,4,5,\cdots,18\}$

(2) $S=\{3,4,5,\cdots,10\}$

(3) $S=\{$甲胜乙负,乙胜甲负,和棋$\}$

(4) $S=\{(x,y,z)\mid x>0,y>0,z>0,x+y+z=1\}$,其中 x,y,z 分别表示各段长度

2. (1) $A_1A_2\overline{A_3}$

(2) $A_1\cup A_2\cup A_3$

(3) $A_1A_2\cup A_1A_3\cup A_2A_3$ 或 $A_1A_2\overline{A_3}\cup A_1\overline{A_2}A_3\cup\overline{A_1}A_2A_3\cup A_1A_2A_3$

(4) $A_1\overline{A_2}\,\overline{A_3}\cup\overline{A_1}A_2\overline{A_3}\cup\overline{A_1}\,\overline{A_2}A_3$

(5) $A_1A_2\overline{A_3}\cup A_1\overline{A_2}A_3\cup A_1A_2A_3$

(6) $\overline{A_1}\,\overline{A_2}\,\overline{A_3}$ 或 $\overline{A_1A_2A_3}$

3. (1) $\dfrac{C_{40}^{10}}{C_{50}^{10}}\approx 0.082\ 5$

(2) $\dfrac{C_{10}^{2}\cdot C_{40}^{8}}{C_{50}^{10}}\approx 0.337$

4. 0.489 8

5. $1-\dfrac{l}{L}$

6. $\dfrac{1}{4}$

7. 0.879

8. (1)0.52 (2)0.71

9. 0.17

10. 0.9

11. (1)0.504 (2)0.994 (3)0.902

13. 0.104

14. 11

16. (1) p^n,(2)$1-(1-p)^n$

17. (1) 0.998 4 (2)3 只开关

18. 0.71

19. 0.71

20. (1)0.973 3 (2)0.246 9

21. 0.645

22. 0.087

习 题 2

1.

X	1	2	3
P	1/6	3/6	2/6

$$F(x)=\begin{cases}0, & X<1\\ 1/6, & 1\leqslant x<2\\ 4/6, & 2\leqslant x<3\\ 1, & x\geqslant 3\end{cases}$$

2. (1)$P\{X=k\}=C_4^k(1/5)^k(4/5)^{4-k}$ (2)$P(X=K)=C_5^kC_{20}^{4-k}/C_{25}^4$

3.

X	-1	0	1
P	1/4	1/2	1/4

4. 0.384

5. $\dfrac{2}{3}$

6. $\dfrac{3}{4}$

7. $P(X=k)=p(1-p)^k$, $k=1,2,\cdots$

8. (1) $P\{X=k\}=(1-p)^{k-1}p, k=1,2,\cdots$

(2) $P\{X=k\}=C_{k-1}^{r-1}(1-p)^{k-1}p, k=r,r+1,\cdots$

9. $$F(x)=\begin{cases}0, & x<-\pi\\ 1/2(\sin x+1), & -\pi/2\leqslant x\leqslant \pi/2\\ 1, & x>\pi/2\end{cases}$$

10. (1)$a=1.5$ (2)$a=2$ (3)$a=5/7$

11. 9/16; 27/64

12. $a = e^{-b}$

13. $P\{X > b \mid X < b/2\} = -7b^3/(b^3 + 8)$

14. (1) $A = 1/\pi$ (2) $A = 1/2$

15. (1)$F(x) = 5x^4 - 4x^5, 0 \leqslant x \leqslant 1$ (2)112 /243 (3) $P(L = C_3 - C_1) = 112/243$；$P(C_3 - C_2) = 101/243$

16. (1)$P\{2 < X \leqslant 5\} = 0.532\,8$ $P\{-4 < X \leqslant 10\} = 0.999\,6$ $P\{|X| > 2\} = 0.697\,7$ $P\{X > 3\} = 0.5$

(2)$c = 3$

17. (1)0.339 0； 0.593 4 (2)129.74

18. 0.045 6

19. 31.25

20. (1)2.33 (2)2.75;2.96

21. $A = 1/2$；$B = 1/\pi$

22. (1) $A = 1$ (2) $P(0.3 < X < 0.7) = 0.105$

(3) $F_x(x) = \begin{cases} 2x, & 0 < x < 1 \\ 0, & \text{其他} \end{cases}$

23. $F(x,y) = \begin{cases} (1 - e^{-3x})(1 - e^{-4y}), & x > 0, y > 0 \\ 0, & \text{其他} \end{cases}$

$F_x(x) = \begin{cases} 1 - e^{-3x}, & x > 0 \\ 0, & \text{其他} \end{cases}$； $F_Y(y) = \begin{cases} 1 - e^{-4y}, & x > 0 \\ 0, & \text{其他} \end{cases}$

24. $f(x,y) = \begin{cases} 6, & (x,y) \in D \\ 0, & \text{其他} \end{cases}$； $f_x(x) = \begin{cases} 6(x - x^2), & 0 < x < 1 \\ 0, & \text{其他} \end{cases}$

$f_Y(y) = \begin{cases} 6(\sqrt{y} - y), & 0 < y < 1 \\ 0, & \text{其他} \end{cases}$

25. (1) $A = 2$ (2) $P\{X < 2, Y < 1\} = (1 - e^{-4})(1 - e^{-1})$；

(3) $F_x(x) = \begin{cases} 2e^{-2x}, & x > 0 \\ 0, & \text{其他} \end{cases}$； $F_Y(y) = \begin{cases} e^{-y}, & y > 0 \\ 0, & \text{其他} \end{cases}$

(4) $P\{X + Y < 2\} = (1 - e^{-2})^2$

26. $\alpha = 2/9$ ； $\beta = 1/9$

27. $b = 0$ ； $\sqrt{ac} = A\pi$

28. (1)

X	1	2	3
P	1/9	6/9	2/9

Y	0	1	2	3
P	8/27	12/27	6/27	1/27

(2) X 与 Y 不独立

(3) $P\{Y=0 \mid X=1\}=2/3$; $P\{Y=1 \mid X=1\}=0$; $P\{Y=2 \mid X=1\}=0$; $P\{Y=3 \mid X=1\}=1/3$

(4) 1/7; 1/3

29. (1) $k=1/8$

(2) $f_X(x)=x^3/4$, $0<x<2$

(3) $f_Y(y)=\begin{cases} -y/12+y^3/48, & 0\leqslant y\leqslant 2 \\ -y/12+(5/48)y^3, & -2\leqslant y\leqslant 0 \end{cases}$

30. (1) $C=8$

(2) $f_X(x)=\begin{cases} 4x^3, & 0\leqslant x\leqslant 1 \\ 0, & \text{其他} \end{cases}$

$f_Y(y)=\begin{cases} 4y(1-y^2), & 0\leqslant y\leqslant 1 \\ 0, & \text{其他} \end{cases}$

(3) X 与 Y 不相互独立.

(4) $f_{X|Y}(x \mid y)=\begin{cases} 2x/(1-y^2), & 0\leqslant x\leqslant 1, 0\leqslant y\leqslant x \\ 0, & \text{其他} \end{cases}$

31. (1) $f_X(x)=e^{-x}$, $x>0$ (2) $f_Y(y)=ye^{-y}$, $y>0$

32. (1)

Y	-3	-1	1	3	5
P	1/5	1/6	1/5	1/15	11/30

(2)

Z	0	1	4
P	1/5	7/30	17/30

33. $f_Y(y)=\begin{cases} \dfrac{2}{\pi\sqrt{1-y^2}}, & 0<y<1 \\ 0, & \text{其他} \end{cases}$

34. (1) $f_V(v)=3/(2\pi)[(3v/4\pi)^{-1/3}-1]$, $0<v<4\pi/3$

(2) $f_S(s)=[3/(4\pi)][1-(s/4\pi)^{1/2}]$, $0<s<4\pi$

35. 0.71

36. $f_Z(z)=\begin{cases} ze^{-z}, & z>0 \\ 0, & \text{其他} \end{cases}$

39. $f_Z(z)=\begin{cases}0, & z<0\\ 1/20, & 0<z<1\\ 1/(2z^2) & z\geqslant\end{cases}$

40. $X\sim\begin{bmatrix}-1 & 0 & 1\\ 0.134\,4 & 0.731\,2 & 0.134\,4\end{bmatrix}$

41. $f_{\min\{X,Y\}}=\begin{cases}e^{-(z-4)}, & z>4\\ 0, & \text{其他}\end{cases}$

习　题　3

1. $E(X)=0.6$，　$E(Y)=0.7$，故乙技术水平较高
2. 1.056 6
3. 25/16
4. 1 500 分
5. 7/6；　7/6
6. 2/3；　$\dfrac{1+e^{-2}}{2}$
7. 0.8；　0.6；　0.5；　16/15
8. 33.64.
9. $E(X)=\sqrt{\dfrac{\pi}{2}}\sigma$；$D(X)=\dfrac{4-\pi}{2}\sigma^2$
10. $(n+1)/2$
11. 1
12. (1)0.2；　0.3；　0.1　(2)5　(3)1
13. (1)1 200；　1 225　(2)1 282kg
14. 39 袋
15. 0
16. $-1/36$；　1/11；　5/9
18. (1)$1/(3\lambda)$　(2)$11/(6\lambda)$
19. (1) $\dfrac{1}{n\lambda}$　(2) $\dfrac{1}{\lambda}\sum\limits_{k=1}^{n}C_n^k(-1)^{k+1}/k$

习　题　4

1. $n\geqslant 18\,750$
2. 8/9

3. 250

4. $P\{|X-E(X)|\geqslant 1\}=\frac{2}{3}<\frac{35}{12}=\frac{DX}{\varepsilon^2}$

5. 14.

6. (1)0.952 5　(2)25

7. (1)0.987 45　(2)基本不会亏本

习　题　5

1. (1) $\frac{\lambda^{\sum_{i=1}^{n} x_i}}{\prod_{i=1}^{n} x_i!} e^{-n\lambda}$　(2)λ;　$\frac{\lambda}{n}$;　λ

2. $\frac{1}{(2\pi)^{\frac{n}{2}}\sigma^n \prod_{i=1}^{n} x_i} e^{-\frac{1}{2\sigma^2}\sum_{i=1}^{n}(\ln x_i-\mu)^2}$

3. $f(x_1,x_2,x_3)=\begin{cases}216x_1x_2x_3(1-x_1)(1-x_2)(1-x_3), & 0<x_1,x_2,x_3<1\\ 0, & 其他\end{cases}$

4.

损坏件数 k	0	1	2	3	4
损坏 k 件的频率	$\frac{6}{20}$	$\frac{7}{20}$	$\frac{3}{20}$	$\frac{2}{20}$	$\frac{2}{20}$

$$F_n(x)=\begin{cases}0, & x<0\\ \frac{6}{20}, & 0\leqslant x<1\\ \frac{13}{20}, & 1\leqslant x<2\\ \frac{13}{20}, & 2\leqslant x<3\\ \frac{18}{20}, & 3\leqslant x<4\\ 1, & x\geqslant 4\end{cases}$$

7. 3.39; 2.967 7; 1.722 7; 2.670 9; 14.163

8. $F_{X_{(1)}}=1-[1-F(x)]^n$, $f_{X_{(1)}}(x)=n[1-F(x)]^{n-1}f(x)$; $F_{X_{(n)}}=[F(x)]^n$, $f_{X_{(n)}}=n[F(x)]^{n-1}f(x)$

9. $\chi^2(n)$

10. 0.829 3

11. 0.10

13. $\chi^2(2)$

14. $t(2)$

15. (1)$t(m)$　(2)$F(n,m)$

16. $t(n-1)$

18. $2(n-1)\sigma^2$

习　题　6

1. $\hat{\lambda}=\overline{X}^{-1}$

2. $\bar{x}=1.2$；$s^2=0.407$；$\hat{\beta}=2.4$

3. $\hat{p}=\overline{X}^{-1}$

4. (1)矩估计值和极大似然估计值均为 $\frac{5}{6}$

(2)矩估计量和极大似然估计量均为 $\hat{\lambda}=\overline{X}$

5. $\hat{\mu}=2.125$；　$\hat{\sigma}^2=0.000\ 275$

6. $\hat{\alpha}=\min\limits_{1\leqslant i\leqslant n}X_i$；　$\hat{\beta}=\max\limits_{1\leqslant i\leqslant n}X_i$

7. (2) $\bar{E}(X)=\exp\{\hat{\mu}+\frac{\hat{\sigma}^2}{2}\}$，其中 $\hat{\mu}=\frac{1}{n}\sum\limits_{i=1}^{n}\ln X_i$，$\hat{\sigma}^2=\frac{1}{n}\sum\limits_{i=1}^{n}(\ln X_i-\hat{\mu})$

(3)$\hat{E}(X)=28.3067$

8. $C=\frac{1}{2(n-1)}$

9. $\hat{\mu}_1$ 最有效

11. (9.10, 12.90)

12. (0.5, 0.69)

13. (0.176, 0.284)

14. $5.11<\mu<5.32$，$0.17<\sigma<0.34$

15. (54.76,445.21)；(7.4, 21.1)

16. (0.142, 4.639)

17. 6 592.471

18. 74.035

习　题　7

1. 无显著差异

2. 不成立

3. 不能认为发热量的期望值是 12100cal

4. (1)拒绝 H_0　(2)接受 H_0

5. 拒绝 H_0

6. (1)可以认为这两批元件电阻的方差相等　(2)无显著差异

7. 有显著差异

8. 有显著变化

9. 不正常

10. 分析结果的均值有显著差异

11. 可以接收这批产品

12. 可以认为尺寸偏差服从正态

13. $\hat{p}=0.1$ 可以认为生产过程中出现次品的概率是不变的

14. 接受 H_0

习　题　8

1. 4 种不同的施肥量对作物的产量没有显著影响

2. 有显著差异

3. 淬火温度对铣刀硬度的影响是显著的，而等温温度对硬度没有显著影响.

4. $F_A=96.88>F_{0.05}(2,4)$，木材比重对抗压强度有显著影响；$F_B=1.60<F_{0.05}(2,4)$，加荷速度对抗压强度无显著影响.

5. 机器间无显著差异，操作工人间有显著差异，交互影响是显著的.

习　题　9

1. (1) $\hat{y}=67.51+0.87x$　(2)显著

2. $\hat{y}=35.82+0.48x$

3. (1) $\hat{y}=13.96+12.55x$　(2)(11.82,13.28)　(3)(19.66,20.81)

4. $\hat{y}=-13.88+0.55x_1+1.1x_2$

5. $\hat{y}=3.451+0.496x_1+0.009x_2$. 如果每户收入固定，当人口数增加 1 千人时，平均销售增加 0.496，当人口数固定，每户增加 1 千元，平均销售增加 0.009.

6. $\hat{y}=0.021e^{-0.272x}$

7. $\hat{y}=20.78+19.59\ln x$

参考文献

[1] 复旦大学编.概率论.北京:高等教育出版社,1979.

[2] 复旦大学编.数理统计.北京:高等教育出版社,1979.

[3] 华东师范大学数学系.概率论与数理统计教程.北京:高等教育出版社,2000.

[4] 陈希孺,倪国玺.数理统计教程.上海:上海科学技术出版社,1988.

[5] 王梓坤.概率论基础及其应用.北京:科学出版社,1979.

[6] 盛骤,谢式千等. 概率论与数理统计.北京:高等教育出版社,2008.

[7] 吴传生. 概率论与数理统计.北京:高等教育出版社,2004.

[8] 韩旭里,谢永钦. 概率论与数理统计.上海:复旦大学出版社,2006.

[9] 王明慈,沈恒范. 概率论与数理统计. 北京:高等教育出版社,1999.

[10] 王松桂等. 概率论与数理统计.北京:科学出版社,2002.

[11] 赵选民等. 数理统计.西安:西北工业大学出版社,1999.

[12] 峁诗松等. 概率论与数理统计. 北京:高等教育出版社,2004.

[13] 李永乐等.硕士研究生入学考试数学复习全书.北京:国家行政学院出版社,2007.

[14] 陈文灯等.硕士研究生入学考试数学复习指南.北京:世界图书出版社,2007.

[15] 张宜华.精通 Matlab. 北京:清华大学出版社,1999.

[16] DuaneHanselman,李人厚等译 西安;西安交通大学出版社,1999.

[17] 张德丰等.Matlab 概率论与数理统计.北京:机械工业出版社,2010.

[18] 郭天印.概率论与数理统计实验.成都:电子科技大学出版社,2003.

[19] Sheldon M. Rose.概率论基础教程.北京:人民邮电出版社,2006.